Akademikerinnen
im technischen Feld

IAB-Bibliothek Band 3
Herausgegeben vom
Institut für Arbeitsmarkt- und Berufsforschung (IAB)

Franziska Schreyer, Dr. phil., ist Soziologin und wissenschaftliche Mitarbeiterin am Institut für Arbeitsmarkt- und Berufsforschung (IAB) in Nürnberg.

Franziska Schreyer

Akademikerinnen im technischen Feld

Der Arbeitsmarkt von Frauen aus Männerfächern

Campus Verlag
Frankfurt/New York

Darmstadt, Techn. Univ., Diss., 2007
D 17

Bibliografische Informationen der Deutschen Nationalbibliothek:
Die Deutsche Nationalbibliothek verzeichnet diese Publikation in der
Deutschen Nationalbibliografie: detaillierte bibliografische Daten
sind im Internet unter http://dnb.d-nb.de abrufbar.
ISBN 978-3-593-38612-6

Herausgeber: Institut für Arbeitsmarkt- und Berufsforschung der Bundesagentur für
Arbeit (IAB), 90327 Nürnberg, www.iab.de
Umschlaggestaltung: Campus Verlag
Umschlagmotiv: © iStockphoto
Graphiken: Monika Pickel, IAB
Druck und Bindung: Präzis-Druck GmbH, Karlsruhe (Rüppur)
Gedruckt auf säurefreiem und chlorfrei gebleichtem Papier
Printed in Germany

Besuchen Sie uns im Internet: www.campus.de

Inhalt

Danke ... 9

1 Einleitung ... 11

2 Arbeitsmarkt und Beschäftigung von AkademikerInnen ... 20
2.1 Bisherige Entwicklungen ... 20
2.1.1 Erwerbstätigkeit ... 21
2.1.2 Arbeitsbedingungen ... 22
2.1.3 Arbeitslosigkeit ... 26
2.2 Künftige Entwicklungen ... 28

3 „Männerfächer" und Arbeitsmarkt: Stand der Forschung ... 34
3.1 Theorie ... 35
3.1.1 Geschlechterverhältnisse in der Erwerbsarbeit allgemein ... 35
3.1.2 Geschlechterverhältnisse im technischen Feld ... 40
3.2 Empirie ... 48
3.2.1 Qualitative Studien ... 49
3.2.2 Quantitative Studien ... 51

4 Ziel und Ansatz dieser Arbeit ... 60
4.1 Erweiterung des Forschungsstandes ... 60
4.2 „Männerfächer" und Vergleichsgruppen ... 62
4.3 Datenquellen ... 65

5 Studium: Strukturen und Entwicklungen ... 71
5.1 Studierende ... 71
5.2 StudienanfängerInnen ... 77
5.3 AbsolventInnen ... 80
5.4 Promotionen ... 82

5.5 Lehramtsstudierende 83
5.6 Internationaler Vergleich 85
5.7 Zwischenresümee 87

6 Erwerbstätigkeit: Strukturen und Entwicklungen 89
6.1 Methodische Vorbemerkungen 89
6.2 Entwicklung 96
6.3 Soziodemografische Eckdaten 99
6.4 Geringfügige Beschäftigung 101
6.5 Befristete Beschäftigung 102
6.6 Arbeitszeit 104
6.7 Status 106
6.8 Berufe 110
6.9 Tätigkeiten 112
6.10 Branchen 113
6.11 Abteilungen 115
6.12 Zwischenresümee 116

7 Arbeitslosigkeit: Strukturen und Entwicklungen 120
7.1 Methodische Vorbemerkungen 120
7.2 Entwicklung 122
7.3 Arbeitslosenquoten 124
7.4 Alter 132
7.5 Gesundheit 134
7.6 Dauer 134
7.7 Abgangsgründe 138
7.8 Berufliche Einmündung 141
7.9 Arbeitszeitwünsche 145
7.10 Zwischenresümee 152

8 Hintergründe 157
8.1 Zeitliche Arbeitsbedingungen 157
8.2 Betriebliche Personalpolitiken 162
8.3 Historisch-kulturelle Faktoren 164
8.4 Wert- und Leistungsorientierungen 167

9 Exkurs zu den neuen Bundesländern 170
9.1 Rückblick: Ingenieurinnen in der DDR 170
9.2 Studium: Strukturen und Entwicklungen 172
9.3 Erwerbstätigkeit: Strukturen und Entwicklungen 176
9.4 Arbeitslosigkeit: Strukturen und Entwicklungen 186
9.5 Zwischenresümee 196

10 Resümee 199
10.1 Empirische Ergebnisse 199
10.2 Diskussion und Interpretation 205

11 Ausblick 216

Literatur 220

Anhang 1: Verzeichnis verwendeter Abkürzungen 243
Anhang 2: Systematisches Verzeichnis der Männerfächer 244

Danke

Beim vorliegenden Buch handelt es sich um meine Dissertation. Sie wurde im Oktober 2006 an der Technischen Universität Darmstadt eingereicht und von Prof. Beate Krais und Prof. Ulrike Teubner begutachtet. Ich danke Frau Teubner und Frau Krais für die stets hilfreiche und angenehme Betreuung und Begleitung der Arbeit. Mir wurde breiter Freiraum für selbständiges Arbeiten gewährt – herzlichen Dank auch dafür!

Ich danke dem IAB – namentlich Prof. Jutta Allmendinger und Dr. Hans Dietrich – für die Unterstützung der Promotion und die guten Rahmenbedingungen. Viele KollegInnen haben mit Anregungen und Hinweisen zu dieser Arbeit beigetragen und mich unterstützt – stellvertretend danke ich Karl-Heinz P. Kohn von der Hochschule der Bundesagentur für Arbeit in Schwerin. Für die Gegenlese von Kapiteln danke ich Wolfgang Braun, Dr. Corinna Kleinert, Ulrike Kress, Dr. Peter Kupka und Angela Rauch. Ihre Rückmeldungen haben mir sehr geholfen. Ich danke Wolfgang Braun, Martina Dorsch, Monika Pickel, Dr. Martin Schludi, Erika Schmotzer und Karin Simon für die Unterstützung bzw. Aufbereitung der Buchpublikation.

Meinem Mann Moe Josef Hierlmeier sowie Margrit Mooraj danke ich für das Leiten und Begleiten durch soziologische Theorien. Ich danke auch meinen Geschwistern, den Moglis und ihren Betreuerinnen, meiner Hausgemeinschaft sowie Hannah und Elena Gaab – nicht zuletzt dafür, wie sie mir auch in den heißen Phasen der Arbeit an dieser Dissertation immer wieder vor Augen geführt haben, dass es im Leben noch etwas Anderes gibt als diese.

Diese Arbeit ist meinem Mann Moe und der Erinnerung an meine Eltern gewidmet.

Nürnberg, den 3.3.2008

Dr. Franziska Schreyer

„Die geschlechtliche Differenzierung macht aus einem kleinen Unterschied eine große Unterscheidung. Die Inszenierung der biologischen Differenz zu einem sozialen Spektakel läßt sich an verschiedenen Beispielen illustrieren. An den rosa Strampelhöschen für Mädchen und den blauen für Jungen, am ‚Arrangement' der Paarbildung, das auf wundersame Weise dafür sorgt, dass der Mann die Frau überragt, an getrennten sanitären Anlagen, die einen an sich ähnlichen Vorgang mit dem Anschein des Differenten versehen. Das beste Beispiel aber, um zu untersuchen, wie eine an sich minimale Differenz in eine augenfällige Unterscheidung und diese wiederum in Ungleichheit transformiert wird, ist die Aufteilung des Arbeitsmarktes in Männer- und Frauenberufe."

Bettina Heintz u. a. (1997), Ungleich unter Gleichen,
Frankfurt/New York, S. 11 f.

1 Einleitung

Keine der elementaren Forderungen, die Feministinnen der ersten Stunde am Beginn der Moderne erhoben haben, ist bis heute weltweit für die Frauen eingelöst – so die Politikprofessorin Holland-Cunz (2003) in ihrer furiosen Ideengeschichte des Feminismus vom ausgehenden 18. Jahrhundert bis zum 21. Jahrhundert. Die Geschlechterverhältnisse sind nach wie vor fast weltumspannend hierarchische zuungunsten von Frauen – bei allen Veränderungen sowie Brechungen etwa nach Kultur, Klasse und Milieu. Dies findet vielfältigste Ausdrucksweisen – von subtilen Ausgrenzungen und „symbolischer Gewalt" (Bourdieu)[1] bis hin zu existenziellen Menschenrechtsverletzungen.

Im Folgenden beschäftige ich mich mit einer privilegierten Gruppe hoch qualifizierter Frauen in einem der reichsten Länder der Erde, in dem – nicht zuletzt durch die Kämpfe der Alten und Neuen Frauenbewegung[2] – „die Frauenfrage" (Holland-Cunz 2003) schon seit geraumer Zeit hoffähig geworden ist. Und dennoch: Selbst hier zeigt sich, dass sich die Frauenfrage zwar immer wieder transformiert, keineswegs aber erledigt hat.

Einer der Kämpfe der Alten Frauenbewegung im Deutschland der zweiten Hälfte des 19. Jahrhunderts war der um Bildung (Schenk 1983: 26 ff.). Denn die Tempel der Wissenschaft und andere Horte der Bildung waren für Frauen lange geschlossen. In Deutschland öffneten sich die Hochschulpforten erst zu Anfang des 20. Jahrhunderts: Im Jahr 1900 gewährte Baden als

1 Für den französischen Soziologen Pierre Bourdieu macht symbolische Gewalt „das Essentielle der männlichen Herrschaft" aus (Bourdieu zitiert in: Krais 2001: 324). Sie kommt in der unmittelbaren Interaktion zwischen Personen zum Tragen und ist zu verstehen als „euphemisierter, unsichtbarer Modus der Herrschaftsausübung, eine verdeckte Form der Gewalt: Sie ist nichts anderes als die Realisierung einer Sicht der Welt oder einer sozialen Ordnung, die zugleich im Habitus der Herrschenden wie der Beherrschten verankert ist" (Krais 2001: 324 f.; zur Soziologie Bourdieus vgl. auch Mooraj 2002 sowie *Kap. 3.1.2*).

2 Die Geschichte der „Alten Frauenbewegung" in Deutschland beginnt Mitte des 19. Jahrhunderts und endet mit der faschistischen Machtergreifung 1933. Die „Neue Frauenbewegung" in der Bundesrepublik konstituierte sich Ende der 60er Jahre des 20. Jahrhunderts (Schenk 1983: 7 ff.).

erstes Land Frauen die Immatrikulation, und es dauerte noch neun Jahre, bis Mecklenburg als letztes Land folgte (Engler/Faulstich-Wieland 1995: 9).[3] Studentinnen blieben noch lange Exotinnen.[4]

Am Ende des 20. Jahrhunderts zeigt sich zunächst ein ganz anderes Bild. Studentinnen sind keineswegs mehr rar. An den Universitäten stellen Frauen seit Mitte der 90er Jahre mehr als die Hälfte der StudienanfängerInnen, an den Fachhochschulen immerhin rund 40 Prozent (Bundesministerium für Bildung und Forschung 2000: 144). Doch manche Studentinnen fühlen sich immer noch „wie ein bunter Hund" (Studentin zitiert in: Schinzel u.a. 1998: 92). Sie studieren Fächer, in denen Frauen nach wie vor eine kleine Minderheit bilden. Dazu zählen etwa Maschinenbau, Elektrotechnik oder Informatik. Diese und andere Ingenieur- und Naturwissenschaften sind Männerbastionen, die sich gegenüber Veränderungen der Geschlechterverhältnisse[5] als besonders resistent erweisen. Gleichzeitig gelten sie – in der Industriegesellschaft eher die ingenieurwissenschaftlichen, in der Wis-

3 Die Technische Hochschule Darmstadt erlaubte 1908 als erste das Frauenstudium technischer Fächer. 1918 schrieben sich die ersten Studentinnen für Maschinenbau oder Elektrotechnik ein (Mooraj 2002: 123).

4 Bei einigen der ersten Studentinnen lassen sich Spuren verfolgen, so etwa bei Emmy Noether (Tobies 2004; Abele/Neunzert/Tobies 2004: 107 ff.). Nach ihrer Promotion in Mathematik im Jahre 1908 arbeitet sie ohne Bezahlung an den Universitäten Erlangen und Göttingen. Nur unter dem Namen eines wohlmeinenden männlichen Kollegen ist es ihr möglich, Vorlesungen und Seminare anzubieten. Die Habilitationsordnung lässt bis 1920 nur Männer zu; unterstützt von Albert Einstein und Göttinger Kollegen kann sich Emmy Noether bereits 1919 habilitieren. Verbeamtet wird sie jedoch nicht. Sie ist 41 Jahre alt, als sie das erste Mal etwas Einkommen aus ihrer Arbeit bezieht. Sie lebt spartanisch von kärglich bezahlten Lehraufträgen und einer Erbschaft. Aufgrund ihrer jüdischen Abstammung wird ihr 1933 die Lehrerlaubnis entzogen. Emmy Noether emigriert in die USA und unterrichtet dort an einem Women's College. Sie stirbt 1935.

5 Der Begriff „Geschlechterverhältnisse" umfasst das gesamte Feld entsprechender „Regelungen in einem sozialen Gefüge. Darüber hinaus zielt er auf die Organisationsprinzipien, durch welche die beiden Genus-Gruppen gesellschaftlich zueinander ins Verhältnis gesetzt werden. Solche Organisationsprinzipien können sein: Trennung und Hierarchisierung oder solche der Egalität und Komplementarität. Zur Bestimmung des Geschlechterverhältnisses gehört die Klärung der Frage, welche Positionen die Genus-Gruppen in den gesellschaftlichen Hierarchien einnehmen und welche Legitimationsmuster es für geschlechtliche Rangordnungen gibt. Sind Geschlechterverhältnisse hierarchisch, ist ‚Geschlecht' ein Schichtungskriterium, das soziale Ungleichheit markiert. Die Benachteiligung von Frauen kann eine doppelte und dreifache werden, wenn ihre Geschlechtszugehörigkeit mit anderen Schichtungskriterien wie Ethnie oder sozialer Herkunft zusammenfällt. Geschlechterverhältnisse in diesem systematischen Sinn sind Herrschafts- und Machtzusammenhänge, in denen die gesellschaftliche Stellung der Genus-Gruppen institutionell verankert und verstetigt wird" (Becker-Schmidt/Knapp 1995: 18; vgl. auch Teubner 2001: 307).

sensgesellschaft eher die informationstechnischen Fächer – als Motoren der gesellschaftlich-ökonomischen Entwicklung (Dostal 1999: 448; Mooraj 2002: 21 und 123).

Verschiedene Ingenieur- und Naturwissenschaften werden weitgehend ohne Frauen betrieben, obwohl bereits seit längerem versucht wird, dies zu ändern. Beginnend Ende der 70er Jahre zielten diese Versuche zunächst vor allem darauf, technisch-gewerbliche Berufe für Frauen zu erschließen („Mädchen in Männerberufe"; Paul-Kohlhoff 1983 und 1996). Anfang der 90er Jahre rückten zunehmend die Geschlechterverhältnisse in technisch-naturwissenschaftlichen Studiengängen in den Fokus der Aufmerksamkeit (Buhr 2004: 27).

Diese Versuche, die Repräsentanz von Frauen zu erhöhen, begründen sich zum einen emanzipatorisch. Das verengte Berufswahlspektrum von jungen Frauen und Männern soll aufgebrochen werden. Frauen sollen an der zukunftsorientierten und gesellschaftlich einflussreichen technologischen Entwicklung teilhaben – nicht nur als Nutzerinnen, sondern auch als gestaltende Akteurinnen, was einen Machtzuwachs bedeuten würde. Das hierarchische Geschlechterverhältnis am Arbeitsmarkt im Speziellen und in der Gesellschaft im Allgemeinen soll im Sinne von mehr Gleichheit transformiert werden (vgl. zum Beispiel Mooraj 2002: 13; Götschel 2001).[6]

Zum andern sind die Versuche, Frauenrepräsentanz zu erhöhen, ökonomisch begründet. Jedenfalls entdeckten in jüngerer Zeit Wirtschaft und Hochschulpolitik die Zielgruppe Frauen nicht zuletzt aufgrund eines beklagten bzw. für die Zukunft befürchteten Nachwuchsmangels.[7] Eine stärkere Integration von Frauen sei vor diesem Hintergrund unverzichtbar. Technisch-naturwissenschaftliche Berufe erfordern zunehmend vielseitige, nicht technisch verengte Fähigkeitsprofile, die technikinteressierte junge Frauen derzeit eher haben als Männer (Minks 2000: 8). Wichtiger geworden seien auch „soft skills" wie

6 Verschiedentlich verknüpft sich die stärkere Beteiligung von Frauen an technischen Entwicklungen auch mit der Hoffnung auf eine „‚menschenfreundlichere' Technik, d. h. einer Technik, die ökologische und soziale Aspekte stärker berücksichtigt" (Mooraj 2002: 13). Kritische Diskussionen zu Technikfolgewirkungen haben beispielsweise in den seit 1977 regelmäßig stattfindenden Kongressen von „Frauen in Naturwissenschaften und Technik" Tradition (Götschel 2001: 164 ff.).

7 Vgl. etwa die Kampagnen „Be.ing" (www.be-ing.de) bzw. „Be.it – Werde Informatikerin" (www.werde-informatikerin.de) des Bundesministeriums für Bildung und Forschung sowie „Think Ing" von Arbeitgeber- und Berufsverbänden (www.think-ing.de; 21.01.2004). Vgl. auch: Bund-Länder-Kommission für Bildungsplanung und Forschungsförderung 2002.

etwa Kommunikations- und Teamfähigkeit, die sozialisationsbedingt eher Frauen zugeschrieben werden (Mooraj 2002: 121 ff.).

Sowohl die primär emanzipatorisch als auch die primär ökonomisch motivierten Versuche von Veränderung haben eines gemeinsam: Beide blenden Arbeitsmarkt und Beschäftigung tendenziell aus. Es geht in der Regel um Sozialisation, Bildung und Motivation. Vorrangig werden die familiale und schulische Sozialisation in ihren Auswirkungen auf Interessen und Studienfachwahl junger Frauen und Männer thematisiert. Eine Fülle von Informationsmöglichkeiten für Mädchen wird angeboten (z. B. Mädchen-Technik-Tage, Sommerhochschulen, begleitete Betriebspraktika). Curricula von Studiengängen werden modifiziert und interdisziplinärer ausgerichtet, eigene Frauen-Studiengänge eingerichtet, etc. (Bund-Länder-Kommission für Bildungsplanung und Forschungsförderung 2002: 64 ff.).

In der engeren sozialwissenschaftlichen Diskussion zeigen sich Parallelen. Mittlerweile liegen zwar einige wenige Untersuchungen zu Arbeitsmarkt und Beschäftigung von Akademikerinnen aus technisch-naturwissenschaftlichen Fächern vor. Der Schwerpunkt liegt aber auch in den Sozialwissenschaften auf Sozialisation und Bildung. So wurde also nicht nur im öffentlich-politischen, sondern auch im sozialwissenschaftlichen Diskurs die Auseinandersetzung mit Arbeit, Arbeitsbedingungen und Arbeitsmarkt lange vernachlässigt (Buhr 2004: 27; Könekamp/Haffner 2005a: 16).[8] Dies ist erstaunlich, wurde doch bereits in den 80er Jahren kritisiert, dass die damaligen Modellversuche zur Öffnung gewerblich-technischer Berufe für Frauen und ihre wissenschaftliche Begleitung meist im Feld der Bildungspolitik verblieben und das Beschäftigungssystem tendenziell ausblendeten (Paul-Kohlhoff 1983: 2; Kraft 1985; Stegmann/Kraft 1986).

Eine Diskussionslinie existiert allerdings, in der Arbeit und Arbeitsmarkt explizit thematisiert wird. Es sind die Werbekampagnen, die – zusammen mit anderen Maßnahmen – mehr junge Frauen zu einem technisch-naturwissenschaftlichen Studium bewegen sollen. Dabei beschreibt die Werberhetorik die Berufsaussichten in der Regel als hervorragend und Probleme der Integration von Familien- und Erwerbsarbeit als überwunden (Mooraj 2002: 23 ff.; Plicht/Schreyer 2002b). Zwei Beispiele:

---

8 Dies gilt, auch wenn etwa im Rahmen von Segregationsforschung die Teilung der Arbeitswelt nach Geschlecht bereits seit längerem analysiert wird (vgl. zum Beispiel Anker 1998; Beckmann 1996).

„Die Aussichten auf einen äußerst interessanten und lukrativen Beruf sind ausgezeichnet, denn die Wirtschaft bietet hervorragende Berufsperspektiven und hat gerade an Informatikerinnen und Ingenieurinnen großes Interesse. In der heutigen Zeit sind Sie erfreulicherweise nicht mehr gezwungen, zwischen den Alternativen Karriere oder Familie wählen zu müssen. Tele- oder Teilzeitarbeit geben Ihnen die Möglichkeit, beides unter einen Hut zu bringen. Ergreifen Sie Ihre Chance, an der Gestaltung der Informationsgesellschaft teilzunehmen – werden Sie Informatikerin oder Ingenieurin!" (Bundesministerium für Bildung und Forschung 2002).

„Schön, dass Frauen sich heutzutage mehr für ihre Zukunft erträumen, als Babys zu bekommen und die häusliche Ordnung zu erhalten. Sie betreuen eine Großbaustelle in Dubai, peilen die Vorstandsetage bei DaimlerChrysler an, gründen mit drei Kolleginnen ein eigenes Ingenieurbüro und versorgen eine Familie" (Bundesministerium für Bildung und Forschung o. J.: 4).

Schöne neue Arbeitswelt also – doch: Ist die berufliche Realität von Ingenieurinnen und Naturwissenschaftlerinnen tatsächlich so rosig? Ist die allseits diagnostizierte Geschlechterungleichheit in diesem Teilsegment des Beschäftigungssystems bereits überwunden – unbemerkt von den Sozialwissenschaften? Dies wäre nicht zuletzt aus einer theoretischen Perspektive erstaunlich. Jedenfalls wenn man Mooraj (2002) folgt, die unter Rückbezug auf die Habitustheorie von Bourdieu und sozialhistorische Untersuchungen einen theoretischen Ansatz zu den Geschlechterverhältnissen speziell im technischen Feld entwickelt hat. Frauen und Männer, so Mooraj, begegnen sich dort als Subjekte mit unterschiedlichen Voraussetzungen. Die hohe Kongruenz zwischen historisch gewordenem männlichem Habitus einerseits und historisch gewordener technischer Kultur andererseits sei ein zentraler Grund für die Marginalisierung von Frauen im technischen Feld. Das früh industrialisierte Deutschland zeichne sich dabei durch „ein besonders konservatives Verhältnis der Konzepte von Männlichkeit, Weiblichkeit und Technik (aus), welches sich in dieser Persistenz für kein anderes Feld aufdrängt" (Mooraj 2002: 125) – und ausgerechnet hier soll Geschlechtergleichheit ausgebrochen sein? Sind die rosigen Bilder der Berufsrealität in den Werbekampagnen gegenüber jungen Frauen wirklich verantwortbar? Legen die Geschlechterverhältnisse im technisch-naturwissenschaftlichen Feld nicht neue politische Strategien nahe, um mehr Frauen dauerhaft zu integrieren?

Die Frage nach den Geschlechterverhältnissen steht im Mittelpunkt der vorliegenden empirischen Arbeit. Inwiefern unterscheidet sich die Arbeitsmarktsituation der Geschlechter aus stark männerdominierten Ingenieur- und Naturwissenschaften und inwiefern ähnelt sie sich? Wenn – und vorliegende empirische Ergebnisse legen dies nahe – nach wie vor Ungleichheiten zuungunsten von Frauen bestehen: Haben sich diese im Zeitablauf zumindest verringert? Sind die Geschlechter(un)gleichheiten im technisch-naturwissenschaftlichen Feld besondere oder sind sie einfach typisch für den Akademikerarbeitsmarkt generell? Wenn Ingenieurinnen und Naturwissenschaftlerinnen gegenüber ihren männlichen Kollegen im Nachteil sind: Sind sie gegenüber den Frauen aus anderen, ‚geschlechtstypischeren' Fächern nicht doch im Vorteil? Inwiefern unterscheidet sich die Situation von Frauen in West- und Ostdeutschland – schließlich war in der Deutschen Demokratischen Republik (DDR) hoch qualifizierte technisch-naturwissenschaftliche Frauenarbeit verbreiteter und selbstverständlicher als in der alten Bundesrepublik?

In der vorliegenden Studie wird versucht, diese Fragen zu beantworten. Im Blickpunkt stehen Arbeitsmarkt und Beschäftigung von Frauen aus technisch-naturwissenschaftlichen Fächern im späten 20. Jahrhundert. Analysiert werden Strukturen und Entwicklungen sowohl der Erwerbstätigkeit als auch der Arbeitslosigkeit dieser Frauen. Im Unterschied zu anderen Studien, die in der Regel die Ingenieur- und Naturwissenschaften in ihrer Gesamtheit bzw. Breite in den Blick nehmen, konzentriert sich die Untersuchung auf diejenigen Fächer, in denen Frauen nach wie vor recht selten sind und deren Studium durch Frauen immer noch einen gewissen „Kulturbruch" bedeutet. Dies sind, einer später dargelegten Definition zufolge, die Fächer Maschinenbau, Elektrotechnik, Wirtschaftsingenieurwesen, Bauingenieurwesen, Physik und Informatik. In Analogie zum eingeführten Begriff der „Männerberufe", vor allem aber der Kürze wegen, werden diese im Folgenden „Männerfächer" genannt.[9]

Die Situation der Frauen wird mit der der Männer verglichen, die ebenfalls diese „Männerfächer" studiert haben. Untersucht werden aber nicht nur die (Un-)Gleichheiten zwischen den Geschlechtern. Im Unterschied zu anderen Studien, die sich in der Regel auf den Geschlechtervergleich beschränken (müssen), wird zusätzlich noch eine weitere Vergleichslinie gezogen, nämlich diejenige zwischen den Frauen aus „Männerfächern" einerseits und den

9 Mit diesem Begriff sollen die gegenwärtigen Geschlechterverhältnisse in diesen Fächern keineswegs festgeschrieben werden.

Frauen, die andere Fächer studiert haben, andererseits. Selbst wenn die Frauen aus „Männerfächern" gegenüber ihren männlichen Fachkollegen benachteiligt sein sollten, wäre ja denkbar – und die oben skizzierte Werberhetorik legt es nahe – dass sie gegenüber ihren Geschlechtsgenossinnen aus anderen Fächern das bessere Los auf dem Arbeitsmarkt und in der Beschäftigung gezogen haben. Kennzeichnend für diese Arbeit ist also der systematische Einbezug von zwei zentralen Vergleichsebenen, um auf diese Weise einen runderen Blick auf den Gegenstand zu ermöglichen.

Die Untersuchung konzentriert sich auf Westdeutschland seit den 80er Jahren bis zur Jahrtausendwende. Auch in Bezug auf diesen langen Beobachtungszeitraum unterscheidet sie sich von anderen Studien, die sich häufig auf eine Momentaufnahme beschränken müssen. Die neuen Bundesländer mit ihrer spezifischen Historie werden als Exkurs in den Blick genommen. Basis der empirischen Arbeit sind im Wesentlichen umfangreiche amtliche Statistiken und Großerhebungen, vor allem Mikrozensen und Arbeitslosenstatistiken. Mit dieser Studie sollen in erster Linie die Wissensbasis erweitert, nach Möglichkeit aber auch Ansatzpunkte für Veränderungen der Geschlechterverhältnisse aufgezeigt werden.

Im Einzelnen gliedert sich die Studie in folgende Teile: Im *nächsten Kapitel* wird der Arbeitsmarkt von AkademikerInnen allgemein skizziert – und dieser ist im Vergleich zu den Arbeitsmärkten anderer Qualifikationsgruppen gut. Vor der Beschäftigung mit akademischen Teilgruppen und Ungleichheiten zwischen männlichen und weiblichen Hochqualifizierten wird damit die allgemeine Rahmung dieses Gegenstands herausgearbeitet. Denn bei allen Ungleichheiten, denen wir im Folgenden begegnen werden: Wir blicken dabei immer auf vergleichsweise privilegierte Gruppen am Arbeitsmarkt.

Das *dritte Kapitel* bietet einen Überblick über den Stand der theoretischen und empirischen Forschung. Zunächst werden zentrale soziologische Theorien zu den Geschlechterverhältnissen in der Erwerbsarbeit allgemein skizziert. Vor dieser Folie wird ein theoretischer Ansatz speziell zu den Geschlechterverhältnissen im technischen Feld[10] dargelegt. Anschließend werden qualitative und quantitative empirische Studien vorgestellt, die sich mit Arbeitsmarkt und Beschäftigung von Frauen aus ingenieur- oder naturwissenschaftlichen Fächern befassen.

---

10 Der Kürze des Begriffs halber und weil in dieser Arbeit im Schwerpunkt ingenieurwissenschaftliche Fächer in den Blick genommen werden, wird im Folgenden in der Regel nur vom technischen und nicht vom technisch-naturwissenschaftlichen Feld gesprochen.

Vor diesem Hintergrund und in Abgrenzung zu anderen empirischen Studien werden im *vierten Kapitel* Ziele und Ansatz der vorliegenden Arbeit einschließlich der verwendeten Datenbasen beschrieben. „Männerfächer" und die Vergleichsgruppe „andere Fächer" werden konkret definiert.

Das *fünfte Kapitel* dient der Identifizierung von grundlegenden Entwicklungen und Strukturen im Bereich des Studiums, bevor ich mich in den folgenden Kapiteln mit Arbeitsmarkt und Beschäftigung auseinandersetze.

Das *sechste Kapitel* zentriert sich auf Erwerbstätigkeit. Untersucht wird beispielsweise, wie sich die Erwerbstätigkeit von Frauen und Männern aus „Männerfächern" und anderen Fächern quantitativ entwickelt hat und inwieweit sie sich in Hinsicht auf Arbeitsbedingungen oder Branchen und konkret ausgeübte Berufe qualitativ unterscheidet.

Mit der Kehrseite von Erwerbstätigkeit, der Arbeitslosigkeit, befasst sich das *siebte Kapitel.* Ermittelt wird das Ausmaß der Arbeitslosigkeit der Geschlechter und wie sich dieses im Zeitablauf entwickelt hat. Umfangreiche Auswertungen zu Binnenstrukturen der Arbeitslosigkeit wie Alter und Arbeitszeitwünsche der Erwerbslosen ermöglichen auch Hinweise auf Gründe unterschiedlicher Betroffenheiten.

Frauen aus „Männerfächern" haben vor allem gegenüber ihren männlichen Fachkollegen, teils aber auch gegenüber Frauen aus anderen Fächern Nachteile – dies ist ein zentrales Ergebnis der Kapitel sechs und sieben zu Erwerbstätigkeit und Arbeitslosigkeit. Im *achten Kapitel* werden Hintergründe zum besseren Verständnis dieses Befunds vorgestellt. Diese reichen von konkreten betrieblichen Arbeitsbedingungen bis hin zu tief verwurzelten historisch-kulturellen Faktoren.

In den neuen Bundesländern wirken durch die DDR teils andere historische Traditionen nach als in Westdeutschland. Die beiden Landesteile werden so in dieser Arbeit getrennt betrachtet. Den Exkurs zu den neuen Bundesländern enthält das *neunte Kapitel.* Ähnlich wie in den Kapiteln zu Westdeutschland werden grundlegende Strukturen und Entwicklungen in den Bereichen Studium, Erwerbstätigkeit und Arbeitslosigkeit untersucht. Zeitlicher Bezugsrahmen sind hier die 90er Jahre bis zum Jahr 2000. Einleitend wird die Situation von Ingenieurinnen in der DDR nachgezeichnet.

Im *zehnten Kapitel* werden, auch in theoretischer Perspektive, die wichtigsten Ergebnisse dieser Studie zusammengefasst und diskutiert.

Für die Zukunft wird vielfach ein Fachkräftemangel erwartet, für den Akademikerarbeitsmarkt im Allgemeinen wie auch für das technische Feld im Speziellen. Im abschließenden *elften Kapitel* wird ein Ausblick in die Zukunft gewagt und diskutiert, was diese Entwicklungen für die Geschlechterverhältnisse bedeuten könnten.

Ein letzter Hinweis: Zu dieser Publikation existiert ein umfangreicher Tabellenanhang im Internet und zwar unter folgender Adresse: www.campus.de/isbn/9783593386126.

2 Arbeitsmarkt und Beschäftigung von AkademikerInnen

Im Folgenden wird der Akademikerarbeitsmarkt generell skizziert, auch in seiner Geschlechterdifferenzierung. Dadurch soll der Rahmen des spezifischen Gegenstands dieser Studie – der Teilarbeitsmarkt von Frauen und Männern aus „Männerfächern" – abgesteckt werden. In diesem Überblick können etwa konjunkturelle Entwicklungen oder einzelne Studienfächer kaum berücksichtigt werden.

2.1 Bisherige Entwicklungen

Soweit möglich, werden bei der Skizzierung bisheriger Grundstrukturen des Akademikerarbeitsmarktes systematisch folgende Vergleiche gezogen:

- Arbeitsmarkt der AkademikerInnen versus Arbeitsmärkte der anderen beruflichen Qualifikationsgruppen (Vergleich zwischen Qualifikationsgruppen)
- Arbeitsmarkt von Akademikerinnen versus Arbeitsmarkt von Akademikern (Vergleich zwischen Frauen und Männern)
- Arbeitsmarkt von Akademikerinnen versus Arbeitsmarkt von Frauen der anderen beruflichen Qualifikationsgruppen (Vergleich zwischen Frauen unterschiedlicher Qualifikation).

Verschiedentlich wird über den nationalen Tellerrand hinaus ins Ausland geblickt. Hierzu wird eine Hochschulabsolventenuntersuchung herangezogen, die von einem Forschungsverbund in Japan sowie in elf europäischen Ländern durchgeführt wurde (Italien, Spanien, Frankreich, Österreich, Deutschland, Niederlande, Großbritannien, Finnland, Schweden, Norwegen, Tschechische Republik). An der Befragung im Winter 1998/99 nahmen insgesamt 36.000 AbsolventInnen teil, die 1994/95 ihr Studium abgeschlossen hatten (Schomburg/Teichler 2003).

2.1.1 Erwerbstätigkeit

Wie in anderen hochentwickelten Gesellschaften zeigt sich auch in der Bundesrepublik ein Trend in Richtung Höherqualifizierung. Unter anderem nimmt der Anteil der AkademikerInnen im Beschäftigungssystem zu. Hatten 1976 in Westdeutschland nur sieben Prozent der Erwerbstätigen einen Universitäts- oder Fachhochschulabschluss, so waren es im Jahr 2000 bereits 16 Prozent und im Jahr 2004 18 Prozent. Bundesweit waren 2000 rund 5,8 Millionen Personen mit Hochschulabschluss erwerbstätig (2004: 6,1 Millionen; Reinberg/Hummel 2005: Anhang Tabelle 3a).

Mitte der 70er Jahre waren gut ein Viertel der Erwerbstätigen im Westen mit einer akademischen Ausbildung weiblich, ein Vierteljahrhundert später im Westen wie im Bundesgebiet insgesamt mehr als ein Drittel.[11] Allerdings arbeiten im Jahr 2000 ein Drittel der Akademikerinnen, aber nur acht Prozent der Akademiker in Teilzeit – hier definiert als wöchentliche Arbeitszeit unter 35 Stunden (Reinberg/Schreyer 2003; Schreyer 2001a: 14).

Aus der Beschäftigungskrise der 90er Jahre gingen die AkademikerInnen im Vergleich zu den anderen beruflichen Qualifikationsgruppen (Lehre/Fach-

Abb. 1: Veränderung der Erwerbstätigen- und Arbeitslosenzahlen zwischen 1991 und 2000 nach Qualifikationsebenen und Geschlecht – in Tausend

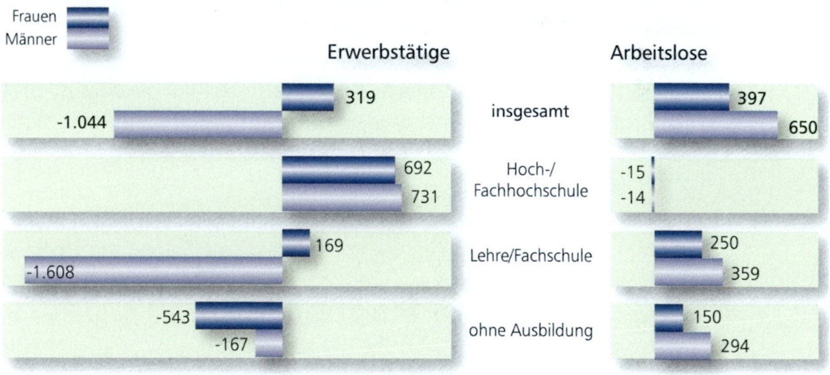

Quellen: Erwerbstätige: Mikrozensus, eigene Berechnungen. Fälle ohne Angabe zum Berufsabschluss proportional je Altersgruppe verteilt. Arbeitslose: Strukturerhebungen der BA (jeweils Ende September).
aus: Reinberg/Hummel 2002a: 6.

© IAB

---

11 Im Jahr 2004 betrug der Frauenanteil an den Erwerbstätigen mit Hochschulabschluss 39 Prozent (Reinberg/Hummel 2005: Anhang Tabellen 3a und 3c).

schule, ohne Ausbildungsabschluss) als „GewinnerInnen" hervor. Nur sie konnten – das Jahr 2000 verglichen mit 1991 – Beschäftigungszuwächse für sich verbuchen bei gleichzeitiger Stagnation der Arbeitslosigkeit. Dieser positive Befund bei den Hochqualifizierten gilt für beide Geschlechter, auch wenn zu berücksichtigen ist, dass die Beschäftigungsbilanz auf der Zählung von „Köpfen" und nicht auf Arbeitsvolumina basiert (Reinberg/Hummel 2002a: 3 ff.; *Abbildung 1*).[12] Er ist vor dem Hintergrund des Strukturwandels hin insbesondere zu den anspruchsvollen, „sekundären" Dienstleistungstätigkeiten *(Kap. 2.2)* zu sehen, von dem Hochqualifizierte besonders profitieren.

2.1.2 Arbeitsbedingungen

Einkommen

Vollzeiterwerbstätige mit Universitäts- oder Fachhochschulabschluss erzielen nicht nur deutlich höhere Durchschnittseinkommen als geringer Qualifizierte. Ihr Einkommensabstand zu den Nicht-AkademikerInnen hat sich zwischen 1982 und 1995 sogar vergrößert (Butz 2001).[13] Im Westen lag 2002 der durchschnittliche Brutto-Stundenlohn von abhängig Beschäftigten mit Universitäts- oder Fachhochschulabschluss bei 21 € im Vergleich zu 14 € bzw. 12 € bei Beschäftigten mit oder ohne abgeschlossene Berufsausbildung. In den neuen Ländern betrugen die Löhne 16 € (Universität) bzw. 13 € (FH) im Vergleich zu 10 € und 9 €. Im Zeitverlauf weisen AkademikerInnen steilere Einkommenskarrieren auf als die Angehörigen anderer Qualifikationsgruppen (Weißhuhn/Große Rövekamp 2004: 165 ff.).

Im internationalen Vergleich sind auch kaufkraftbereinigt die durchschnittlichen Bruttojahreseinkommen bei deutschen AbsolventInnen am höchsten (Schomburg/Teichler 2003: 37 f.).

Akademiker haben höhere Einkommen als Akademikerinnen. Vier Jahre nach dem Examen 1994/95 erzielten vollzeiterwerbstätige Frauen mit Universitätsabschluss in Deutschland im Durchschnitt 66.000 DM als Bruttojahreseinkommen, Männer dagegen 84.000 DM (FH: 64.000 DM zu 83.000 DM;

---

12 Würden die Arbeitsvolumina und somit die unterschiedliche Verteilung von Männern und Frauen auf Voll- und Teilzeitarbeitsplätze berücksichtigt, wäre die Beschäftigungsbilanz für Akademikerinnen etwas weniger günstig wie oben skizziert.

13 Dies ist auf den „Rückgang der Bildungsrenditen für die mittleren Bildungsgruppen zurückzuführen, während die Absolventen der tertiären Bildungsinstitutionen sowie die niedrigste Bildungsgruppe im wesentlichen unverändert weit auseinander liegen" (Butz 2001: 102).

Schomburg 2001: 72; vgl. auch Holst 2003). Zum Teil erklärt sich diese Differenz daraus, dass Frauen häufiger Fächer studiert haben, die, wie zum Beispiel die Sozialpädagogik, selten zu hohen Einkommen führen. Einkommensunterschiede zeigen sich aber auch zwischen Männern und Frauen mit demselben Studienfach. In allen Ländern, die in die oben skizzierte Absolventenbefragung einbezogen waren, verdienen „Frauen weniger als Männer. Insgesamt beträgt die Differenz bei Vollzeitbeschäftigten 19,2 Prozent zuungunsten der Frauen" (Schomburg/Teichler 2003: 38).

Vollzeiterwerbstätige Akademikerinnen in der Bundesrepublik erzielen deutlich höhere Einkommen als vollzeiterwerbstätige Frauen mit geringerer Qualifikation (Butz 2001: 105 ff.; Weißhuhn/Große Rövekamp 2004: 165 ff.). Erwartungsgemäß sind Akademikerinnen hier also im Vorteil.

Betriebliche Position
Akademiker arbeiten häufiger als Akademikerinnen auf höheren Ebenen der betrieblichen Hierarchie, seltener auf unteren und mittleren. Führungspositionen haben im Jahr 2000 16 Prozent der angestellten Männer mit Hochschulabschluss inne, aber nur fünf Prozent der angestellten Frauen (Schreyer 2001a: 14; *Abbildung 2*).

Abb. 2: AkademikerInnen in der Betriebshierarchie

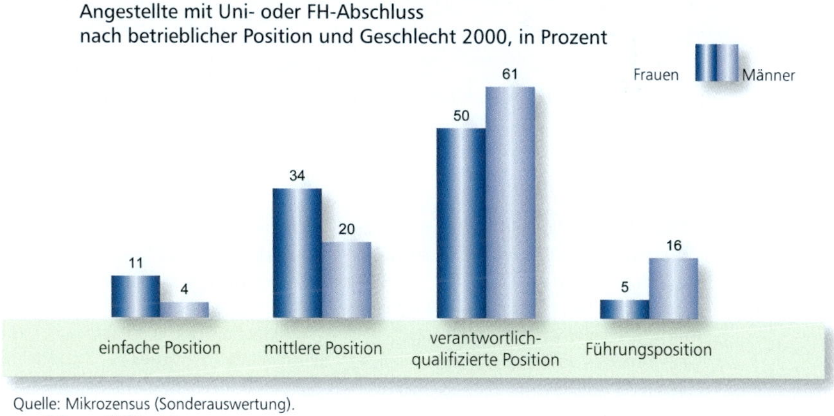

Quelle: Mikrozensus (Sonderauswertung).
aus: Schreyer 2001a: 14.

© IAB

Adäquanz der Beschäftigung

Auch wenn die Qualifikationsadäquanz einer Beschäftigung – also die Passung zwischen erworbener Qualifikation und Erwerbstätigkeit – nur schwer inhaltlich zu definieren und methodisch zu fassen ist und entsprechende Befunde immer nur Annäherungen an ein komplexes und sich historisch wandelndes Phänomen sind (Plicht/Schreyer 2002c; Plicht/Schober/Schreyer 1994): AkademikerInnen sind etwas seltener als Personen mit abgeschlossener Berufsausbildung auf Arbeitsplätzen beschäftigt, die inhaltlich und/oder statusmäßig nicht ihrer Ausbildung angemessen sind.

Dies zeigen frühere Untersuchungen (Büchel/Weißhuhn 1998; Plicht/Schober/Schreyer 1994).[14] Einer neueren Studie zufolge gilt dies nach wie vor zumindest für Männer: Männer mit Hochschulabschluss arbeiten seltener auf ausbildungsinadäquaten Stellen als Männer mit abgeschlossener Berufsausbildung (2002: West: 10 % zu 15 %; Ost: 8 % zu 16 %; Weißhuhn/Große Rövekamp 2004: 132 ff.).[15] Bei den Frauen im Westen gilt dies für jeweils 20 Prozent; in den neuen Ländern waren mit 26 Prozent aber mehr Akademikerinnen „unterwertig" eingesetzt als Frauen mit abgeschlossener Berufsausbildung (20 %). Diese Befunde bedeuten zum einen, dass Akademikerinnen weitaus häufiger als Akademiker auf ausbildungsinadäquaten Stellen arbeiten. Zum andern sind – in Bezug auf Adäquanz der Tätigkeit und quantitative Betroffenheiten – Akademikerinnen nicht im Vorteil gegenüber Frauen mit abgeschlossener Berufsausbildung.

Unsichere Erwerbsformen

„Unsichere" Beschäftigung – das heißt in einer mit Erhebungsdaten aus 1998/99 durchgeführten Untersuchung in erster Linie befristete Beschäf-

---

14 Laut Büchel/Weißhuhn (1998) waren 1995 14 Prozent der Erwerbstätigen in Westdeutschland mit Universitäts- oder Fachhochschulabschluss ausbildungsinadäquat beruflich eingesetzt im Vergleich zu 16 Prozent der Erwerbstätigen mit beruflicher Ausbildung. Basis war hier das Sozioökonomische Panel. Analysen des Mikrozensus beziffern die inadäquate Beschäftigung westdeutscher Personen mit Hochschulabschluss 1991 auf zwischen acht und 17 Prozent liegend – aufgrund der Unschärfen der Datenquelle und methodologischer Überlegungen wurden Bandbreiten ermittelt. Von den Erwerbstätigen mit abgeschlossener Lehre/Berufsfachschule war ein Viertel unterhalb ihrer erworbenen Qualifikation eingesetzt (Plicht/Schober/Schreyer 1994).

15 Ausgewertet wurde das Sozioökonomische Panel. Um sich Umfang und Strukturen von Inadäquanz auf dieser Datenbasis anzunähern, werden die Angaben der Interviewten zu ihrem formalen Qualifikationsniveau mit denen zum Anforderungsniveau ihres Arbeitsplatzes abgeglichen (Büchel/Weißhuhn 1997: 13 ff.).

tigung[16], aber auch Leiharbeit, Geringfügige Beschäftigung und Freie Mitarbeit – trifft in West- wie Ostdeutschland vor allem diejenigen ohne Ausbildungsabschluss (Schreyer 2001b). Zumindest im Westen sind die Anteilswerte bei den UniversitätsabsolventInnen mit zehn Prozent aber geringfügig höher als bei der Qualifikationsgruppe „Lehre/Berufsfachschule" mit neun Prozent (Ost: 14 % zu 16 %). Personen mit Universitätsabschluss verfügen also in Bezug auf unsichere Erwerbsformen nur bedingt über eine privilegierte Position.[17]

Ähnlich wie die inadäquate Erwerbstätigkeit sind auch unsichere Erwerbsformen vor allem ein Problem der Frauen.

Frauen mit Hochschulexamen trifft es etwas seltener als ihre Geschlechtsgenossinnen mit einer abgeschlossenen Berufsausbildung *(Abbildung 3).*

Abb. 3: Unsichere Beschäftigung

Angaben nach Qualifikation und Geschlecht 1998/99, in Prozent

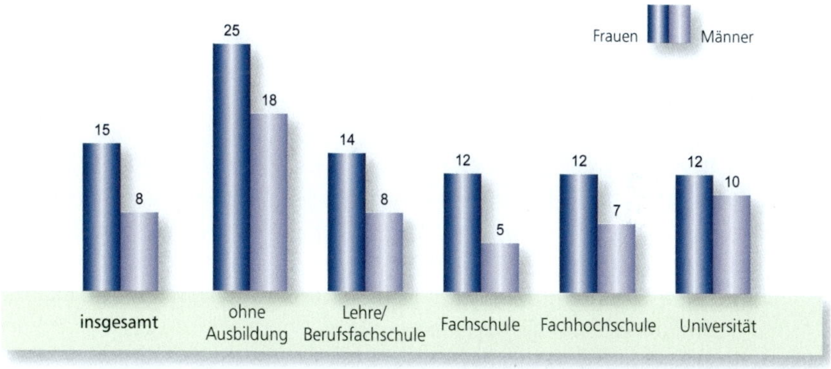

Quelle: BIBB/IAB-Erhebung; aus: Schreyer 2001a: 15.

© IAB

16 Die Angaben von Personen, deren auf befristeter Basis geleistete Erwerbsarbeit unmittelbar mit einer Ausbildung verknüpft war (Referendariat, Facharztausbildung etc.), wurden aufgrund des damit verbundenen Sonderstatus aus den Berechnungen ausgeklammert. Bei Promotions- und Habilitationsstellen war dies nicht möglich.

17 Von den Personen mit Fachhochschulabschluss arbeiteten sechs Prozent in den alten und 14 Prozent in den neuen Bundesländern in unsicheren Erwerbsformen (Schreyer 2001b: 157 ff.).

Weiterbildung
„Alle vorliegenden Untersuchungen zum Weiterbildungsverhalten kommen übereinstimmend zu dem Schluss, dass eine Teilnahme an beruflicher Weiterbildung um so häufiger erfolgt, je höher das erreichte Qualifikationsniveau ist. Dieser Befund (...) wird in der Literatur auch als Matthäus-Prinzip (‚Denn wer da hat, dem wird gegeben') bezeichnet" – so resümieren Wilkens und Leber (2003: 331) die Forschungslage zur formellen Weiterbildung.[18] Ihre eigenen Analysen bestätigen diesen Befund: Zwischen 1997 und 2000 wiesen die AkademikerInnen mit 50 Prozent die höchste Teilnahmequote auf. Bei den Personen mit einer Lehre lag dieser Anteil bei 32 Prozent, während er bei den Personen ohne abgeschlossene Berufsausbildung lediglich neun Prozent betrug (Wilkens/Leber 2003: 333).

Auch wenn die empirischen Befunde zur Weiterbildungsbeteiligung der Geschlechter nicht ganz eindeutig sind (Wilkens/Leber 2003: 332 ff.), scheinen Akademikerinnen – auch solche mit Kindern – in etwa gleichem Umfang an Weiterbildung teilzunehmen wie Akademiker. Allerdings sind sie häufiger auf eigenes Engagement angewiesen, da sich Betriebe bei ihnen etwas weniger engagieren als bei Männern. Dies zeigt eine Befragung von HochschulabsolventInnen fünf Jahre nach ihrem Examen im Jahr 1993 (Willich/Minks/Schaeper 2002: 20).

2.1.3 Arbeitslosigkeit

AkademikerInnen sind im Vergleich zu den anderen beruflichen Qualifikationsgruppen seltener arbeitslos *(Abbildung 4; Reinberg/Hummel 2005).* Mit einer Arbeitslosenquote von 2,5 Prozent im Jahr 2000 konnte man für Westdeutschland sogar von Vollbeschäftigung sprechen; im Jahr 2004 betrug sie 3,5 Prozent. Aber auch im gesamten letzten Quartal des vergangenen Jahrhunderts war die registrierte Arbeitslosigkeit der AkademikerInnen unterdurchschnittlich. In den neuen Bundesländern tragen Hochqualifizierte ebenfalls das mit Abstand niedrigste Arbeitslosigkeitsrisiko. Hier betrug die Arbeitslosenquote 2000 4,7 Prozent und 2004 sechs Prozent, während jede zweite Erwerbsperson ohne Ausbildungsabschluss ohne Beschäftigung war.[19]

---

18 Während der Zusammenhang zwischen Qualifikationsniveau „und formeller Weiterbildung empirisch klar belegt werden konnte, sind die Befunde zur qualifikationsspezifischen Teilnahme an informeller Weiterbildung nicht ganz eindeutig" (Wilkens/Leber 2003: 331). So ist offen, ob informelle Weiterbildung bestehende Qualifikationsunterschiede verringert oder vergrößert.

19 Bei Arbeitsmarktproblemen verbleiben etliche AbsolventInnen an den Hochschulen

Abb. 4: Qualifikationsspezifische Arbeitslosenquoten bis 2004

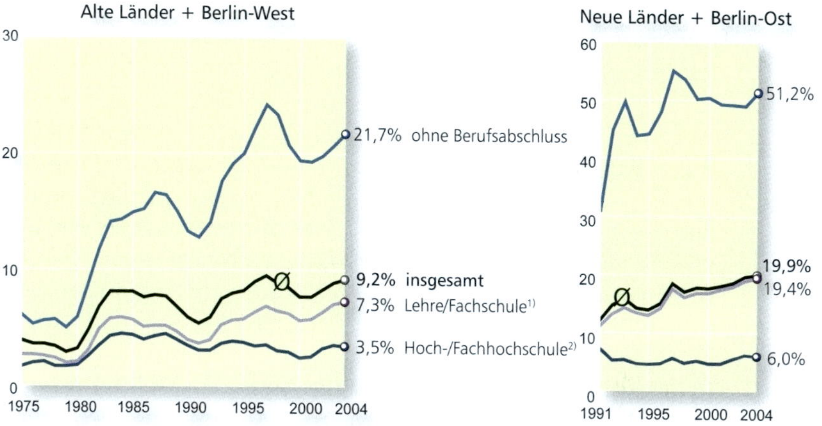

[1] ohne Verwaltungsfachhochschulen [2] einschl. Verwaltungsfachhochschulen

Anmerkung: Arbeitslose in Prozent aller zivilen Erwerbspersonen (ohne Auszubildende) gleicher Qualifikation; Erwerbstätige ohne Angabe zum Berufsabschluss nach Mikrozensus je Altersklasse proportional verteilt.

Quelle: IAB-Berechnungen auf Basis Mikrozensus und Strukturerhebungen der BA (jeweils Ende September). aus: Reinberg/Hummel 2005: 2.

Abb. 5: Qualifikationsspezifische Arbeitslosenquoten 1991 bis 2004 in Deutschland

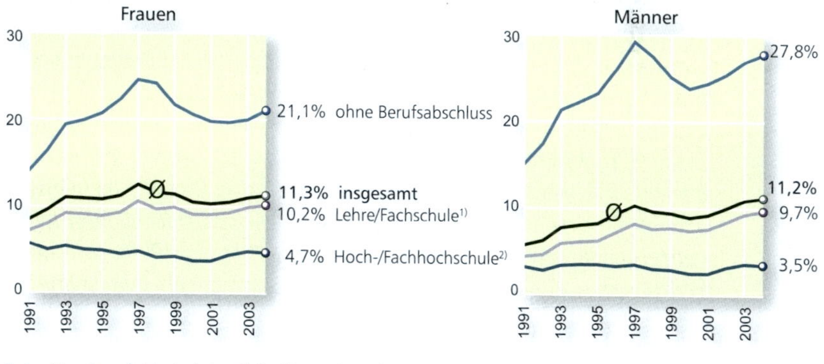

[1] ohne Verwaltungsfachhochschulen [2] einschl. Verwaltungsfachhochschulen

Anmerkung: Arbeitslose in Prozent aller zivilen Erwerbspersonen (ohne Auszubildende) gleicher Qualifikation; Erwerbstätige ohne Angabe zum Berufsabschluss nach Mikrozensus je Altersklasse proportional verteilt.

Quelle: IAB-Berechnungen auf Basis Mikrozensus und Strukturerhebungen der BA (jeweils Ende September). aus: Reinberg/Hummel 2005: 4.

Akademikerinnen sind etwas häufiger arbeitslos als Akademiker. Gleichwohl trifft es die Akademikerinnen wiederum deutlich seltener als die Frauen der anderen beruflichen Qualifikationsgruppen *(Abbildung 5)*. In Bezug auf Arbeitslosigkeit sind Akademikerinnen also gegenüber Akademikern etwas im Nachteil und gegenüber den Frauen anderer Qualifikation im Vorteil.

2.2 Künftige Entwicklungen

Auch wenn die Zukunft von Arbeitsmärkten gerade im Zuge der Globalisierung nicht sicher vorausgesagt werden kann: Die bereits bislang vergleichsweise guten Beschäftigungschancen von AkademikerInnen dürften weiter steigen. Diese These gründet sich auf drei Säulen.

Da ist zunächst der bereits thematisierte Strukturwandel des Beschäftigungssystems in Richtung Höherqualifizierung. Die Bundesrepublik befindet sich wie andere hoch entwickelte Wirtschaftsnationen auch auf dem Weg in eine Wissens- und Informationsgesellschaft. Von der damit verbundenen Expansion anspruchsvoller, „sekundärer" Dienstleistungstätigkeiten etwa im Bereich Forschung und Entwicklung, Beratung und Lehre profitieren AkademikerInnen am meisten. Der Bedarf an Hochqualifizierten wird sowohl in relativen als auch in absoluten Größen steigen; umgekehrt werden für Geringqualifizierte weitere massive Beschäftigungseinbußen erwartet – darin sind sich Projektionen einig (Reinberg/Hummel 2002c und 2003; Bund-Länder-Kommission für Bildungsplanung und Forschungsförderung 2001; *Abbildung 6*).[20]

Zum Zweiten vollzieht sich in der Bundesrepublik ein tief greifender demografischer Wandel (Fuchs/Dörfler 2005; Fuchs/Söhnlein 2005). Der Bevölkerungsrückgang wirkt sich auch auf das Erwerbspersonenpotenzial aus (Erwerbstätige, Erwerbslose und Stille Reserve[21]). Bis etwa 2010/2015 ist allenfalls mit einer leichten Abnahme zu rechnen. Danach aber sinkt das Erwerbspersonenpotenzial so stark, dass selbst relativ hohe jährliche Zuwanderungen und eine steigende Erwerbsbeteiligung der Frauen den demografischen Effekt nicht mehr kompensieren können *(Abbildung 7)*. In anderen Industriestaaten sind ähnliche Entwicklungen zu beobachten (Eichhorst/Thode 2002: 44 f.), wenn auch nicht immer so ausgeprägt.

(Zweit- bzw. Aufbaustudium oder Promotion; Holtkamp/Koller/Minks 2000: 11 ff.). Sie treten also weder als Erwerbstätige noch als registrierte Arbeitslose auf den Markt.

20 Für die Vergangenheit zeigt sich eine hohe Treffsicherheit solch grob aggregierter Projektionen zum Qualifikationsbedarf (Reinberg 1997: 8).

21 Zum Begriff der Stillen Reserve vergleiche *Kap. 7.3*.

Abb. 6: Erwerbstätige*) in Deutschland nach Tätigkeitsniveau – in Prozent

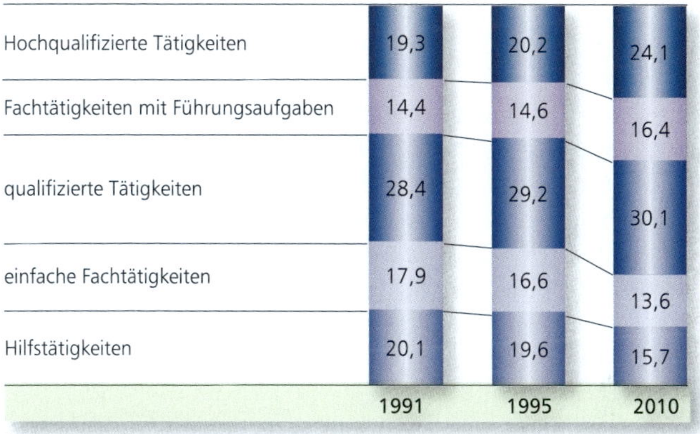

*) ohne Auszubildende
Quelle: IAB/Prognos Projektion 1999; aus: Reinberg/Hummel 2003: 3.

Abb. 7: Szenarien zur Entwicklung des Erwerbspersonenpotenzials bis 2050

– Personen in Mio., Inländerkonzept –

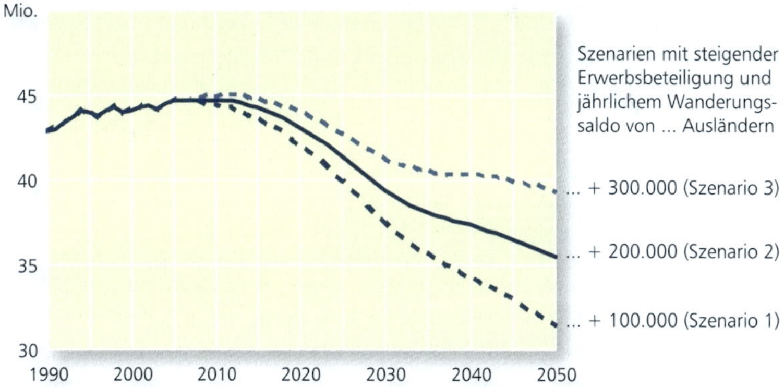

aus: Fuchs/Dörfler 2005: 1.

Zum Dritten lässt die Qualifikationsentwicklung der Bevölkerung in Verbindung mit dem Strukturwandel und dem demografischen Wandel einen Mangel insbesondere an Hochqualifizierten erwarten (Reinberg/Hummel 2002c und 2003; Bund-Länder-Kommission für Bildungsplanung und Forschungsförderung 2001). Die derzeitige Akademikererwerbstätigkeit wird hauptsächlich von den mittleren Altersgruppen getragen. In den nächsten ein bis zwei Jahrzehnten scheiden diese geburtenstarken Jahrgänge sukzessive aus dem Erwerbsleben aus. Sie könnten nur dann halbwegs ausreichend ersetzt werden, wenn die nachrückenden geburtenschwachen Jahrgänge deutlich besser qualifiziert sein würden als frühere Kohorten. Dies ist derzeit aber nicht in Sicht, ist doch die Bildungsexpansion früherer Jahrzehnte in Westdeutschland seit Beginn der 90er Jahre zum Erlahmen gekommen, wie sich an einer Reihe von Indikatoren, etwa den Zugängen in unterschiedliche berufliche Ausbildungswege, zeigt *(Abbildung 8)*.

Ein weiterer Indikator ist die Studierquote[22] ein halbes Jahr nach Schulabgang. Sie sank von 76 Prozent beim Studienberechtigten-Jahrgang 1990 auf 66 Prozent beim Jahrgang 1999. Beim Jahrgang 2002 stieg sie zwar auf 73 Prozent, sank aber beim Jahrgang 2004 wieder leicht auf 70 Prozent. Dabei lagen die Studierquoten von Männern höher als die von Frauen (Heine/Spangenberg/Sommer 2005: 8 f.).[23]

Unstet ist auch die Entwicklung bei den Erstimmatrikulierten. Die Zahl der StudienanfängerInnen sowie die Studienanfängerquote[24] sind in den Jahren 2004 und 2005 jedenfalls nach jahrelangem Anstieg wieder leicht gesunken. Im internationalen Vergleich[25] ist diese Quote ohnehin gering (Statistisches

---

22 Die Studierquote bezeichnet den „Anteil derjenigen, die ihre erworbene Studienoption zum Befragungszeitpunkt bereits eingelöst haben oder demnächst sicher einlösen" (Heine/Spangenberg/Sommer 2005: 1).

23 Bei jungen Männern ist „die Studierwilligkeit nach wie vor deutlich höher als bei den Frauen (...). Während fast drei von vier männlichen Studienberechtigten 2004 ein Studium aufgenommen haben oder dies sicher planen, trifft dies bei den Frauen lediglich auf 66 % zu" (Heine/Spangenberg/Sommer 2005: 9).

24 Die Studienanfängerquote bezeichnet den Anteil der StudienanfängerInnen an der gleichaltrigen Bevölkerung. Sie stieg von 27 Prozent im Jahr 1995 auf 39 Prozent im Jahr 2003 und sank in den Jahren 2004 und 2005 leicht auf 37 Prozent (Statistisches Bundesamt 2005b und 2004).

25 Im Vergleich mit ausgewählten OECD-Ländern liegt Deutschland „zusammen mit europäischen Nachbarländern wie der Schweiz, Österreich und Belgien im hinteren Bereich der Rangliste. In den Niederlanden (52 %) oder Dänemark (53 %) beginnt bereits mehr als die Hälfte der altersspezifischen Bevölkerung ein Hochschulstudium, in Polen sind es sogar 70 %" (Statistisches Bundesamt 2005a: 40).

Abb. 8: Zugänge in unterschiedliche berufliche Ausbildungsgänge

in Prozent der gleichaltrigen Bevölkerung – Alte Bundesländer und Berlin (West)

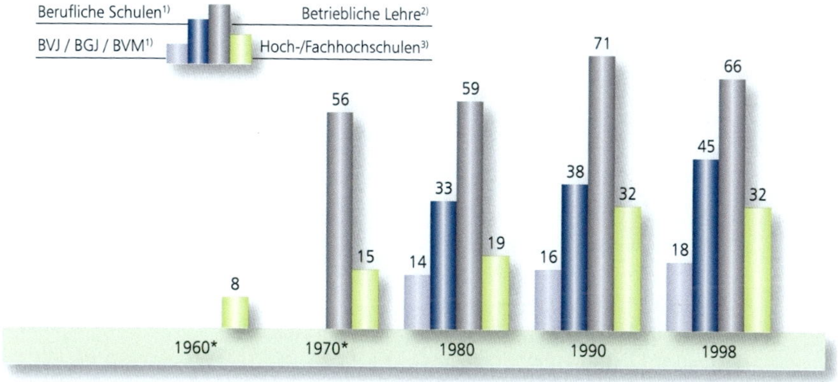

Anmerkung: Wegen Mehrfachqualifizierungen addieren sich ab 1980 die Quoten zu Werten über 100 %.
[1)] BGR-Berechnung
[2)] in % des Durchschnittsjahrgangs der 16- bis unter 19-Jährigen
[3)] in % des Durchschnittsjahrgangs der 19- bis unter 21-Jährigen
* für 1960 und 1970 sind nur unvollständige Angaben verfügbar
Quelle: IAB/BGR; aus: Reinberg/Hummel 2001: 3.

© IAB

Bundesamt 2005a: 18 ff. und 40 f., 2005b und 2004). Gleichzeitig bleiben die Studienabbruchquoten hoch: Von hundert deutschen StudienanfängerInnen erreichen im Schnitt nur 75 einen Hochschulabschluss (Heublein/Schmelzer/Sommer 2005).

Künftig dürfte also Mangel an (hoch-)qualifizierten Fachkräften entstehen, sich begründend in Akademisierung des Beschäftigungssystems, in Bevölkerungsrückgang und tendenzieller Bildungsstagnation. Wie sich diese Entwicklungen auf die Arbeitsmarktchancen speziell von Akademikerinnen auswirken werden, lässt sich nur in Umrissen abschätzen.

Zwar ist die Geschichte der Frauenerwerbsarbeit nicht darauf zu reduzieren, sie zeigt aber immer wieder: Mangel an männlichen Arbeitskräften beförderte die Integration von Frauen. Im Zuge der Industrialisierung konnten weibliche Arbeitskräfte unter anderem dann in Branchen und Berufe einmünden, wenn männliche Arbeitskräfte aus diesen heraus in attraktivere Bereiche abgewandert waren (Willms-Herget 1985). Die mit der Maschinisierung der Schriftsetzerarbeit ab 1870 verbundene Arbeitsweise galt zunächst als „lächerlich" und dem Klavierspiel ähnelnd. Da männliche Arbeitskraft für solches nicht ausreichend zur Verfügung stand, konnten vorübergehend „Töchter der gebildeten Stände" in den Beruf eindringen (Robak 1992). Programmierung in den Computerlabors der USA der 40er und frühen 50er Jahre war auch von daher überwiegend Arbeit von Frauen, weil kriegsbedingt zumindest bis 1945 Mangel an männlichen Arbeitskräften bestand (Hoffmann 1987: 75 ff.). Aus diesem Grund wurden auch im faschistischen Deutschland während des Zweiten Weltkrieges Frauen verstärkt für Erwerbsarbeit rekrutiert (Jurczyk 1978: 52 ff.).

Solche und andere Beispiele aus der Historie der Frauenerwerbsarbeit lassen erwarten, dass auch bei künftigen Mangellagen die Arbeitsmarktchancen von Frauen steigen werden. Möglich sind aber sowohl Erosionen als auch Verfestigungen der geschlechtshierarchischen Spaltung sowohl der Erwerbsarbeit als auch der im privaten Lebensbereich erbrachten Reproduktionsarbeit. Für Erosion könnte etwa Nachwuchsmangel im Bereich der Technikwissenschaften sprechen, für Verfestigung der erhöhte Bedarf an Betreuungs- und Pflegearbeit in einer älter werdenden Gesellschaft. Die erwerbsförmig und privat erbrachte Befriedigung dieses Bedarfs dürfte auch weiterhin primär Frauen zugeschrieben werden *(Kap. 11)*.

Dieses Kap. 2 zusammenfassend, ist festzuhalten: Der Gegenstand dieser Studie – der Teilarbeitsmarkt von Frauen und Männern aus „Männerfächern" – ist in einem „privilegierten" Rahmen zu verorten. Dies insofern, als der Akademikerarbeitsmarkt insgesamt im Vergleich zu den Arbeitsmärkten der anderen Qualifikationsgruppen etliche Vorteile aufweist. Dies gilt etwa für Beschäftigungsentwicklung, Einkommen und Arbeitslosigkeit.

Gleichwohl bestehen nach wie vor Ungleichheiten zwischen den Geschlechtern. Akademiker verfügen über günstigere Arbeitsbedingungen als Akademikerinnen, wie sich beispielsweise bei den Einkommen, den betrieblichen Hierarchien sowie der Adäquanz der Beschäftigung zeigt. Akademiker sind auch etwas seltener arbeitslos als ihre Ex-Kommilitoninnen.

Verglichen mit Frauen ohne Hochschulabschluss haben Akademikerinnen in der Regel Vorteile am Arbeitsmarkt und in der Beschäftigung, so etwa bei der Beschäftigungsentwicklung und beim Einkommen. In Bezug auf inadäquate Beschäftigung sind Akademikerinnen nicht privilegiert.

In Zukunft wird der Bedarf an Hochqualifizierten weiter steigen. Dies begründet sich im Strukturwandel des Beschäftigungssystems hin zur Informations- und Wissensgesellschaft. Die weitgehend stagnierende Bildungsbeteiligung in Verbindung mit dem Bevölkerungsrückgang dürfte zu einem Mangel an akademisch gebildeten Fachkräften führen. Diese Entwicklung beinhaltet für Frauen Chancen und Risiken zugleich.

3 „Männerfächer“ und Arbeitsmarkt: Stand der Forschung

Die soziale Ordnung der Geschlechter ist „ein zentrales Element gesellschaftlicher Strukturierung" (Krais 2005: 14). So ist auch die Arbeitswelt industrialisierter Gesellschaften in hohem Maße nach Geschlecht gespalten (Anker 1998).[26] Unbezahlte Reproduktionsarbeit wird vor allem Frauen zugewiesen. In der Erwerbsarbeit verteilen sich Frauen und Männer auf unterschiedliche Tätigkeitsfelder (horizontale Segregation) und hierarchisch unterschiedliche Positionen (vertikale Segregation), wobei beide Dimensionen geschlechtlicher Segregation eng miteinander verknüpft sind (Willms-Herget 1985; Heintz u.a. 1997; Teubner 1992 und 2000). Frauen sind „auf weniger Berufe konzentriert als Männer, Männerberufe sind dagegen stärker segregiert, d.h. der Frauenanteil in Männerberufen ist geringer als der Männeranteil in Frauenberufen" (Heintz u.a. 1997: 16).[27] Frauen sind also in Männerberufen seltener zu finden als umgekehrt Männer in Frauenberufen. Berufliche Segregation nach Geschlecht wirkt sich in der Regel für Frauen negativ und für Männer positiv aus. Frauenberufe bieten meist geringeren Status sowie Aufstiegs- und Einkommensmöglichkeiten als vergleichbare Männerberufe und selbst in Mischberufen zeigen sich Benachteiligungen von Frauen.

Zwar gibt es Veränderungen: So ist in den USA „die Segregationsquote von 68 Prozent im Jahr 1970 auf 57 Prozent im Jahr 1986 gesunken, in der Schweiz von 64 Prozent 1960 auf 61 Prozent im Jahr 1990" (Heintz u.a. 1997: 19; Anker 1998: 411 ff.).[28] Geschlechtliche Segregation zeichnet sich

26 Anker (1998) untersucht nichtagrarische Berufe in 41 Ländern bzw. Regionen der Erde. Geschlechtliche berufliche Segregation findet sich nicht nur in Industrie-, sondern auch in Entwicklungs- und Schwellenländern.

27 Dies ist gleichzeitig ein Hinweis darauf, dass „Männerberufe offensichtlich unzugänglicher sind als Frauenberufe und Frauen sich in Männerberufen häufiger in einer Außenseiterposition befinden als im umgekehrten Fall" (Heintz u.a. 1997: 16).

28 Zur Diskussion verschiedener Segregationsindices vgl. insbesondere: Hakim 1996. Der Dissimilaritätsindex als das am häufigsten verwendete Segregationsmaß beispielsweise „misst den Prozentsatz Frauen bzw. Männer, die den Beruf wechseln müssten, um eine proportional gleichmäßige Verteilung der beiden Geschlechter über die verschiedenen Berufe zu erreichen" (Heintz u.a. 1997: 16f.). Entsprechende Untersuchungen stehen unter anderem vor dem Problem, dass die zum Teil relativ groben Berufskategorien nationaler Berufsklassifikationen häufig heterogene Tätigkeitsfelder zusammenfassen.

aber durch hohe Stabilität aus: „Occupational segregation by sex is extensive and pervasive and is one of the most important and enduring aspects of labour markets around the world" (Anker 1998: 3).

Geschlechtliche Segregation durchzieht also alle Ebenen der Arbeitswelt. Das Themenfeld „Frauen in Männerberufen" zielt somit nur auf ein Teilsegment beruflicher Segregation nach Geschlecht – auf das sich insbesondere die politisch-öffentliche Diskussion aber häufig verengt (Paul-Kohlhoff 1996: 8 ff.). Trotzdem ist der entsprechende Forschungsstand, zumindest was Arbeitsmarkt und Beschäftigung von Frauen in männerdominierten Berufen betrifft, relativ begrenzt.

Im Folgenden werden – bezogen auf Frauen mit Hochschulabschlüssen in männerdominierten Fächern – vorliegende theoretische *(Kap. 3.1)* und empirische *(Kap. 3.2)* Ansätze vorgestellt.

3.1 Theorie

Abgesehen vom Ansatz von Mooraj (2002) existieren kaum soziologische Theorien zu den Geschlechterverhältnissen speziell in männerdominierten technischen Bereichen der Erwerbsarbeit. So werden im Folgenden zunächst zentrale soziologische Theorien der letzten Jahrzehnte zu den Geschlechterverhältnissen in der Erwerbsarbeit allgemein skizziert *(Kap. 3.1.1)*. Vor dieser Folie wird anschließend der Ansatz von Mooraj zu den Geschlechterverhältnissen speziell im technischen Feld beschrieben *(Kap. 3.1.2)*.

3.1.1 Geschlechterverhältnisse in der Erwerbsarbeit allgemein

Die Entwicklung soziologischer Theorien seit den 80er Jahren zu den Geschlechterverhältnissen in der Erwerbsarbeit allgemein lässt sich im Wesentlichen in drei Phasen unterteilen (Wetterer 1999a und b).[29] Diese überlappen sich teilweise bzw. gehen ineinander über.

Es ist so durchaus möglich, „dass ein auf dieser Aggregationsebene ‚integrierter' Beruf sich aus Tätigkeiten zusammensetzt, die je einzeln hochgradig segregiert sind. Das hohe Aggregationsniveau nationaler Daten hat mit anderen Worten zur Folge, dass das Ausmaß der Segregation in den meisten Studien systematisch unterschätzt wird" (Heintz u. a. 1997: 17; vgl. auch Anker 1998: 95 ff. und 405 ff.).

29 Wetterer (1999a und b) zeichnet das Bild einer linear aufstrebenden Theorieentwicklung; zur Kritik hieran vgl. Hauser 2002.

Differenztheoretische Ansätze

Als bestimmend für die erste Phase bzw. die 80er Jahre werden differenztheoretische Ansätze der geschlechtsspezifischen Arbeitsteilung identifiziert (Wetterer 1999a und b). Diese vor allem von Beck-Gernsheim und Ostner entwickelten Konzepte gehen von einer grundsätzlichen Differenz des Arbeitsvermögens der Geschlechter aus (Beck-Gernsheim/Ostner 1978; Ostner 1979). Hintergrund ist die geschlechtliche Arbeitsteilung, die Frauen primär auf Hausarbeit, verstanden als Einheit von materiellen und psychosozialen Versorgungsleistungen, und Männer auf Berufsarbeit verweist. Hausarbeit und Berufsarbeit werden als stark differierende Felder mit verschiedenen Logiken beschrieben, die unterschiedliche Arbeitsvermögen erfordern.

Hausarbeit verlangt Fähigkeiten wie Empathie, Geduld und Intuition und ist in einen unmittelbaren, durch konkrete soziale Beziehungen geprägten Kontext eingebettet. Sie erinnert besonders in der Mutter-Kind-Beziehung an archaische, noch unmittelbar naturgebundene und bedarfsbezogene Wirtschaftsweisen. Berufsarbeit ist demgegenüber über den Markt vermittelte, abstrakte Arbeit, die nach zeitökonomischen Gesichtspunkten organisiert ist und auf Spezialwissen und Distanz gegenüber dem Arbeitsgegenstand beruht. Sie zeichnet sich durch sachliche, affektiv neutrale Arbeitsbeziehungen aus und ist geradezu als Versuch zu sehen, von Naturgebundenheit unabhängig zu werden.

Zwischen weiblichem Arbeitsvermögen auf der einen Seite und Arbeitsanforderungen in Frauenberufen auf der anderen Seite wird Kongruenz unterstellt. Dies sei ein wesentlicher Grund, warum viele erwerbstätige Frauen in Frauenberufe einmünden. Arbeitgeber können hier Arbeitskräfte rekrutieren, die einen Teil der notwendigen Qualifikationen außerhalb des Arbeitsmarktes erworben haben, nämlich in der privat organisierten Hausarbeit.

Hierarchietheoretische Ansätze

Ab ca. Ende der 80er Jahre und in kritischer Auseinandersetzung mit differenztheoretischen Ansätzen[30] wurde das Konzept der geschlechtshierarchischen Arbeitsteilung entwickelt. Frauen- und Männerberufe bzw., allgemeiner, Frauen- und Männerarbeitsplätze zeichnen sich historisch wie gegenwärtig nicht zentral durch die Inhalte der Tätigkeit, die Qualifikationsanforderungen an oder das Arbeitsvermögen von Frauen und Männern aus. Bestimmend für die Vergeschlechtlichung sind vielmehr die Position der Berufe und Ar-

---

30 Zur Kritik des Konzepts des weiblichen Arbeitsvermögens vgl. Heintz u.a. 1997: 27f.; Schreyer 1991: 13f.; Lüsebrink 1993: 55ff.

beitsplätze in der beruflichen Hierarchie. Horizontale Segregation zwischen den Geschlechtern entpuppt sich bei näherem Hinsehen immer auch als vertikale, die inter- und intraberufliche Arbeitsteilung zwischen Männern und Frauen so immer auch als Reproduktionsmodus der allgemeinen Geschlechterhierarchie (Wetterer 1999a: 26 und b: 232 f.; Teubner 1992, 2000 und 2001; Willms-Herget 1985).

Beispielsweise sind Frauen in verschiedenen technischen Professionen[31] nur marginal, in technischen Assistenzberufen wie der Medizinisch-technischen AssistentIn sowie Un- und Angelerntenpositionen etwa in der Elektroindustrie aber stark vertreten – im Übrigen ein Hinweis darauf, dass von einem generellen Spannungsverhältnis zwischen Frau und Technik nicht die Rede sein kann (Teubner 2000: 3; Paul-Kohlhoff 1996: 7). Dringen Frauen in Männerberufe bzw. Männer in Frauenberufe ein, bilden sich Muster einer „Integration durch Segmentation" (Teubner 2000: 7; Heintz u.a. 1997) mit deutlich hierarchischen Zügen jeweils zuungunsten von Frauen. Selbst innerhalb von Mischberufen, also bei quantitativ ähnlicher Präsenz der Geschlechter, existieren hierarchische Segmentierungen. Dies zeigen etwa Untersuchungen zu Bankkaufleuten sowie SachbearbeiterInnen in einer Versicherung (Teubner 1992: 46 f.; Heintz u.a. 1997: 166 ff.).

Dass die geschlechtliche Codierung von Arbeit weniger den Inhalten der Tätigkeit folgt, sondern eher den Mustern der geschlechtshierarchischen Segregation, zeigt sich auch historisch und zwar am Geschlechtswandel von Berufen (zum Beispiel Lehramt, VerkäuferIn, Büroberufe sowie Programmierberufe in den USA; Heintz u.a. 1997: 27 sowie Hoffmann 1987). „Prozesse der geschlechtlichen Segmentbildung und der damit einhergehenden geschlechtlichen Codierung von Arbeit" sind so stets auch „Prozesse der Statusdistribution" (Teubner 2000: 7). Dem Geschlecht weniger als Inhalts-, sondern stärker als hierarchisierende Status- und Strukturkategorie kommt eine wichtige gesellschaftliche Ordnungsfunktion zu: „Prozesse des Wandels in industrialisierten Gesellschaften zeigen (...), dass die hierarchische Anordnung der Geschlechter als die eigentliche Strukturkonstante

---

31 Der aus den US-amerikanischen Sozialwissenschaften stammende Begriff der Profession bezieht sich auf hoch qualifizierte Berufe, die durch eine Reihe gemeinsamer Merkmale charakterisiert sind. Hierzu zählen „eine wissenschaftliche Ausbildung, eine hervorgehobene und monopolisierte Stellung auf dem Arbeitsmarkt, verbunden mit relativ hohem Einkommen und gesellschaftlichem Prestige, sowie ein ausdifferenziertes Berufsfeld, entsprechende Ausbildungsgänge und ein eigenständiges Berufsbild. Die Angehörigen von Professionen sind in berufsständischen Verbänden organisiert und teilen ein gemeinsames berufliches Selbstverständnis bzw. eine Berufsethik" (Schmitt 1992: 147).

anzusehen ist, wohingegen die Inhaltsdimension der Geschlechterdifferenz vielfachen Veränderungen und Modernisierungen unterworfen ist" (Teubner 2001: 301).

Konstruktivistische Ansätze
Ab ca. Mitte der 90er Jahre trat eine theoretische Neuorientierung bzw. Weiterentwicklung auch im Blick auf die Geschlechterverhältnisse in der Erwerbsarbeit insofern ein, als konstruktivistische Ansätze an Boden gewannen. Hierfür wurden weniger diskurstheoretische als vielmehr aus der US-amerikanischen Ethnomethodologie stammende „doing gender" Argumentationen relevant.

Es handelt sich gewissermaßen um ins Radikale getriebene soziologische Ansätze, da der Bereich des Natürlichen bzw. Biologischen mindestens stark eingegrenzt und die bislang „scharfe Trennlinie zwischen dem Reich der Natur und dem Hoheitsgebiet der Kultur" durchbrochen wird (Heintz u.a. 1997: 57). Die binäre, scheinbar biologisch determinierte Geschlechterunterscheidung selbst wird nun als soziale Konstruktion gezeichnet: „Als Erkenntnisgewinn der ethnomethodologischen Argumentation zu „Geschlecht" gilt insbesondere der Perspektivwechsel, der es ermöglicht, die Geschlechterklassifikation selbst als auf verschiedenen Ebenen angesiedelte soziale Konstruktion zu begreifen. (...) Unter Rekurs auf die Arbeiten von Garfinkel und Goffman können so alltagsweltliche wie wissenschaftliche Vorstellungen von einer angeblich natürlichen Zweigeschlechtlichkeit und damit verbundener Verhaltensdifferenzen als soziale Konstruktion analysiert und in ihrem Beitrag zur Legitimation von Geschlechterungleichheit kritisiert werden" (Gottschall 1997: 481; vgl. auch: Lorber 1994 sowie Heintz u.a. 1997: 54 ff.).

Ihre empirische Evidenz beziehen konstruktivistische Ansätze neben der Biologie und Soziologie insbesondere aus der Ethnologie: „Soziologinnen, Ethnologinnen und Anthropologinnen präsentieren eine Vielfalt von Beispielen dafür, dass Kulturen sehr unterschiedlich mit dem ‚Geschlechterunterschied' umgehen und haben daraus den Schluss gezogen, dass der Biologie keine determinierende Rolle für die kulturelle Definition der Kategorien Mann und Frau zukommt. Darüber hinaus stellen sie die Universalität des Konzepts der Zweigeschlechtlichkeit in Frage, indem sie auf Gesellschaftsformen mit geschlechtlicher Arbeitsteilung verweisen, die entweder drei oder mehr Geschlechter definieren bzw. innerhalb der Zweigeschlechtlichkeit Formen des sozialen Geschlechtswandels als Regel zulassen und insofern die Symmetrisierungsannahme von Physiologie und sozialer Zweigeschlechtlichkeit sprengen" (Teubner 1995: 248).[32]

Angeregt durch diese Ansätze und anknüpfend an das Konzept der geschlechtshierarchischen Arbeitsteilung entstand das Konzept der geschlechterkonstituierenden Arbeitsteilung, einer „Arbeitsteilung also, in deren Zuge nicht nur die ‚Weiblichkeit' und ‚Männlichkeit' bestimmter Arbeitsbereiche hergestellt wird, sondern zugleich die Differenz zwischen Frauen und Männern" (Wetterer 1999b: 233).

Die Konstruktion der sozialen Kategorie Geschlecht und die Arbeitsteilung zwischen den Geschlechtern wird nun stärker in einer wechselseitigen Beziehung gesehen. Wie bereits im Konzept der geschlechtshierarchischen Arbeitsteilung enthalten, wirkt einerseits „Geschlecht als Ressource der Strukturierung und Hierarchisierung arbeitsteiliger Zuständigkeiten und Zugangschancen". Im Konzept der geschlechterkonstituierenden Arbeitsteilung tritt jedoch hinzu, dass umgekehrt „Prozesse der Berufskonstruktion und in ihrem Rahmen Prozesse sozialer Schließung (...) einen beträchtlichen (...) Anteil an der sozialen Konstruktion der Zweigeschlechtlichkeit und an der erstaunlichen Stabilität des zweigeschlechtlichen Klassifikationsverfahrens haben" (Wetterer 1999a: 27 und b: 234; vgl. auch Heintz u.a. 1997: 12).

Empirisch untermauert wird dieser wechselseitige Zusammenhang beispielsweise durch die „marginalisierende Integration" von Frauen in den Arztberuf als klassischer akademischer Profession zu Beginn des 20. Jahrhunderts (Wetterer 1999b). Die bürgerliche Frauenbewegung fand mit ihrer Argumentation, dass weibliche Ärzte für die Behandlung von Frauen eine medizinische und sittliche Notwendigkeit seien, Gehör unter anderem bei der Ministerialbürokratie. Im Jahr 1899, also noch vor der Zulassung von Frauen an die deutschen Universitäten, wurde Gasthörerinnen an deutschen Hochschulen sowie Frauen, die im Ausland studiert hatten, das Ablegen des medizinischen

---

32 Die „Frage nach dem Verhältnis von Biologischem und Kulturellem" wurde in jüngerer Zeit wieder neu gestellt – und auf dem Soziologiekongress im Oktober 2006 in Kassel verhandelt: „Ein Erkenntnisfortschritt wird darin gesehen, dass nicht nur das sozial hervorgebrachte Geschlecht (gender), sondern auch das biologisch bestimmte Geschlecht (sex) als Effekt sozialer Praxis gilt. Dieser soziologisch als gesichert angenommene Wissensstand wird derzeit neu mit neurobiologischen und evolutionspsychologischen Forschungen konfrontiert, die Geschlechterdifferenzen wieder in Körperfeldern verorten (bspw. wenn von unterschiedlichen Hirnaktivitäten auf geschlechtsspezifisch unterschiedliche Fähigkeiten geschlossen wird). Überkommen geglaubte und neue biologistische Deutungsmuster gewinnen an Boden und scheinen problemlos anschlussfähig an Alltagswahrnehmungen zu sein" (Sektion Frauen- und Geschlechterforschung 2006: 1).

Staatsexamens gestattet. Der Arztberuf war somit der erste akademische Beruf, zu dem Frauen Zugang erhielten. Nachdem mit der formalen Öffnung des Arztberufs „die Geschlechtsexklusivität der Professionen de jure ins Wanken geraten war, ging es (...) darum, die Geschlechtergrenzen und mit ihnen Hierarchie und Differenz im Verhältnis der Geschlechter zueinander nun im Inneren der Professionen neu zu etablieren" (Wetterer 1999b: 223).

Mit der auf Differenz der Geschlechter beruhenden Ausgangsargumentation – weibliche Ärzte für Frauen und, wie bald hinzugefügt wurde, Kinder – waren aus der Perspektive der Ärzteschaft die Weichen für eine innerprofessionelle Arbeitsteilung gestellt, die für Frauen nicht nur Vorteile mit sich brachte. Ärztinnen wurden in der Folge „nicht zu Gleichen, sondern zu Anderen" (Wetterer 1999b: 240), da sie häufig andere PatientInnen als ihre männlichen Kollegen behandelten, nämlich Frauen und Kinder und hier häufig die Mittellosen der „unteren Stände", die für die männliche Ärzteschaft als Klientel selten interessant waren.

„Geschlecht" wurde somit als Ressource der innerberuflichen horizontalen und gleichzeitig vertikalen Arbeitsteilung benutzt.[33] Das Ergebnis der Arbeitsteilung – Ärztinnen für (arme) Frauen und Kinder – bestärkte wiederum die binäre Geschlechterkonstruktion mit ihren Zuschreibungen an die Geschlechtscharaktere, die in ihrer historischen Genese weiter unten genauer beschrieben wird *(Kap. 3.1.2)*.

3.1.2 Geschlechterverhältnisse im technischen Feld

Mooraj (2002) entwickelt in ihrer Arbeit einen soziologischen Erklärungsansatz für die Marginalisierung von Frauen in hoch qualifizierten technischen

33 Kuhlmann (1999) malt in ihrer empirisch-historischen Untersuchung zur zahnmedizinischen Profession ein widersprüchlicheres Bild der Geschlechterverhältnisse. Zwar lassen sich auch hier „zahlreiche Belege dafür anführen, dass geschlechtsabhängige zugleich hierarchische Differenzierungslinien sind. Dennoch sind die binäre Geschlechterklassifikation und die Geschlechterhierarchie im Beruf kein identischer oder gleichursprünglicher Prozess" (Kuhlmann 1999: 299). Dies zeigt sich insbesondere im prestigereichen und einkommensstarken Fachgebiet der Kieferorthopädie, in dem Zahnärztinnen überproportional vertreten sind: „Am Beispiel der Kieferorthopädie wurde empirisch nachgewiesen, dass sich aus Geschlechterdifferenzen nicht umstandslos Hierarchien konstruieren lassen. Selbst ein über Jahrzehnte vergleichsweise hoher Frauenanteil hat hier keinen Prestigeverlust oder Deprofessionalisierungstendenzen des Fachgebiets zur Folge, sondern ist sehr wohl vereinbar mit einem hohen Formalisierungsgrad, hohem fachlichen Niveau und intraprofessionellen Rang und ausgesprochen günstigen ökonomischen Bedingungen" (Kuhlmann 1999: 299).

Berufsfeldern. Sie bedient sich dabei im Schwerpunkt der Theorie des Habitus von Pierre Bourdieu und wendet diese unter Einbezug auch sozialhistorischer Arbeiten auf das Geschlechterverhältnis allgemein sowie speziell im technischen Feld an. Da in dieser Studie immer wieder auf ihn Bezug genommen wird, wird der Ansatz von Mooraj relativ ausführlich dargestellt. Er enthält sowohl hierarchietheoretische als auch konstruktivistische Anteile.

Theorie des Habitus von Bourdieu

Für Bourdieu ist die männliche Herrschaft der besondere Fall eines allgemeinen Modells von Herrschaft. In seiner Soziologie des Habitus versucht er, die allgemeinen (Re-)Produktionsmechanismen gesellschaftlicher Machtverhältnisse zu analysieren (Mooraj 2002: 57 ff.; zur „Wahlverwandtschaft" zwischen der Soziologie Bourdieus und gesellschaftstheoretischen Ansätzen der Frauen- und Geschlechterforschung vgl. allgemein: Krais 2005 und 2001).

Mit dem Habituskonzept konstruiert Bourdieu „das soziale Subjekt (...) sehr radikal als vergesellschaftetes" (Krais 2001: 323). Als „Habitus" bezeichnet er „ein generierendes Prinzip, einen Operator oder modus operandi, der jene regelhaften Improvisationen hervorbringt, die man auch gesellschaftliche Praxis nennen kann. Dieser Operator ist Produkt der Geschichte eines Individuums, geronnene Erfahrung, er ist verinnerlichte, inkorporierte Geschichte; ihn ihm wirkt, wie Bourdieu sagt, die ganze Vergangenheit, die ihn hervorgebracht hat, in der Gegenwart fort. In den Habitus sind die Denk- und Sichtweisen, die Wahrnehmungsschemata, die Prinzipien des Urteilens und Bewertens eingegangen, die in einer Gesellschaft am Werk sind; und diese kulturellen Ordnungen strukturieren unser Handeln, alle unsere expressiven, sprachlichen, praktischen Äußerungen" (Krais 2001: 321). Der Habitus bildet sich von frühester Kindheit „in einem symbolisch strukturierten Raum aus; äußere soziale Strukturen werden verinnerlicht und bestimmen wiederum die Grenzen des Wahrnehmens, Denkens und Handelns" (Mooraj 2002: 58). Die ineinander verflochtenen Wahrnehmungs-, Denk- und Handlungsschemata des Habitus sind den AkteurInnen[34] gewissermaßen einverleibt. Sie bestimmen sogar die „leibliche Hexis; d. h. die Körperhaltungen und -bewegungen, das Auftreten, die Mimik und Gestik und selbst die Art des Spre-

34 Krais (2001: 335) verweist darauf, dass Bourdieu selber den Begriff „Akteur" nicht verwendet: „Acteur ist das französische Wort für Schauspieler; diese Konnotation mit dem Spielen einer – vorgegebenen – Rolle soll vermieden werden. Was in den deutschen Übersetzungen mit Akteur, Subjekt, Handelnder usw. wiedergegeben wird, heißt bei Bourdieu immer agent = Handelnde(r), aber auch Agent im Sinne von Handelnder im Interesse oder im Auftrag einer übergeordneten sozialen Einheit, wie es in dem deutschen Wort Agent, aber auch Handelsagent (für Handelsvertreter) noch anklingt."

chens" (Mooraj 2002: 59) und wirken mehr oder weniger unbewusst. Dabei manifestiert sich „der Habitus als inkorporierte Erfahrung des Subjekts mit der sozialen Welt (...) nicht nur in den Gesten, in der Körperhaltung und im Körpergebrauch; vielmehr ist der Körper als Speicher sozialer Erfahrung wesentlicher Bestandteil des Habitus" (Krais 2005: 15). Im Zuge der habituellen Inkorporation können „kontingente soziokulturelle Verhältnisse zu etwas vollkommen ‚Natürlichem', zu etwas Unhinterfragtem/Unhinterfragbaren (werden), dessen historischer Ursprung bald in Vergessenheit gerät" (Mooraj 2002: 60); sie werden als „doxisch" erlebt.

Während „Habitus" eher auf die verinnerlichten Strukturen der AkteurInnen zielt, meint „Feld" eher die externen, „objektiven" Strukturen, die sich historisch ständig wandeln (Mooraj 2002: 60 ff.). In modernen Gesellschaften ist die soziale Welt als ein hochkomplexer mehrdimensionaler Raum zu denken, der verschiedenste Felder umfasst (politisch, ökonomisch, wissenschaftlich, technisch etc.). Jedes soziale Feld besitzt seine eigenen Regeln und Anforderungen an Wahrnehmung, Denken und Handeln.

Zwischen Habitus und Feld besteht – vermittelt durch die soziale Praxis der AkteurInnen – ein zirkulärer Zusammenhang: „Der Habitus der Akteure bildet sich im Zuge einer Einverleibung jener externen Feldstrukturen aus, während zugleich vermittels der Praktiken, die der Habitus gemäß seinen spezifischen Erzeugungsbedingungen generiert, die externen Feldstrukturen reproduziert und stabilisiert werden. (...) In modernen Gesellschaften mit ausdifferenzierten, relativ autonomen Feldern, sozialstrukturell disparaten Klassen und einer damit verbundenen Dynamik sozialen Wandels stellt sich die Relation zwischen Habitus und Feld etwas komplexer dar. Dort ist die statistische Wahrscheinlichkeit größer, dass der Habitus unter Verhältnissen zur Anwendung kommt, die sich von denen seiner ursprünglichen Genese unterscheiden, sei es aufgrund des allgemeinen sozialstrukturellen Wandels, aufgrund individueller sozialer Mobilität oder aufgrund des Engagements in habitusfremden Feldern" (Mooraj 2002: 61 f.). Die AkteurInnen erleben sich in unvertrauten sozialen Feldern tendenziell als „fremd".

Die relative Stellung von AkteurInnen innerhalb eines sozialen Raums mit seinen verschiedenen Feldern wird durch die Verfügungsmacht über „Kapital" bestimmt (Bourdieu 1983; Mooraj 2002: 68 ff.). Um die kapitalstärkeren AkteurInnen bilden sich Machtzentren. Der Begriff „Kapital" zielt auf die Ressourcen der AkteurInnen. Unterschieden wird im Wesentlichen zwischen dem ökonomischen, kulturellen, sozialen und symbolischen Kapital.

Der Begriff des ökonomischen Kapitals steht für Materielles, das heißt Einkommen, Besitz, Vermögen und alle weiteren Einkommensquellen.

In Bezug auf das kulturelle Kapital „unterscheidet Bourdieu drei Erscheinungsformen. Inkorporiertes kulturelles Kapital wird im Prozess der familialen und schulischen Sozialisation angeeignet. Es bezeichnet das verinnerlichte, körpergebundene und dispositionell verkörperte Potential eines Individuums, das sich auf der kognitiven Ebene als kulturelle Kompetenz und im ästhetischen Sinne als ‚Geschmack' zeigt und als Distinktion äußert" (Mooraj 2002: 69). Objektiviertes Kulturkapital ist demgegenüber nicht verinnerlichtes, sondern gegenständliches Kulturkapital wie beispielsweise Bücher, Gemälde oder Musikinstrumente. Der Begriff des institutionalisierten Kulturkapitals zielt auf Bildungsinstitutionen, die kulturelles Wissen (re-)produzieren.

Unter den Begriff des sozialen Kapitals fasst Bourdieu „die Gesamtheit der aktuellen und potentiellen Ressourcen, die mit dem Besitz eines dauerhaften Netzes von mehr oder weniger institutionalisierten Beziehungen gegenseitigen Kennens oder Anerkennens verbunden sind; (...) es handelt sich dabei um Ressourcen, die auf der Zugehörigkeit zu einer Gruppe beruhen" (Bourdieu 1983: 190 f.). Als Beispiele für solche Gruppen nennt Bourdieu die Familie, Verbände, exklusive Clubs, Netze von Ehemaligen von Elite-Schulen oder Parteien (Bourdieu 1983: 191 ff.).

Symbolisches Kapital schließlich tritt in der Regel gemeinsam mit ökonomischem, kulturellem oder sozialem Kapital auf und zwar dann, wenn dieses „als legitime(s) erkannt und anerkannt" wird (Bourdieu zitiert in: Mooraj 2002: 73). Konstitutiv für symbolisches Kapital sind „gesellschaftliche Anerkennungsakte, die bestimmten Akteuren oder Gruppen einen ‚Kredit' an Ansehen und damit gleichsam ein bestimmtes Prestige einräumen. Eine wichtige Funktion übernimmt symbolisches Kapital im Kontext der alltäglichen Legitimation gesellschaftlicher Herrschaftsverhältnisse, sofern es den herrschenden Gruppen ermöglicht, ihre Sichten und Einteilungen der sozialen Welt, oder wie Bourdieu sagt, ihre Prinzipien der Vision und Division, als legitime durchzusetzen" (Mooraj 2002: 74).

Geschlechterverhältnis allgemein

Als doxisch, das heißt als natürlich und in der Biologie verankert, wird insbesondere die Geschlechterdifferenz erlebt, die tief in den Habitus der AkteurInnen eingegraben ist: „Das Geschlecht ist eine ganz fundamentale Dimension des Habitus, die, wie in der Musik die Kreuze oder die Schlüssel, alle mit den fundamentalen sozialen Faktoren zusammenhängenden sozialen Eigenschaften modifiziert" (Bourdieu zitiert in: Krais 2001: 324). Dabei zeigen unter anderem sozialhistorische Untersuchungen, dass sowohl die eher kulturellen als auch die eher biologischen Dimensionen der Geschlechterdifferenz gänzlich oder zu hohen Anteilen soziale Konstruktionen sind.

So zeichnet Hausen (1976; Mooraj 2002: 83 ff.) die Polarisierung der Geschlechtscharaktere in „weiblich" und „männlich" als sozialhistorischen Prozess. Sie analysiert enzyklopädische, medizinische, pädagogische, psychologische und literarische Texte und stellt fest, dass im letzten Drittel des 18. Jahrhunderts das für Aussagen über Mann und Frau gewählte Bezugssystem wechselte. In früheren Schriften orientierten sich Aussagen über Mann und Frau an ihrem sozialen Stand und den damit verbundenen Rechten und Pflichten. Anstelle der Standesdefinitionen treten Ende des 18. Jahrhunderts naturalisierte Charakteraussagen über Mann und Frau, die zunächst im aufkommenden Bürgertum greifen, später zunehmend hegemonial werden und – trotz aller Veränderungen und Widersprüche – den Habitus der Menschen bis in die Gegenwart hinein prägen. „Die Verschmelzung von körperlichen, psychischen und sozialen Unterschieden zu einem geschlossenen ideologischen System ist eine Entwicklung, die im europäischen Raum erst mit Beginn der Moderne perfektioniert wurde" (Heintz u.a. 1997: 11).

Die Geschlechter werden beginnend im späten 18. Jahrhundert als grundverschiedene konzipiert, was sich in der Natur begründe: „Der Geschlechtscharakter wird als eine Kombination von Biologie und Bestimmung aus der Natur abgeleitet und zugleich als Wesensmerkmal in das Innere der Menschen verlegt" (Hausen 1976: 369 f.). Dem männlichen Geschlechtscharakter werden Attribute wie Rationalität, Aktivität, Willenskraft, Kühnheit, Würde, Abstraktions- und Durchsetzungsvermögen zugeschrieben, dem weiblichen Geschlechtscharakter dagegen Emotionalität, Passivität, Anmut, Wankelmut, Bescheidenheit und Anpassungsfähigkeit (Hausen 1976: 368). Die Geschlechterdifferenz konstituiert sich also mittels eines Systems homologer Gegensatzpaare, das den Geschlechtern bipolare Interessen, Eigenschaften und Fähigkeiten zuschreibt. Die männlich unterlegten Zuschreibungen werden gesellschaftlich höher bewertet als die weiblich unterlegten.

Hausen sieht diese Polarisierung der Geschlechtscharaktere unter anderem in „Zusammenhang mit den Veränderungen der Produktionsweisen im Übergang vom Feudalismus zum Bürgertum und richtet den Blick auf die neu zu verfassende Gesellschaftsordnung. Die tief greifenden Veränderungen der Produktionsweisen haben durch fortschreitende Industrialisierung die Auflösung der Wirtschaftsform des ‚ganzen Hauses' zur Folge und markieren den Übergang zur Lohnarbeit, welcher für breite Bevölkerungsschichten eine Entflechtung der Familien- und Erwerbssphäre mit sich bringt" (Mooraj 2002: 84). Über die naturalisierte Konstruktion bipolarer Geschlechtscharaktere wird der Mann quasi unhinterfragbar für die Welt und die Frau für das Haus qualifiziert. Mit Blick auf die damit verbundenen Lebenschancen erweist sich diese Konstruktion als Herrschaftsverhältnis: Die Frau, deren Aktionsradius auf das Haus beschränkt wird, ist vom Einkommen des Mannes abhängig. Bildung zumindest für bürgerliche Frauen „wird nur soweit für sinnvoll erachtet, sofern sie die ‚wesensmäßigen' Fähigkeiten herauszubilden vermag" (Mooraj 2002: 86 f.).

Karin Hausen stellt die Konstruktion des sozialen Geschlechts (gender) in den Mittelpunkt ihres Forschungsinteresses. Dass aber sogar der Geschlechtskörper (sex) historisch unterschiedlich gedeutet wurde, weist unter anderem Thomas Laqueur nach (Mooraj 2002: 89 ff.). Anhand medizinisch-philosophischer Texte, Anatomiebücher und Zeichnungen untersucht er Veränderungen in der Wahrnehmung des (Geschlechts-)Körpers. Die jeweilige historische Konstruktion von sex ist immer verbunden mit der von gender: „Sowohl in der Welt, die das leibliche Geschlecht als Einziges versteht, als auch in der, die von zwei Geschlechtern ausgeht, ist Geschlecht eine Sache der Umstände; erklärbar wird es erst im Kontext der Auseinandersetzungen über Geschlechtsrollen (gender) und Macht" (Laqueur zitiert in: Mooraj 2002: 89).

Bis zum späten 18. Jahrhundert – der Zeit also, die Hausen als Beginn der Polarisierung der Geschlechtscharaktere ausmacht – herrscht die Annahme, dass Frauen dieselben Genitalien haben wie Männer, nur dass sie bei ihnen aufgrund eines Mangels an vitaler Hitze innerhalb des Körpers verbleiben. Die verschiedenen Körpersäfte (Blut, Milch und Samen) können ineinander übergehen, dem männlichen Samen kommt aber in der Hierarchie der Körpersäfte aufgrund seiner „geistigen Potenz" eine herausragende Stellung zu. Die Verschiedenheit der Geschlechter wurde also noch nicht polar, sondern eher graduell gedeutet – allerdings bei einer Höherbewertung des Männlichen: „Auch im Ein-Geschlecht-Modell des Mittelalters waren also der Mann und der männliche Körper Synonyme für das Vollkommene; der Mann war das Maß aller Dinge, währenddessen der weibliche Körper im Vergleich dazu nur die schwächere, kältere und feuchtere Ausführung darstellte; ansonsten gab es die Frau als eine ontologisch distinkte Kategorie aber nicht" (Mooraj 2002: 90).

Somit ist selbst „die Wahrnehmung des Körpers, des eigenen wie des fremden (...) immer auch eine Sache des Bewusstseins, d. h. der gesellschaftlich geprägten Vorstellungen von den körperlichen Prozessen und Aktivitäten und der damit verbundenen Klassifikationsschemata, mythischen Überformungen usw. So zeigen inzwischen eine ganze Reihe von Studien, dass es keine ‚auf die Biologie beschränkte' Erfahrung von Sexualität und reproduktiven Vorgängen gibt; vielmehr sind die Vorstellungen von körperlichen Funktionen, Vorgängen und Empfindungsweisen, damit aber auch die in einer Gesellschaft existierenden Konzepte für die Wahrnehmung und das Erleben des eigenen Körpers und seiner Geschlechtlichkeit, bestimmt von der umfassenden symbolischen Ordnung des Geschlechterverhältnisses. Mit diesem körperlichen Bezugspunkt ist die Arbeitsteilung zwischen den Geschlechtern nicht nur so tief und fest im Habitus verankert wie nur möglich, sie macht auch wie keine andere gesellschaftliche Struktur vergessen, dass sie gesellschaftliche, und das heißt von den Menschen selbst produzierte und beständig reproduzierte Struktur ist: Sie gibt sich als ‚natürliche' Ordnung der Welt. Bei der männlichen Herrschaft handelt es sich, so Bourdieu, um nichts anderes als um die ‚Somatisierung gesellschaftlicher Herrschaftsverhältnisse'" (Krais 2005: 15).

Die Geschlechterverhältnisse sind aber in verschiedener Hinsicht soziale Konstruktionen, bei denen es um Hierarchie, Macht und Ordnung geht. In modernen Gesellschaften mit ihren Widersprüchen sind die doxa brüchig und die männliche Herrschaft verteidigungsbedürftig geworden, sie besteht aber weiterhin fort. Bei allen Veränderungen bildet Geschlecht nach wie vor eines der grundlegenden, hierarchischen Klassifikationsschemata – nicht zuletzt deswegen, weil nach Bourdieu die Beherrschten diese, in der Regel unbewusst, tendenziell übernehmen und anerkennen. Macht und Herrschaft wird in der Sicht Bourdieus jedenfalls unter Einbezug aller Beteiligten hergestellt, also auch derjenigen, die ihr ausgesetzt sind (Mooraj 2002: 20; Krais 2001: 325).

Frauen, Männer und das technische Feld

Der geschlechtlich geprägte Habitus von Männern und Frauen trifft im ingenieurwissenschaftlichen Feld auf einen technisch geprägten Habitus. Nun besteht aber in westlichen Gesellschaften eine hohe Kongruenz von Männlichkeit und Technik.

Dies zeigt sich bereits im Mythos, so in einem Epos von Hesiod um 700 vor der Zeit: Prometheus hatte die Männer gelehrt, die Natur durch mechanische Techniken[35] zu beherrschen. Unter anderem stahl er Feuer aus der Schmiede des Gottes Hephaistos. Hephaistos schuf daraufhin aus Erde und Wasser Pandora – eine verführerische Frau, die die betriebsamen Männer ins Verderben stürzt, indem sie ein unheilvolles Gefäß („Büchse der Pandora") öffnet. Der Mythos der Pandora „erzählt die Geschichte des naturbeherrschenden Mannes als eines betrogenen Betrügers. Durch den weiblichen Erdmechanismus Pandora ereilt ihn die Rache der Natur. (...) Wenn die Natur mechanisiert wird, tritt sie als künstlich erzeugter Mechanismus auf, der die Männer verführerisch ins Verderben lockt" (Geier zitiert in Mooraj 2002: 111).

Auch berufshistorisch ist die Verbindung von Männlichkeit und Technik tief verwurzelt. Die Ursprünge des Ingenieurberufs liegen im militärischen Bereich, der traditionell männlich konnotiert ist. Ingenieure entwickelten zunächst vor allem Kriegsmaschinerie, erst mit Beginn der Industrialisierung entstand der zivile Ingenieurberuf. „Die typische Ingenieurtätigkeit (...) umfasste nicht nur den Entwurf neuer Maschinen und die Entwicklung neuer Verfahren, sondern auch die systematische Vorplanung und Organisation des Arbeitsablaufs" (Greif zitiert in Mooraj 2002: 112 f.). Anfang des 20. Jahrhunderts erhöhte sich aufgrund der weitgehenden Fragmentierung der Arbeitsprozesse der Bedarf an Ingenieuren. Diese wurden „unentbehrlich als Rationalisierer und Innovatoren in der Industrie. Die Expertenrolle in Verbindung mit ihrer traditionell hohen Loyalität gegenüber den Arbeitgebern sichert ihnen einen gewissen Zugang zur Macht", die traditionell ebenfalls männlich unterlegt ist (Greif zitiert in Mooraj 2002: 113).

Schließlich stimmen die sozialen Konstruktionen von Männlichkeit und Technik in vielen Attributen überein. Gemeinsam sind ihnen Zuschreibungen wie etwa Rationalität, Objektivität, Funktionalität, Sachlichkeit oder (Natur-) Beherrschung.

Das technische Feld ist also traditionell männlich besetzt, „der männliche Habitus mit seinen spezifischen Dispositionen und das technische Feld weisen (...) homologe Praxen auf" (Mooraj 2002: 114). Männer sind hier die kapitalstärkeren und damit mächtigeren Akteure. Bei ihren Bemühungen, ihre privilegierte Position zu erhalten, profitieren sie davon, in das Feld quasi hineingeboren zu sein und in diesem mehr oder weniger voraussetzungs- und reibungslos agieren zu können.

35 „Mechane" hieß List, raffiniertes In-die-Falle-Locken (Mooraj 2002: 111).

Ingenieurinnen treten als zusätzliche Konkurrenz in dieses verselbständigte Feld historisch quasi erst nachträglich ein. Für sie ist es eher unvertrautes Terrain. Anders als Ingenieure stehen sie in ständigem Konflikt zwischen ihrem geschlechtlich geprägten Habitus einerseits und dem Habitus des technischen Feldes andererseits, in dem Weiblichkeit mit Technikdistanz und Männlichkeit mit Technikkompetenz konnotiert wird. Wird männlichen Ingenieuren ein Kredit an Anerkennung – symbolisches Kapital – entgegengebracht, wird Frauen „in den Ländern, deren Weiblichkeitsvorstellungen diametral (...) denen von Technikkompetenz entgegenstehen (...) eine Art negativen Kredits (zugeschrieben), ein Soll statt ein Haben, gleichsam eine Bringschuld; trotz ihrer Abschlüsse wird ihre Kompetenz nicht als vorhanden vorausgesetzt, sondern muss erst noch unter Beweis gestellt werden" (Mooraj 2002: 118). So kann es auch jenseits bewussten Wollens und Handelns der Beteiligten zum Ausschluss der Frauen bzw. einer nur begrenzten Integration kommen.

Frauen und Männer begegnen sich also im technischen Feld als Subjekte mit unterschiedlichen Voraussetzungen. Die Übereinstimmung von historisch gewordenem männlichen Habitus und historisch gewordener technischer Kultur ist nach Mooraj (2002) ein zentraler Grund für die Marginalisierung von Frauen in den Technikwissenschaften.

3.2 Empirie

Empirische Forschung zu Frauen mit geschlechtsuntypischer Studienfachwahl kann mittlerweile auf einer gewissen Tradition aufbauen. Die vorliegenden Arbeiten befassen sich aber schwerpunktmäßig – wie die Diskussion allgemein *(Kap. 1)* – mit Sozialisation und Bildung, so etwa mit den Wegen von Frauen in bislang geschlechtsuntypische Studienfächer, ihrer Situation dort sowie Möglichkeiten deren Verbesserung (zum Beispiel Gisbert 1995; Schinzel u.a. 1998; Schwarze u.a. 1998; Vogel 1995). Forschungen zu Arbeitsmarkt und Beschäftigung derjenigen Frauen, die das Studium eines männerdominierten Fachs bereits abgeschlossen haben, sind demgegenüber seltener. Sie werden im Folgenden skizziert.[36]

36 Es werden im Wesentlichen die Forschungen skizziert, die, zumindest nach Kenntnisstand der Autorin, in eine breitere wissenschaftliche oder öffentliche Diskussion mündeten und/oder für die Konzipierung des eigenen Projekts wichtig waren. Einbezogen werden Studien zu Fächern, die gemeinhin als männlich dominiert gelten. Eine genauere Definition von „Männerfächern" für diese Arbeit erfolgt in *Kap. 4.1* und vor allem in *Kap. 4.2.*

3.2.1 Qualitative Studien

Untersuchungen zu Arbeitsmarkt und Beschäftigung von Frauen aus geschlechtsuntypischen Fächern betraten zunächst „Neuland". In den 80er Jahren bis in die 90er Jahre dominierten so explorative und qualitative Ansätze (zum Beispiel Reich 1992; Schmitt 1992; Teubner 1989). Eine der umfassendsten empirischen Studien in dieser frühen Periode war die von Janshen/Rudolph u. a. (1987a und b), in der unter anderem die Arbeitssituation von Ingenieurinnen untersucht wurde. Basis waren rund 80 biografisch angelegte Leitfadeninterviews mit Ingenieurinnen vorwiegend jüngeren Alters mit Universitätsabschlüssen in Elektrotechnik und Maschinenbau. Zum Vergleich wurden rund 20 Ingenieure befragt. Die Frauen mussten in der Regel länger als die Männer nach ihrer ersten Stelle suchen. Haupterwerbssektoren der Gesprächspartnerinnen waren Großbetriebe und Forschungseinrichtungen. Hier waren sie keineswegs nur in die Peripherie der Ingenieurarbeit abgedrängt, vielmehr häufig an zentralen Projekten beteiligt. Allerdings waren fast alle auf der Ebene der Sachbearbeitung tätig. Diese Positionierung ging mit einem geringen Aufstiegsinteresse der Ingenieurinnen einher.

Heintz u. a. (1997) untersuchten drei Berufsfelder mit unterschiedlicher geschlechtlicher Besetzung: die Informatik[37] als männliche und die Krankenpflege als weibliche Domäne sowie die Sachbearbeitung als „gemischtes" Feld. Ihr Forschungsinteresse zentrierte sich auf die „mikrosozialen Ursachen und Mechanismen der geschlechtsspezifischen Segregation des Arbeitsmarktes" (Heintz u. a. 1997: 246). In Schweizer Großbetrieben wurde eine Kombination aus (teilnehmender) Beobachtung, qualitativen Interviews (insgesamt 44), Expertengesprächen und Dokumentenanalyse durchgeführt. Für die Krankenpflege und die Informatik zeigt sich, dass eine Minderheitenposition im Beruf für Männer und Frauen Verschiedenes bedeutet. So sind „die Krankenschwestern (...) an einer Integration ihrer männlichen Kollegen interessiert, weil sie sich von einem steigenden Männeranteil ein zunehmendes Prestige des Krankenpflegeberufs erhoffen. Bei den männlichen Informatikern sind die Voraussetzungen grundlegend anders: Mit dem Eindringen von Informatikerinnen entstehen neue Konkurrenzsituationen, die dadurch verstärkt werden, dass die Inhaberinnen hierarchisch gleichgestellter Stellen tendenziell besser qualifiziert sind als ihre männlichen Kollegen" (Heintz u. a. 1997: 231 f.). Männlichen Krankenpflegern gelingt es

37 Das Interesse richtete sich hier nicht nur auf DV-Fachkräfte mit Hochschulabschluss, sondern auf alle Qualifikationsebenen mit Ausnahme des Hilfsberufs der Operateure/Operatricen (Heintz u. a. 1997: 250).

vielfach, aus der Betonung der Geschlechterdifferenz etwa in Hinblick auf beruflichen Aufstieg Vorteile für sich zu ziehen. Von Informatikerinnen wird dagegen „ein ständiger Balanceakt zwischen doing und undoing gender erwartet" (Heintz u.a. 1997: 244). Um als kompetente Berufsangehörige anerkannt zu werden, versuchen etliche, etwa über entsprechende Kleidung das „Stigma" ihrer Geschlechtszugehörigkeit zu verbergen, ohne gleichzeitig als „männlich" abqualifiziert zu werden. Obwohl die interviewten Informatikerinnen über bessere Grundqualifikationen verfügen als ihre männlichen Kollegen, zweifelten sie lange Zeit an ihrer fachlichen Eignung für den Beruf. Solche Zweifel belasten männliche Krankenpfleger weniger, wohl aber die strukturellen Merkmale des Frauenberufs (mangelnde Einkommens- und Aufstiegschancen, Assistenzfunktion etc.). Daneben befürchten einige von ihnen, durch ihren Beruf ihre Männlichkeit abgesprochen zu bekommen.

Der Schichtbetrieb in der Krankenpflege erschwert die Integration von Beruf und Familie. Aber immerhin ist Teilzeitarbeit in der Krankenpflege stark verbreitet und hat anders als in der Informatik kaum schleichende Dequalifizierung zur Folge. Die in Informatikberufen geforderte ständige Weiterbildung ist bei substanzieller Arbeitszeitreduktion nur eingeschränkt möglich; auch investiert der Betrieb weniger in die Weiterbildung von Teilzeitkräften. Im Unterschied zur Krankenpflege gelten familienbedingte Erwerbsunterbrechungen in der Informatik nicht als „normal" und werden als Zeichen für eine Abkehr vom Beruf interpretiert. Insgesamt unterscheiden sich die drei untersuchten Berufe hinsichtlich der (Un-)Vereinbarkeit von Familie und Beruf nur graduell. Dennoch ist „der Frauenberuf stärker auf die Bedürfnisse von Frauen mit Kindern zugeschnitten als der integrierte und erst recht als der Männerberuf" (Heintz u.a. 1997: 220).

Henninger (2001) führte 1999/2000 Fallstudien in neun Softwarefirmen mit jeweils maximal 20 Beschäftigten in West- und Ostdeutschland durch. Instrumente waren unter anderem teilnehmende Beobachtung, Expertengespräche sowie 45 leitfadengestützte Interviews mit männlichen und weiblichen Beschäftigten. Auch in der New Economy findet sich „vertikale und horizontale Segregation nach Geschlecht" (Henninger 2001: 104). Trotz einschlägiger hochschulischer oder beruflicher Qualifikation werden Frauen häufig Tätigkeiten mit wenig Prestige zugewiesen, so etwa die Technische Dokumentation, Trainer- oder unterstützende Entwicklungstätigkeit. Tägliche Arbeitszeiten von neun bis zehn Stunden waren üblich, immer wieder ergänzt durch zusätzliche Überstunden sowie Wochenend- und Nachtarbeit, was die Integration von Beruf und Familie erschwert.

3.2.2 Quantitative Studien

Beginnend in den 90er Jahren traten ergänzend verschiedene quantitative Studien neben solche qualitativen. So untersucht Minks (1996) den Berufseinstieg von Absolventinnen und Absolventen technisch-naturwissenschaftlicher Universitäts- und Fachhochschulstudiengänge. Basis ist die Befragung von AbsolventInnen des Prüfungsjahres 1993 in den alten und – eingeschränkt – in den neuen Bundesländern. Betrachtet werden die ersten 18 Monate nach dem Diplom-Abschluss. In diesem Zeitraum mündeten die Absolventinnen technisch-naturwissenschaftlicher Studiengänge zu etwas geringeren Anteilen (jeweils zwischen sechs und zehn Prozentpunkte weniger) in reguläre Erwerbstätigkeit ein als ihre männlichen Ex-Kommilitonen. Nach dem Examen sind Frauen zunächst meist stärker von Sucharbeitslosigkeit betroffen, was auch damit zusammenhängen dürfte, dass sie etwas später als ihre häufig bereits berufserfahreneren Kommilitonen mit der Suche nach einer Arbeitsstelle beginnen. Absolventinnen arbeiten öfter befristet und/oder in Teilzeit als Absolventen. Bereits in der Phase des Berufseinstiegs nehmen Männer in der Regel häufiger als Frauen Positionen mit Leitungsaufgaben wahr. Männer münden eher in das Produzierende Gewerbe ein, Frauen eher in Handel und Dienstleistung. Die Bruttomonatseinkommen der Absolventinnen liegen auch bei Vollzeiterwerbstätigkeit im Durchschnitt deutlich unter denen der Absolventen.

Fünf Jahre nach ihrem Examen wurden die Befragten erneut interviewt (Minks 2001). Im Zentrum des Interesses stand nun nicht mehr der Berufseinstieg, sondern die berufliche Integration von Frauen und Männern aus technischen und naturwissenschaftlichen Studiengängen – auch vor dem Hintergrund der nun zum Teil bereits vollzogenen Familiengründung. Aufgrund geschlechtlicher Arbeitsteilung im Privatleben und mangelnder gesellschaftlicher und betrieblicher Unterstützung der Kinderbetreuung ist die Existenz von Kindern für Absolventinnen anders als für Absolventen vielfach mit beruflicher Desintegration verbunden – etwa in Hinblick auf Sicherheit und Qualifikationsadäquanz der Beschäftigung. Ab etwa eineinhalb Jahre nach dem Studienabschluss „entwickelt sich die reguläre Erwerbstätigkeit von Müttern rückläufig, während Frauen ohne dieses berufliche ‚Handicap' nahezu in gleichem Umfang erwerbstätig werden wie ihre männlichen Kollegen" (Minks 2001: II). Erhöhte Arbeitslosigkeit von Frauen ist mit der Existenz von Kindern nicht verbunden; sie verbleiben bei Nicht-Erwerbstätigkeit zum Teil in „Stiller Reserve" (*Kap. 7.3*), melden sich also nicht bei der Arbeitsverwaltung. Nur verschwindend wenige nicht-erwerbstätige Mütter haben kein Interesse an der (Wieder-)Aufnahme von Erwerbsarbeit. Frauen mit

Kindern wechseln seltener den Betrieb als Frauen und Männer ohne Kinder. Die häufig geäußerte Befürchtung von Betrieben, hoch qualifizierte junge Mitarbeiterinnen durch mögliche Schwangerschaft zu verlieren, relativiert sich nach Minks im Vergleich zum Risiko, Männer durch Stellenmobilität zu verlieren, erheblich.

Auch fünf Jahre nach dem Examen sind Männer eher im Produzierenden Gewerbe beschäftigt, Frauen eher in Dienstleistungssektor, Handel und öffentlicher Verwaltung. Überwiegend männlich besetzte betriebliche Funktionsbereiche sind Software-Entwicklung sowie Organisation/Logistik/Ablaufkontrolle. Überwiegend weiblich besetzt ist dagegen die Verwaltungstätigkeit, die teilweise ausbildungsinadäquat zu sein scheint. Männer und Frauen arbeiten in etwa ähnlich häufig auf unbefristeten Arbeitsstellen. Frauen finden sich häufiger auf unteren und mittleren Hierarchieebenen, Männer auf höheren.

Mit Ausnahme der Fächer Informatik und Mathematik mit ihrem zum Zeitpunkt der Befragung ausgesprochen günstigen Arbeitsmarkt erzielen Ingenieurinnen und Naturwissenschaftlerinnen deutlich niedrigere Einkommen als ihre männlichen Ex-Kommilitonen: 70 Prozent der vollzeitbeschäftigten Männer im Vergleich zu 49 Prozent der vollzeitbeschäftigten Frauen verfügen fünf Jahre nach dem Examen über Brutto-Jahreseinkommen von 70.000 DM und mehr. Da sich die „Einkommensdifferenzen zwischen Frauen und Männern (...) innerhalb aller Gruppen mit jeweils gleichem beruflichen Status, gleichem Lebensalter, gleichem Hochschulabschluss und gleicher Adäquanz der Tätigkeit reproduzieren, können die wesentlichen Ursachen nur in einer schlechteren Marktposition der Absolventinnen aufgrund ihres Geschlechts gesucht werden" (Minks 2001: VI).

Beim Vergleich der beruflichen Situation von Frauen und Männern aus technisch-naturwissenschaftlichen Fächern wird also „eine in vieler Hinsicht nachteilige Berufssituation der Frauen offensichtlich" (Minks 2001: 83). Vergleicht man jedoch die berufliche Situation der Ingenieurinnen und Naturwissenschaftlerinnen nicht mit der der männlichen Ex-Kommilitonen, sondern mit der aller Hochschulabsolventinnen, so zeigt sich, „dass die Wahl technischer und naturwissenschaftlicher Studiengänge mindestens ebenso gute, in vielen Aspekten bessere berufliche Erfolge verheißt" (Minks 2001: 84). Dies gelte teilweise in Bezug auf Einkommen, insbesondere aber in Hinblick auf unbefristete Beschäftigung – fünf Jahre nach dem Examen hatten 76 Prozent der Frauen mit technischen und naturwissenschaftlichen Abschlüssen im Vergleich zu 60 Prozent der Hochschulabsolventinnen insgesamt unbefristete Verträge. Trotz der vielfachen beruflichen Nachteile von Ingenieurinnen und Naturwissenschaftlerinnen gegenüber Ingenieuren und Naturwissenschaftlern lohne sich also ein einschlägiges Studium für Frauen.

Tischer (1999) analysiert in ihrem Beitrag Ausbildung und Beschäftigung von Ingenieurinnen in den alten und neuen Bundesländern und diskutiert Risiken und Chancen von Frauen im Ingenieurberuf. Basis sind zum einen die einschlägige Literatur, zum andern (zum Teil durch das IAB vorgenommene) Auswertungen der Hochschulstatistik, des Mikrozensus sowie von Geschäftsstatistiken der Bundesanstalt für Arbeit. Zwischen 1985 und 1998 hat sich in den alten Ländern die Zahl der sozialversicherungspflichtig beschäftigten Ingenieurinnen weit überdurchschnittlich fast vervierfacht – ausgehend allerdings von einem geringen absoluten Niveau. In den neuen Ländern war die Beschäftigungsentwicklung zwischen 1995 und 1998 bei den Ingenieurinnen und auch bei den Ingenieuren rückläufig.[38] Das berufliche Einsatzspektrum von Ingenieurinnen mit Universitäts- oder Fachhochschulabschluss ist gerade in den neuen Ländern breiter als das von Ingenieuren. Dies kann aber auch auf ein Abdrängen der Frauen in Bereiche unterhalb ihrer erworbenen Qualifikation angesichts enger Arbeitsmärkte hinweisen. In Ost und West arbeiten sozialversicherungspflichtig beschäftigte Ingenieurinnen schwerpunktmäßig im Dienstleistungssektor, Ingenieure schwerpunktmäßig im Produktionsbereich.

Schreyer (1999) untersucht, wie sich die Arbeitslosenquoten von Männern und Frauen mit Universitäts- oder Fachhochschulabschluss desselben Studienfachs voneinander unterscheiden. Betrachtet wurden die auf Basis von Mikrozensus und Arbeitslosenstatistik ermittelten Arbeitslosenquoten im Jahr 1995 für das Bundesgebiet; für die alten Länder wurde ein Zeitvergleich von 1985 bis 1995 angestellt. Es zeigt sich, dass – entgegen verbreiteter Annahmen – gerade bei „Männerfächern" die Arbeitslosenquoten der Frauen in der Regel deutlich über denen der Männer lagen. Beispielsweise waren die Arbeitslosenquoten bei den Bau- und Elektroingenieurinnen 1995 fast dreimal so hoch wie bei den Bau- und Elektroingenieuren (Uni). Frauen aus „Männerfächern" waren oft auch häufiger arbeitslos als jene mit einem eher geschlechtstypischen Studium. Im Zeitverlauf gleicht sich die Arbeitslosigkeit der Geschlechter aber an – und zwar gerade in den männerdominierten Fächergruppen.

---

38 Offen bleibt, inwieweit hinter der gegenläufigen Beschäftigungsentwicklung in West und Ost auch Wanderungen stehen.

Plicht/Schreyer (2002a und b) bieten vorwiegend auf Basis amtlicher Statistiken einen Überblick über Studium, Erwerbstätigkeit und Arbeitslosigkeit von Ingenieurinnen und Informatikerinnen. Diese sind gegenüber ihren männlichen Ex-Kommilitonen deutlich benachteiligt. Frauen finden sich häufiger auf einfachen und mittleren betrieblichen Positionen, seltener auf höheren. Sie arbeiten öfter auf Basis von befristeten Verträgen. Während sie im Jahr 2000 nur dreizehn Prozent der Erwerbstätigen mit einschlägigen Hochschulabschlüssen stellen, sind sie bei der registrierten Arbeitslosigkeit mit 22 Prozent vertreten. Vergleicht man dagegen die berufliche Situation der Ingenieurinnen und Informatikerinnen mit der aller Hochschulabsolventinnen, zeichnet sich ein differenziertes Bild ab: von Vorteilen (unbefristete Beschäftigung) über Gleichstand (Stellung in der betrieblichen Hierarchie) bis hin zu Nachteilen (Arbeitslosigkeit). So betrug die Arbeitslosenquote 2000 für Frauen mit Abschlüssen in Ingenieurwissenschaften und Informatik 6,6 Prozent im Vergleich zu 3,7 Prozent für alle Hochschulabsolventinnen.

Beginnend im Sommer 2000 wurden gut 1.500 weibliche und männliche Mitglieder der Deutschen Physikalischen Gesellschaft (DPG) zu ihrer beruflichen Situation und biografischen Merkmalen befragt (Könekamp u. a. 2002; Könekamp/Krais 2001). Die Ergebnisse der Studie deuten darauf hin, dass „von Chancengleichheit im Beruf nicht die Rede sein kann" (Könekamp u. a. 2002: 22). Dreiundvierzig Prozent der Physiker im Vergleich zu 23 Prozent der Physikerinnen haben Leitungsfunktionen inne. Dabei sind auch Frauen ohne Kinder deutlich seltener in leitenden Positionen als ihre männlichen Kollegen. Promotionsstellen nur in Teilzeit haben 80 Prozent der Doktorandinnen, aber nur 64 Prozent der Doktoranden; selbst kinderlose Doktorandinnen sind häufiger als ihre männlichen Kollegen teilzeitbeschäftigt. Auch in dieser Studie werden die großen Unterschiede im Einkommen der Geschlechter betont. Fünfundfünfzig Prozent der vollzeitbeschäftigten Frauen im Vergleich zu 35 Prozent der vollzeitbeschäftigten Männer haben ein monatliches Bruttoeinkommen von maximal DM 7.000. Spitzeneinkommen von mehr als DM 10.000 monatlich erzielen demgegenüber 23 Prozent der Physiker, aber nur sieben Prozent der Physikerinnen. Diese Einkommensasymmetrie reproduziert sich auch bei der Betrachtung von Teilgruppen. Beispielsweise verdienen bei Vollzeitbeschäftigung habilitierte Physikerinnen mit Kindern brutto durchschnittlich rund DM 7.800 im Monat im Vergleich zu rund DM 10.000 der habilitierten Physiker mit Kindern.

Aufbauend auf diese Pilotstudie zur Physik wurden 2003 rund 7.300 weibliche und männliche Mitglieder der Fachgesellschaften von ChemikerInnen,

InformatikerInnen und IngenieurInnen befragt (Haffner/Könekamp/Krais 2006; Könekamp/Haffner 2006 sowie 2005a und b). Im Zentrum stand nicht nur deren berufliche, sondern auch private Lebenssituation, die sich nach Geschlecht deutlich unterscheidet.

Zwar leben sowohl Männer als auch Frauen mehrheitlich in einer Partnerschaft, der Anteil der Singles liegt bei den Frauen aber höher (19 % zu 13 %). Dabei sind in der Alterskohorte der unter 30-Jährigen die Unterschiede zwischen den Geschlechtern gering, in der Kohorte der über 50-Jährigen dagegen stark ausgeprägt: Jede fünfte Frau, aber nur jeder 20. Mann dieser Altersgruppe lebt ohne PartnerIn.

Die Paarkonstellationen von Männern und Frauen unterscheiden sich deutlich. Für die Ingenieurinnen und Naturwissenschaftlerinnen mit Partnern ist die „Doppelkarriere"-Situation typisch: Fast acht von zehn Frauen mit Partnern leben mit einem berufstätigen Akademiker zusammen, bei 27 Prozent arbeitet der Partner sogar im gleichen Beruf. Bei den befragten Ingenieuren und Naturwissenschaftlern überwiegen dagegen traditionelle familiäre Konstellationen: Jeweils knapp 30 Prozent leben mit einer nicht berufstätigen Partnerin oder einer erwerbstätigen, aber beruflich geringer qualifizierten Partnerin zusammen. In Doppelkarrieren leben nur 43 Prozent der Männer mit Partnerinnen.

Zusammenhängend mit ihren tendenziell unterschiedlichen Lebens- und Paarkonstellationen ist „der Anteil der Frauen, die Kinder haben, über alle Altersgruppen hinweg niedriger (...) als bei der männlichen Vergleichsgruppe. Darüber hinaus haben Frauen im Durchschnitt weniger Kinder als ihre männlichen Kollegen. (...) Die Organisation der Kinderbetreuung unterscheidet sich bei den befragten Frauen und Männern deutlich. Bei Männern überwiegt ein Modell für die Organisation der Kinderbetreuung, das diese nahezu ausschließlich auf die Partnerin verlagert (74 % der Fälle). (...) Bei den befragten Frauen finden sich komplexe Modelle, die von der Eigenleistung bis zur außerhäuslichen Betreuung unterschiedliche Formen der Kinderbetreuung einbeziehen – nur die Beteiligung der Lebenspartner ist selten" (Könekamp/Haffner 2006: o. S.).

Karrierechancen der Geschlechter stehen in Beziehung zu ihrer – tendenziell differenten – privaten Lebenssituation. Von Familienarbeit eher entlastete Ingenieure und Naturwissenschaftler können „völlige Verfügbarkeit und ein nahezu unbegrenztes Zeitbudget für den Beruf" demonstrieren. So haben Männer seltener als Frauen Arbeitsverträge mit kürzeren Arbeitszeiten und häufiger Verträge ohne festgelegte Arbeitszeiten (21 % im Vergleich zu 14 %). Bei den Personen ohne vertraglich fixierte Arbeitszeiten arbeitet jeder zweite Mann und jede dritte Frau mehr als 50 Stunden die Woche für den Beruf. Dass Männer „Arbeitszeitüberschreitungen" in größerem Umfang praktizieren als Frauen hat Folgen für ihre Karrierechancen, zeigt sich doch ein positiver „Zusammenhang von Arbeitszeit und beruflichem Erfolg (...), der im Angestelltenverhältnis in der Wirtschaft am stärksten ausgeprägt ist. Wer dagegen Teilzeit arbeitet, ist seltener beruflich erfolgreich. Aber auch vollzeitbeschäftigte Personen sind beruflich umso erfolgreicher, je länger sie arbeiten" (Könekamp/Haffner 2006: o. S.).

Erfolgreich in Hinblick auf beispielsweise Einkommen, betriebliche Position und Handlungsspielraum sind vor allem Männer mit Kindern: Sie „profitieren von einem ‚Kindereffekt'. Dieses Ergebnis zeigt sich in allen Alterskohorten und kann daher nicht mit einem Alterseffekt erklärt werden. Man könnte geradezu vermuten, dass die Arbeitsteilung im Privaten im Beruf entlohnt wird. Männer mit Kindern sind doppelt so häufig in der Kategorie ‚sehr erfolgreich' zu finden wie Männer ohne Kinder – und die Gruppe der Frauen liegt, völlig unabhängig von der privaten Lebenssituation, in ihrem durchschnittlich erreichbaren beruflichen Erfolg weit abgeschlagen hinter den Vätern" (Könekamp/Haffner 2006: o. S.). Sofern sie ihre Erwerbsarbeit weder länger unterbrechen noch die Arbeitszeit reduzieren, sind Frauen mit Kindern im Beruf gleichermaßen erfolgreich wie Frauen ohne Kinder. Generell sind Frauen als Beamtinnen und Selbständige häufiger beruflich erfolgreich als im Angestelltenstatus in der Wirtschaft als der typischen Beschäftigungsart der betrachteten Ingenieur- und Naturwissenschaften. Dies interpretieren Könekamp/Haffner (2006: o. S.) folgendermaßen: „Bereiche, in denen nicht die Mehrheit der männlichen Fachkollegen arbeitet, sind offensichtlich weniger von Arbeitsbedingungen und einer Arbeitskultur geprägt, die Frauen weniger Chancen im Beruf ermöglichen. Hier können ungewöhnliche Karrieremuster gelebt werden, die Dominanz der üblichen Arbeitskultur ist geringer. Auch wenn in allen Beschäftigungsarten unterschiedliche Stolpersteine für Frauen vorhanden sind, haben Frauen gerade in untypischen Bereichen bessere Chancen."

In einem interdisziplinären Projekt wurden Lehramts- und DiplomabsolventInnen der Mathematik des Prüfungsjahres 1998 zweimal befragt (Abele/Neunzert/Tobies 2004). Die erste Befragung, an der sich knapp 1.100 AbsolventInnen beteiligten, fand noch im Jahr des Examens statt und richtete sich vor allem auf die Eruierung von Studienerfahrungen sowie von beruflichen und privaten Zielen. Die zweite Befragung drei Jahre später, nun von 857 MathematikerInnen, bezog sich vor allem auf deren berufliche Integration. Diese gestaltete sich bei den Diplommathematikern und -mathematikerinnen recht ähnlich – mit Ausnahme des Einkommens: „Der für die Berufsentwicklung von Frauen und Männern postulierte ‚Schereneffekt' war bei den Diplommathematikerinnen und -mathematikern 2 ½ Jahre nach dem Examen kaum erkennbar. Rein quantitativ waren Frauen genauso gut integriert wie Männer. Allerdings hatten erst 14 % der nun dreißigjährigen Frauen Kinder. Bei diesen wenigen Frauen, die Kinder hatten, deutete sich der Schereneffekt dagegen an. Ein anderer Schereneffekt war bereits nach 2 ½ Jahren deutlich sichtbar: Obwohl die Diplommathematikerinnen die gleichen Studienleistungen und das gleiche Selbstvertrauen wie ihre männlichen Kollegen hatten, waren sie beim Gehalt benachteiligt. Dieses Phänomen des geringeren Einkommens – bei gleicher Qualifikation –, das auch für nichtmathematische Berufe gilt, zeigte sich bei bestimmten mathematischen Tätigkeiten in der Wirtschaft bereits nach dieser kurzen Zeit des Berufsverlaufs" (Abele/Neunzert/Tobies 2004: 80). Lediglich im Tätigkeitsbereich Systementwicklung/Software bestanden keine Gehaltsunterschiede zwischen den Geschlechtern.

Neben diesen einschlägigen Studien existieren auch Veröffentlichungen, die im Rahmen eines breiter gefächerten Forschungsinteresses einzelne Aussagen zu den Beschäftigungschancen von Ingenieurinnen und Naturwissenschaftlerinnen enthalten. So weisen Stegmann/Kraft (1987) auf Basis einer 1985 erfolgten Wiederholungsbefragung von Studienberechtigten des Entlassjahrgangs 1976 auf die höhere Arbeitslosigkeit von Ingenieurinnen und Naturwissenschaftlerinnen im Vergleich zu ihren Ex-Kommilitonen hin. Auch sind Frauen häufiger befristet beschäftigt als Männer. Höhere Einkommen erzielen sie dagegen deutlich seltener als männliche Ingenieure und Naturwissenschaftler.

Abele/Andrä/Schute (1999) kommen bei ihren Analysen wiederholter Befragungen der AbsolventInnen des Jahrgangs 1995/96 der Universität Erlangen-Nürnberg zu dem Ergebnis, dass die Absolventinnen der Technischen Fakultät etwa sechs Monate nach dem Examen deutlich seltener bereits über eine Stelle verfügen als die Absolventen. Bei den Naturwissenschaftlichen Fakultäten konstatieren sie einen kleinen Unterschied zugunsten der Frauen. Achtzehn Monate nach dem Examen waren 16 Prozent der Absolventinnen der Ingenieurwissenschaften im Vergleich zu fünf Prozent der Absolventen erwerbslos (Stief/Abele 2002: 89 f.). In inadäquater Beschäftigung befand sich kaum eine Frau im Vergleich zu zwei Prozent der Männer. Dreieinhalb Jahre nach dem Examen schließlich waren 16 Prozent der Ingenieurinnen und zwei Prozent der Ingenieure erwerbslos. Fünf Prozent der Frauen und ein Prozent der Männer waren ausbildungsinadäquat beschäftigt.[39]

Den Blick über den nationalen Tellerrand hinaus öffnet unter anderem eine Studie der Europäischen Kommission (European Commission 2003).[40] Diese konzentriert sich auf Frauen in der industriellen Forschung; dort arbeiten vorwiegend Ingenieur- und NaturwissenschaftlerInnen. Der erste Teil der Studie enthält quantitative Analysen – erstellt primär auf Basis des European R&D Survey, ergänzt durch den Labour Force Survey. Im zweiten, qualitativen Teil werden Unternehmen mit „good practices" identifiziert. „In Europe, women represent only 15 % of industrial researchers, which is clearly less than in the remaining institutional sectors. Moreover, women's under-representation becomes even more pronounced as one moves up the hierarchical ladder and they are more likely to have temporary contract and to be significantly worse paid" (European Commission 2003: 78). Auch wenn dieses generelle Ergebnis mehr oder weniger für jedes der zehn untersuchten europäischen Länder gilt, bestehen doch erhebliche Unterschiede. Deutschland weist zwar die größte Zahl an hoch qualifizierten Arbeitsplätzen in der industriellen Forschung aus, aber nur jeder zehnte davon ist mit einer Forscherin besetzt (1999; European Commission 2003: 19 ff.). In Irland ist der Anteil fast dreimal so hoch, in Portugal und Griechenland ist fast jeder vierte und in Frankreich gut jeder fünfte Wissenschaftler in der industriellen Forschung eine Frau. Einen geringeren Frauenanteil als Deutschland weist von den zehn untersuchten europäischen Ländern mit neun Prozent nur mehr Österreich aus.

In einer Auswertung von Eurostat-Daten der Jahre 2001/2002 wurden die Frauenanteile in der industriellen Forschung auch für die neuen EU-Mitgliedsstaaten ermittelt (Institut der deutschen Wirtschaft 2005). In osteuropäischen Ländern sind Frauen am stärksten vertreten: In Lettland ist jeder zweite und in Litauen, in der Slowakei sowie in Slowenien jeder dritte Arbeitsplatz mit einer Wissenschaftlerin besetzt. Am niedrigsten sind die Frauenanteile dagegen in Deutschland (12 %), in den Niederlanden (9 %) sowie in Österreich (1998: 9 %).

---

39 Unter „ausbildungsinadäquat" wurden alle Berufe zusammengefasst, die in der Regel auch ohne vorangehendes Studium ausgeführt werden können (zum Beispiel SekretärIn, VerkäuferIn). Als „erwerbslos" gelten „Personen, die noch nie eine Stelle hatten, nur kurzzeitig beschäftigt waren oder lediglich geringfügige Tätigkeiten (unter 10 h/Woche) ausüben" (Stief/Abele 2002: 88).

40 Auf weitere Literatur mit Hinweisen auf die Situation von Ingenieurinnen und Naturwissenschaftlerinnen in anderen Ländern wird in *Kap. 5.6*, *Kap. 7.3* und *Kap. 8.3* eingegangen.

Zusammenfassend ist festzuhalten: Trotz der Zentrierung empirischer Sozialforschung auf Bildung und Sozialisation kann Forschung zu Arbeitsmarkt und Beschäftigung von Akademikerinnen aus geschlechtsuntypischen Fächern bereits auf einen gewissen Forschungsstand aufbauen. Dennoch existiert eine Reihe „weißer Flecken", die ergänzende und vertiefende Untersuchungen notwendig machen. So mangelt es beispielsweise an Studien, die längere Zeiträume in den Blick nehmen und so längerfristige Veränderungen oder Kontinuitäten in Studium, Arbeitsmarkt und Beschäftigung aufzeigen. Vertiefte Analysen sind insbesondere zur Arbeitslosigkeit notwendig, deuten vorliegende Studien doch auf hohen Problemdruck gerade in diesem Bereich hin. Auch beziehen sich die meisten der skizzierten Untersuchungen aufgrund spezifischer Forschungsinteressen auf die Ingenieur- und Naturwissenschaften insgesamt. Diese sind jedoch keineswegs immer identisch mit „frauenuntypischen" Fächern.[41] Forschungsdefizite bestehen auch hinsichtlich des Vergleichs zwischen West- und Ostdeutschland mit ihrer je spezifischen Historie sowie hinsichtlich des Vergleichs zwischen männerdominierten und geschlechtlich gemischteren Fächern.

Im folgenden *Kap. 4* werden – vor der Folie des vorliegenden Forschungsstandes – Gegenstand, Ziele und Möglichkeiten dieser Studie genauer beschrieben.

---

41 Stegmann/Kraft (1987) sowie Abele/Andrä/Schute (1999) beziehen sich auf die Ingenieurwissenschaften bzw. Naturwissenschaften insgesamt. Das Interesse von Tischer (1999) bzw. Plicht/Schreyer (2002a und b) richtet sich auch auf Ingenieurwissenschaften mit vergleichsweise „hoher" Repräsentanz der Frauen. Ähnliches gilt für die Untersuchung von Haffner/Könekamp/Krais (2006); in Bezug auf die Naturwissenschaften betrachten sie neben der Physik und der Informatik auch die Chemie mit ihren relativ hohen Frauenanteilen. Die Untersuchung von Minks (1996: 1) zentriert sich „auf die Absolventinnen und Absolventen technisch-naturwissenschaftlicher Studiengänge, in denen Frauen unterrepräsentiert sind". Dazu werden auch Studienbereiche wie Geographie sowie Architektur/Raumplanung gezählt, die laut Hochschulstatistik des Statistischen Bundesamtes (1998) relativ hohe Frauenanteile von 38 Prozent bis 43 Prozent ausweisen (Universitäten Wintersemester 1997/98; alte Bundesländer).

4 Ziel und Ansatz dieser Arbeit

4.1 Erweiterung des Forschungsstandes

Die Studie soll in erster Linie den skizzierten empirischen Forschungsstand zu Arbeitsmarkt und Beschäftigung von Frauen aus geschlechtsuntypischen Fächern *(Kap. 3.2)* erweitern. Notwendigkeiten/Möglichkeiten der Erweiterung bestehen vor allem in folgenden Feldern:

- *Konzentration auf „Männerfächer":* Die Ingenieur- und Naturwissenschaften umfassen durchaus auch Fächer, in denen die Anteile der Frauen an den Studierenden insgesamt relativ hoch sind. In der Architektur etwa sind 42 Prozent (Uni) bzw. 44 Prozent (FH) der Studierenden weiblich. In der Biologie (ohne Lehramt) liegt der Anteil bei 53 Prozent (Wintersemester (WS) 1995/96; Parmentier/Schade/Schreyer 1998b und c: 8). Eines der Studienfächer mit der höchsten Frauenrepräsentanz überhaupt ist ein Ingenieurfach, nämlich die Textil- und Bekleidungstechnik mit einem Frauenanteil von 76 Prozent (FH; WS 1999/2000; Statistisches Bundesamt 2000: 136) – im Übrigen ein neben den technischen Assistentinnenberufen *(Kap. 3.1.1* und *Kap. 8.3)* weiterer Beleg dafür, dass von einem generellen Spannungsverhältnis zwischen Frau und Technik nicht die Rede sein kann.

  Anders als in den in *Kap. 3.2* skizzierten Studien mit zum Teil anderen Erkenntnisinteressen ist der Fokus der vorliegenden Arbeit schärfer auf tatsächliche „Männerfächer" gerichtet. Im Blickpunkt stehen hier also die Studienfächer, in denen die Frauenanteile im Studium immer noch ausgesprochen gering sind *(Kap. 4.2)* und deren Studium durch Frauen tatsächlich noch einen gewissen „Kulturbruch" bedeutet. Die von Wetterer (1999a: 21; vgl. auch Heintz u.a. 1997: 15) im Zeitvergleich diagnostizierte stärkere Differenzierung in der soziologischen Geschlechterforschung – weg von „den Frauen" und „den Männern" – drückt sich so auch im Gegenstand dieser Arbeit aus: Das Interesse richtet sich auf ausgewählte Gruppen von IngenieurInnen und NaturwissenschaftlerInnen und nicht auf IngenieurInnen und NaturwissenschaftlerInnen generell.

- *Einbezug von Vergleichsgruppen:* Etliche der in *Kap. 3.2* skizzierten Studien sind auf den Geschlechtervergleich innerhalb und zwischen ingenieur- und naturwissenschaftlichen Fächern beschränkt.[42] Fragen, ob Ergebnisse ein Spezifikum dieser Fächer bezeichnen oder generell für Akademikerbeschäftigung gelten, müssen hier offen bleiben. Ein weiterer wesentlicher Unterschied der vorliegenden Arbeit zu diesen Forschungen besteht so im systematischen Einbezug von Vergleichsgruppen. Arbeitsmarkt und Beschäftigung von Frauen und Männern aus „Männerfächern" werden mit denen der Ex-KommilitonInnen der anderen Fächer verglichen (*Kap. 4.2*).

- *Auswertung von „Massendaten":* Für diese Studie können verschiedene amtliche Statistiken bzw. Großerhebungen mit hohen Fallzahlen genutzt werden (Kap. 4.3).[43] Diese Datenbasen implizieren Einschränkungen und Möglichkeiten zugleich. So können entsprechende Auswertungen zwar vielfach nicht die Detailtiefe und Differenziertheit qualitativer Studien erreichen, sind aber über die hier möglichen allgemeineren Aussagen eine notwendige Ergänzung. Im Unterschied zur Studie von Minks (2001) erlauben die zur Verfügung stehenden Datenbasen zwar keine Analyse von Berufsverläufen, sie ermöglichen aber beispielsweise vertiefte Auswertungen zur (registrierten) Arbeitslosigkeit von Frauen aus geschlechtsuntypischen Fächern als offensichtlich besonders ausgeprägtem Problemfeld (Schreyer 1999; Plicht/Schreyer 2002a).

- *Durchführung von Zeitvergleichen:* Um Kontinuitäten und Veränderungen sichtbar werden zu lassen, wird in der Studie nicht nur eine „Momentaufnahme" von Studium, Erwerbstätigkeit und Arbeitslosigkeit von Frauen aus „Männerfächern" geleistet. Vielmehr werden innerhalb des interessierenden Zeitrahmens ab den 80er Jahren bis zur Jahrtausendwende Entwicklungen im Zeitverlauf nachgezeichnet – aufgrund der verfügbaren Datenquellen nicht im Sinne von individuellen Berufsverläufen, sondern im Sinne jeweiliger Querschnittsbetrachtungen.

---

42 Dies gilt weitgehend beispielsweise für die Studien von Janshen/Rudolph u.a. (1987a und b), Könekamp/Haffner (2006 sowie 2005a und b) sowie Minks (1996). In der jüngeren Studie von Minks (2001) werden Vergleiche mit dem Durchschnitt aller Hochschulabsolventinnen angestellt.

43 Der Mikrozensus als eine dieser Datenquellen ist die größte Stichprobenerhebung in Europa (Breiholz 2003: 601). Auswertungen zu Männern aus „Männerfächern" bzw. zu Männern und Frauen aus anderen Fächern als Vergleichsgruppe sind so problemlos möglich. Bei Auswertungen zur Minderheit der Frauen aus „Männerfächern" treten teils Fallzahlprobleme auf *(Kap. 4.3* und *Kap. 6.1).*

- *Differenzierung nach Landesteil:* Nur selten[44] wird in vorliegenden Untersuchungen zwischen West- und Ostdeutschland differenziert. In den beiden Landesteilen gibt es aber unterschiedliche Traditionen hoch qualifizierter technisch-naturwissenschaftlicher Frauenarbeit *(Kap. 9.1)*. Vor diesem Hintergrund und vor dem Hintergrund der allgemein ungleichen Arbeitsmarktsituation[45] wird in dieser Studie systematisch zwischen den alten und neuen Bundesländern unterschieden.

Wie in *Kap. 1* und *Kap. 3* skizziert, konzentriert sich der einschlägige wissenschaftliche Diskurs im Schwerpunkt auf Motivation und Sozialisation. Wenn auch nicht immer expliziert, verortet er sich damit in der Regel innerhalb mikrosoziologischer, vor allem sozialisationstheoretischer Ansätze. Der in *Kap. 3.1.2* ausführlich vorgestellte theoretische Ansatz von Mooraj (2002) zu den Geschlechterverhältnissen im technischen Feld ist eher auf einer Makroebene angesiedelt, nimmt er doch historisch geronnene gesamtgesellschaftliche Strukturen in den Blick. Demgegenüber verortet sich diese im Schwerpunkt empirische Arbeit theoretisch „dazwischen", nämlich auf einer Mesoebene *(Kap. 10.2)*. Mit Arbeitsmarkt und Beruf stehen vermittelnde Institutionen zwischen gesamtgesellschaftlichen Mustern und individuellem Verhalten im Blickpunkt: „Ursachen für eine mangelnde Integration von Frauen werden häufig nur auf der Mikroebene, als Ergebnis individueller Dispositionen gesehen, oder auf der Makroebene, als Ergebnis der gesellschaftlichen Arbeitsteilung zwischen den Geschlechtern. (...) Die Strukturen auf der Mesoebene, die der vermittelnden Instanzen, geraten dabei aus dem Blick. Entsprechend zielen Lösungsvorschläge häufig darauf, das Verhalten der Betroffenen zu ändern, oder sie verweisen auf gesamtgesellschaftliche Ursachen, die sich der Kontrolle einzelner Personen oder Organisationen entziehen" (Allmendinger u.a. 1999: 198).

4.2 „Männerfächer" und Vergleichsgruppen

Als „Männerfächer" gelten in dieser Arbeit diejenigen Studienfächer, bei denen der Frauenanteil an den Studierenden in den Jahren 1985, 1991[46], 1995 sowie 2000 in den alten Bundesländern unter 25 Prozent lag.

---

44 So etwa bei Tischer (1999) und teils bei Minks (1996).

45 Im Jahr 2000 betrug die allgemeine Arbeitslosenquote in Westdeutschland 7,7 Prozent, in Ostdeutschland 17,6 Prozent (2004: 9,2 % zu 19,9 %; Reinberg/Hummel 2005).

46 Die Hochschulstatistik für 1990 liegt der Autorin als Datenbank nicht vor.

Gängige Definitionen von „Männerberufen" im Bereich der dualen Ausbildung orientieren sich an einem Frauenanteil an den Auszubildenden unter 20 Prozent (vgl. zum Beispiel Paul-Kohlhoff 1983; Stegmann/Kraft 1986; Chaberny/Schade 1993; Liesering 1996). Die etwas weitere Grenzziehung in dieser Arbeit ermöglicht Analysen eines relativ breiten Fächerspektrums, kann so doch auch das Bauingenieurwesen (Uni) mit seinem im Jahr 2000 „hohen" Frauenanteil von 22 Prozent miteinbezogen werden. Der fachspezifische Arbeitsmarkt hier unterschied sich im Beobachtungszeitraum zum Teil deutlich von dem anderer Ingenieurwissenschaften. Waren in der ersten Hälfte der 90er Jahre aufgrund konjunktureller Entwicklungen die AbsolventInnen der Fächer Maschinenbau und Elektrotechnik die „Sorgenkinder" des Ingenieurarbeitsmarktes, so nehmen seither das Bauingenieurwesen sowie die Architektur diese Rolle ein (Parmentier/Schade/Schreyer 1999). Die Betrachtung von Männerfächern mit zum Teil unterschiedlichen Arbeitsmarktentwicklungen ermöglicht Hinweise auf Fragen, inwieweit die Geschlechter in ihrer Studienfachwahl ggf. unterschiedlich auf konjunkturelle Entwicklungen reagieren bzw. inwieweit sie von diesen auf dem Arbeitsmarkt unterschiedlich betroffen sind. Gleichzeitig ist die in dieser Arbeit gewählte Grenzziehung von 25 Prozent eng genug, um den Fokus auf Fächer richten zu können, deren Studium durch Frauen immer noch einen gewissen „Kulturbruch" bedeutet.

Die Identifizierung von Männerfächern basiert auf der Hochschulstatistik des Statistischen Bundesamtes. Da die Vergleichbarkeit der drei zentralen Datenquellen Hochschulstatistik, Mikrozensus und Arbeitslosenstatistik *(Kap. 4.3)* für diese Untersuchung unverzichtbar ist, müssen die diesen Quellen jeweils zugrunde liegenden unterschiedlichen Systematiken zu identischen oder zumindest ähnlichen Einheiten bzw. Fächern „geschnitten" werden. Zu diesem Zweck wird unter anderem die Aggregationsebene „Studienfächer" der Hochschulstatistik zum Teil zusammengefasst (vgl. das *„Systematische Verzeichnis der Männerfächer" im Anhang*). Bei der für diese Arbeit essentiellen Bildung vergleichbarer Einheiten über Hochschulstatistik, Mikrozensus und Arbeitslosenstatistik hinweg kann auf frühere Arbeiten im Rahmen eines IAB-Projektes zurückgegriffen werden (Parmentier/Schade/Schreyer 1998a: 17 f.; Parmentier/Schade/Schreyer 1998b, c und d).

Die Studierendenzahlen insgesamt sowie die Frauenanteile in den verschiedenen Fächergruppen bzw. Studienfächern der Jahre 1985, 1991, 1995 und 2000 sind den *Tabellen A-1 (Uni) und A-2 (FH)* zu entnehmen (zu finden im Internet unter www.campus.de/isbn/9783593386126). Lehramtsstudierende wurden aus den Berechnungen zu Fächergruppen und Studienfächern herausgefiltert. Der staatliche Lehrerarbeitsmarkt stellt einen Monopolarbeitsmarkt mit formalen Zugangsregeln und spezifischen, die Vereinbarkeit von Familie und Beruf vielfach erleichternden Arbeitsbedingungen dar, der in dieser Untersuchung nicht im Zentrum des Interesses steht.[47] Als Männerfächer werden für die alten Bundesländer die in Tabelle 1 aufgelisteten Studienfächer identifiziert.

Tabelle 1: Studierende in Männerfächern (Frauenanteile < 25 %)
West, Uni oder FH, 1985–2000

Studienfach	1985		1991		1995		2000	
	Insgesamt	Frauenanteil in %	Insgesamt	Frauenanteil in %	Insgesamt	Frauenanteil in %	Insgesamt	Frauenanteil in %
Uni								
Bauingenieurwesen	13107	11,9	16435	18,6	21960	18,7	14757	21,9
Maschinenbau	36111	2,7	50180	4,6	36005	5,6	23169	7,7
Elektrotechnik	29578	2,6	37471	3,7	26808	4,2	16757	5,6
Wirtschaftsingenieurwesen	6953	8,3	9184	9,1	9437	8,5	9054	12,2
Informatik	23371	14,7	35324	12,4	33956	10,1	45737	13,5
Physik	27884	9,2	36251	9,7	28873	10,7	19308	15,9
FH								
Bauingenieurwesen	14939	10,5	17878	14,1	22066	16,8	18414	17,6
Maschinenbau	40936	2,4	53853	3,4	46587	4	32454	6,3
Elektrotechnik	39633	2,8	49707	3,1	37983	2,8	24096	4,1
Wirtschaftsingenieurwesen	6478	11,7	11638	13,3	12235	13	14141	17
Informatik	8240	16,8	14430	14,8	18203	10,3	26912	13,5

Jeweils Wintersemester. Ohne Lehramtsstudierende und ausländische Studierende.
Uni: Universitäten, Gesamthochschulen, Pädagogische Hochschulen, Theologische Hochschulen, Kunsthochschulen.
FH: Fachhochschulen, Verwaltungsfachhochschulen.
Zur Bildung des Aggregats „Studienfach" vgl. Parmentier/Schade/Schreyer 1998a: 17 f.
Quelle: Hochschulstatistik; IAB-Datenbank FB 7.

Als Vergleichsgruppen werden für diese Arbeit die Studierenden bzw. AbsolventInnen aller anderen Studienfächer an Universitäten und/oder Fachhochschulen definiert. Die Vergleichsgruppe Universität umfasst anders als

47 Auf Lehramtsstudentinnen in Männerfächern – also Frauen, die ein Lehramt anstreben und somit ein „männliches" Fach, aber ein „weibliches" bzw. gemischtgeschlechtliches Berufsbild gewählt haben – wird in *Kap. 5.5* eingegangen.

das Aggregat Männerfächer auch alle Studierenden bzw. AbsolventInnen der Lehrämter, soll hier doch der Blick auf generelle Strukturen und Entwicklungen des akademischen Qualifikationssegments außerhalb der Männerfächer im skizzierten Sinn gerichtet werden.[48] Aus Homogenitätsüberlegungen[49] beziehen sich, soweit möglich, alle Auswertungen nur auf die Studierenden bzw. AbsolventInnen mit deutscher Staatsbürgerschaft.

4.3 Datenquellen

Der empirische Teil dieser Arbeit stützt sich im Schwerpunkt auf drei Datenquellen: Hochschulstatistik, Mikrozensus und Arbeitslosenstatistik. Vereinzelt werden weitere Datensätze bzw. qualitatives empirisches Material herangezogen.

Studium: Hochschulstatistik und Konstanzer Studierendensurveys
Ausgewertet werden vor allem die Studenten- und Prüfungsstatistik als Kerne der Hochschulstatistik des Statistischen Bundesamtes. Waren bis einschließlich Sommersemester 1992 die Studierenden selbst auskunftspflichtig (Primärstatistik), werden seither die für die amtliche Statistik notwendigen Informationen ausschließlich den Verwaltungsunterlagen der Hochschulen entnommen (Sekundärstatistik; Hörner/Brings 1995; Zifonun 1999). Auskunftspflichtig sind alle nach Landesrecht anerkannten Hochschulen – unabhängig von ihrer Trägerschaft – sowie die Hochschulen des Bundes. Die Hochschulstatistiken sind Totalerhebungen.

---

48 Um die Grenze zwischen Männerfächern und Vergleichsgruppen möglichst trennscharf zu ziehen, sollten idealiter aus der Vergleichsgruppe bei den Universitäten die Studierenden bzw. AbsolventInnen, die ein Männerfach im Lehramt studieren oder studiert haben, herausgefiltert werden. Dies ist bei den Mikrozensen und Arbeitslosenstatistiken aber nicht möglich. So können zwar beispielsweise in den Arbeitslosenstatistiken LehramtsabsolventInnen der verschiedenen Schularten identifiziert werden, über ihre jeweiligen Fächer liegen aber keine Informationen vor.

49 Arbeitsmarktschwierigkeiten in der Bundesrepublik von Ausländerinnen aus Männerfächern können auch in ausländerrechtlichen Bestimmungen oder rassistischen Diskriminierungen begründet sein. Etwa bei Aussiedlerinnen oder Flüchtlingen können – zumindest wenn sie nicht in Deutschland studiert haben – Sprachprobleme hinzukommen. Ausländische Studierende bzw. AkademikerInnen bringen zudem ggf. andere (geschlechts-)kulturelle Hintergründe mit. So scheint ein Studium ingenieurwissenschaftlicher Fächer für Frauen in süd- und osteuropäischen Ländern üblicher zu sein als für bundesdeutsche (Molvaer/Stein 1994: 14; Neusel 1998: 111 f.; vgl. auch *Kap. 5.6*).

Für Auswertungen für Westdeutschland werden Datenbanken mit ausgewählten Merkmalen (Studienfach, Geschlecht, Art der (angestrebten) Abschlussprüfung etc.) der Jahre 1985 sowie 1991 bis 2000 genutzt. Für die neuen Bundesländer stehen seit Wintersemester 1992/93 (Studentenstatistik) bzw. 1993 (Prüfungsstatistik) nach Studienfächern tief aggregierte Daten zur Verfügung.

Ergänzend zur Hochschulstatistik werden Sonderauswertungen der Konstanzer Studierendensurveys 1985 bis 1998 herangezogen, die im Rahmen des IAB-Projekts „Bildungsbiografische Merkmale und berufliche Orientierungen von Studentinnen in männerdominierten Studienfächern" durchgeführt wurden (Schreyer/Ramm/Bargel 2002). In den Studierendensurveys der Arbeitsgruppe (AG) Hochschulforschung der Universität Konstanz werden mit Förderung des Bundesministeriums für Bildung und Forschung in Abständen von zwei bis drei Jahren regelmäßig studentische Erfahrungen und Orientierungen erhoben. In der Regel beteiligen sich jeweils 7.000 bis 9.000 Studierende an den Befragungen.

Erwerbstätigkeit: Mikrozensus und qualitatives Material
Der Mikrozensus des Statistischen Bundesamtes ist eine seit 1957 jährlich durchgeführte amtliche Repräsentativstatistik über die Bevölkerung und das Erwerbsleben. Einbezogen sind ein Prozent aller Haushalte in Deutschland (Emmerling/Riede 1997; Pfeiffer 1999).

Es handelt sich um eine Mehrzweckstichprobe, bei der soziodemografische und erwerbsbezogene Fragen den Kernbereich bilden. Im Unterschied zu anderen wichtigen Erwerbsstatistiken wie etwa der Beschäftigtenstatistik, „die allesamt nur Teilpopulationen der Erwerbstätigkeit erfassen, zeichnet der Mikrozensus ein Bild über die gesamte Palette der Erwerbsformen. Er gibt Aufschluss über Struktur und Umfang der geringfügig und der sozialversicherungspflichtig Beschäftigten, über die Gruppe der Beamten, Richter und Soldaten bis hin zu den Selbständigen und den mithelfenden Familienangehörigen" (Reinberg/Hummel 2002b: 5).[50]

Erhoben wird im Mikrozensus die (Selbst-)Einschätzung der Befragten.[51] Für die Teilnahme generell bzw. für den Großteil der Fragen besteht eine ge-

50 Der Mikrozensus enthält insgesamt aber Angaben zur gesamten Bevölkerung, das heißt unter anderem auch zu Nichterwerbspersonen *(Kap. 6.2* und *Kap. 9.3)* und Erwerbslosen *(Kap. 7.3* und *Kap. 9.4)*.

51 Möglich sind auch Proxyinterviews, das heißt ein erwachsenes Haushaltsmitglied kann auch Angaben zu den anderen Haushaltsmitgliedern machen.

setzlich fixierte Auskunftspflicht; so wird eine Ausschöpfung von 96 Prozent bis 97 Prozent der ausgewählten Einheiten realisiert (Emmerling/Riede 1994: 438). Die Daten werden in der Regel (80 % bis 85 %) in mündlichen, teils computerunterstützten Interviews in Regie der Statistischen Landesämter erhoben.[52] Es besteht aber auch die Möglichkeit zur schriftlichen Beantwortung („Selbstausfüllerbogen"); 15 Prozent bis 20 Prozent der Befragten nutzen diese. Die Erhebungen fanden im zweiten Quartal eines Jahres statt; die Befragten wurden gebeten, sich bei den meisten Antworten auf eine bestimmte „Berichtswoche" (in der Regel Ende April) zu beziehen.[53]

Das IAB verfügt über 70 %-Substichproben des Mikrozensus („Scientific Use Files"). In dieser Form werden „faktisch anonymisierte Einzeldaten" im Rahmen einer Vereinbarung zwischen Statistischem Bundesamt und Bundesministerium für Bildung und Forschung unabhängigen inländischen Forschungseinrichtungen – so auch dem IAB – übermittelt (Köhler/Schimpl-Neimanns/Schwarz 2000). Faktisch anonym ist ein Datensatz, wenn ein konkreter Personenbezug bzw. Deanonymisierung nur mit einem unverhältnismäßig hohen Aufwand hergestellt werden könnten. Personenbezogene Einzeldatensätze schließlich ermöglichen der Forschung im Unterschied zu aggregierten Daten Analysen auf Mikroebene.

Die für diese Arbeit zentrale Frage nach der „Hauptfachrichtung" des Hochschulabschlusses wurde bis einschließlich 1995 alle zwei Jahre gestellt. Seit der Neufassung des Mikrozensusgesetzes 1996 war diese Frage nur mehr alle vier Jahre Bestandteil des Fragenkatalogs. Für die Studie bzw. die Auswertungen für Westdeutschland können die Mikrozensen der Jahre 1989, 1991, 1993, 1995, 1996 sowie 2000 genutzt werden. Seit 1991 erstreckt sich der Mikrozensus auch auf die neuen Bundesländer; für Analysen stehen hier also die Mikrozensen zwischen 1991 und 2000 zur Verfügung (zu weiteren Informationen zum Mikrozensus vgl. *Kap. 6.1*).

Aufgrund von Fallzahlproblemen können Auswertungen meist nicht zu den einzelnen männerdominierten Fächern, sondern nur zum zusammenfassenden Aggregat Männerfächer vorgenommen werden *(Kap. 6.1)*. Diese erlauben Aussagen beispielsweise zur Frage, wie sich die Erwerbstätigkeit von Männern und Frauen aus Männerfächern und anderen Fächern quantitativ

52 Dies gilt für den Beobachtungszeitraum dieser Studie bis zum Jahr 2000. Mittlerweile werden alle mündlichen Interviews durch Laptopeinsatz unterstützt.

53 Ab 2005 werden die Mikrozensusbefragungen unterjährig, das heißt über das ganze Jahr verteilt, durchgeführt.

entwickelt hat und inwieweit sie sich qualitativ unterscheidet in Hinsicht etwa auf Stellung in der betrieblichen Hierarchie, Arbeitszeit und Erwerbsformen (selbständige Existenzen, Befristung von Arbeitsverhältnissen etc.). Auch kann untersucht werden, inwieweit sich in der Verteilung auf Berufe und Branchen oder bei ausgewählten soziodemografischen Merkmalen (zum Beispiel Alter der Erwerbstätigen) Unterschiede zwischen Frauen und Männern zeigen.

Ergänzend und illustrativ wird in *Kap. 8* empirisches Material herangezogen, das 2000/2001 im Auftrag des IAB von ForschungssachbearbeiterInnen der Bundesanstalt für Arbeit in Betrieben vorwiegend des Verarbeitenden Gewerbes erhoben wurde. Konkret handelt es sich um Protokolle von 35 offenen Leitfadeninterviews mit Personalverantwortlichen (vor allem VertreterInnen von Personalabteilungen bzw. bei mittelständischen Unternehmen von Betriebsleitungen). Durch die Interviews sollten betriebliche Sichtweisen auf die Beschäftigung von hoch qualifizierten Frauen in technischen Berufen beleuchtet werden.[54]

Arbeitslosigkeit: Mikrozensus[55] und Arbeitslosenstatistik
Bei den Arbeitslosenstatistiken der Bundesanstalt/Bundesagentur für Arbeit[56] handelt es sich ähnlich wie bei der Hochschulstatistik um „sekundärstatistische Erhebungen, weil bereits vorhandene, für Zwecke der Arbeitsvermittlung und Arbeitsberatung von Arbeitsuchenden gesammelte Daten nachträglich für statistische Zwecke aufbereitet werden. Somit ist – im Gegensatz zu einer Primärerhebung – die Festlegung der statistischen Erhebungsmerkmale von den Vorschriften (Gesetze, Rechtsprechung und Ver-

54 Primäres Ziel war, Möglichkeiten und Grenzen einer späteren, vorwiegend standardisierten Betriebsbefragung zu eruieren. Diese wurde nicht realisiert. So zeigte sich bereits in den offenen Leitfadeninterviews die Gefahr, häufig eher oberflächliche und „politisch korrekte" Einschätzungen mitgeteilt zu bekommen. Diese Gefahr wurde durch den in den Jahren 2000 und 2001 stark diskutierten Nachwuchsmangel in verschiedenen technischen Fächern noch verstärkt.

55 Zur Berechnung speziell von Arbeitslosenquoten werden Daten sowohl zu den Arbeitslosen als auch zu den Erwerbstätigen benötigt; so wird hier neben der Arbeitslosenstatistik auch der Mikrozensus herangezogen *(Kap. 7.3 und Kap. 9.4)*. Für Kontrollauswertungen *(Kap. 7.3)* wurden dem Mikrozensus vereinzelt auch Daten zu den Erwerbslosen entnommen.

56 Die Bundesanstalt für Arbeit wurde zum 1. Januar 2004 in Bundesagentur für Arbeit, die Arbeitsämter in Agenturen für Arbeit umbenannt. Da sich der Beobachtungszeitraum dieser Studie im Schwerpunkt bis zum Jahr 2000 erstreckt, werden in dieser Untersuchung – je nach Kontext – sowohl die alten als auch die neuen Bezeichnungen verwendet.

waltungsvorschriften) zur Führung dieser Geschäftsunterlagen abhängig" (Bundesanstalt für Arbeit 2001a: 1 f.).

Erfasst wird also die bei den Arbeitsämtern/-agenturen registrierte Arbeitslosigkeit. Als „arbeitslos" gelten im Beobachtungszeitraum dieser Untersuchung[57] „Personen im Alter von 15 bis unter 65 Jahren, die

- nicht in einem Beschäftigungsverhältnis stehen[58]
- eine versicherungspflichtige Beschäftigung suchen
- dabei den Vermittlungsbemühungen des Arbeitsamtes zur Verfügung stehen
- sich beim Arbeitsamt arbeitslos gemeldet haben" (Bundesanstalt für Arbeit 2001b: 2 f.).

Leistungsbezug – also im Untersuchungszeitraum bis zum Jahr 2000 der Bezug von Arbeitslosengeld oder Arbeitslosenhilfe – ist keine Voraussetzung für die Erfassung als Arbeitslose/r.

Erhoben werden unter anderem Angaben zur Person (zum Beispiel Alter, Geschlecht, Gesundheitszustand), zur schulischen und beruflichen Qualifikation, zur Dauer der Arbeitslosigkeit, zum vorher ausgeübten bzw. künftig angestrebten Beruf sowie zur gewünschten Arbeitszeit. Die Angaben werden von Fachkräften der Arbeitsverwaltung auf Basis von schriftlichen Unterlagen und mündlichen Informationen der Arbeitslosen erstellt. Wie die Hochschulstatistiken und anders als der Mikrozensus sind die Arbeitslosenstatistiken Totalerhebungen. So können hier wieder einzelne Männerfächer und nicht nur Aggregate betrachtet werden (zu weiteren Informationen zu den Arbeitslosenstatistiken vgl. *Kap. 7.1*).

Für diese Studie können die Bestandsstatistiken von 1985 bis 2000 (West) bzw. 1996 bis 2000 (Ost) sowie die Bewegungsstatistiken der Jahre 1999 und 2000 *(Kap. 7.1)* ausgewertet werden. Nachgezeichnet werden sollen Umfang und Strukturen der Arbeitslosigkeit der Geschlechter. Sind Frauen aus Männerfächern häufiger arbeitslos als ihre männlichen Fachkollegen? Nähern sich ihre Arbeitslosenquoten im Zeitvergleich an? Sind Frauen aus Männerfächern seltener arbeitslos als die Akademikerinnen aus anderen Fächern? Unterscheiden sich arbeitslose Männer und Frauen in Hinblick auf ihr Alter,

57 Durch die Einführung des Zweiten Buchs des Sozialgesetzbuchs „Grundsicherung für Arbeitsuchende" (SGB II) zum 1. Januar 2005 haben sich zwischenzeitlich Definition und Statistik der Arbeitslosigkeit zum Teil massiv verändert (Brinkmann u. a. 2005).

58 Arbeitslose können aber eine Beschäftigung ausüben, wenn diese weniger als 15 Stunden wöchentlich umfasst (Bundesanstalt für Arbeit 2001a: 4).

ihren Gesundheitszustand oder die Dauer ihrer Arbeitslosigkeit? Haben sie gleiche Chancen des (Wieder-)Einstiegs ins Beschäftigungssystem? Welche Berufe wünschen sie sich? Wo münden sie nach Arbeitslosigkeit faktisch ein? Mindert der Wunsch nach einer Teilzeitstelle die (Wieder-)Eingliederungschancen – in dieser Studie wird versucht, auf diese und ähnliche Fragen Antworten zu erarbeiten.

5 Studium: Strukturen und Entwicklungen

5.1 Studierende

Strukturdaten
Blendet man die Männerfächer aus und betrachtet nur die anderen Fächer, so sind Studentinnen im Jahr 2000 an Universitäten und Fachhochschulen[59] mindestens gleichgewichtig wie Studenten vertreten *(Abbildung 9)*. In den hier betrachteten Männerfächern sind Frauen aber immer noch rar, insbesondere in den „so genannten ‚harten' Ingenieurwissenschaften" Maschinenbau und Elektrotechnik (Bund-Länder-Kommission für Bildungsplanung und Forschungsförderung 2002: 14). Am ehesten sind Frauen im Bauingenieurwesen zu finden.

Abb. 9: Frauenanteil bei Studierenden 2000 – Westdeutschland, in Prozent

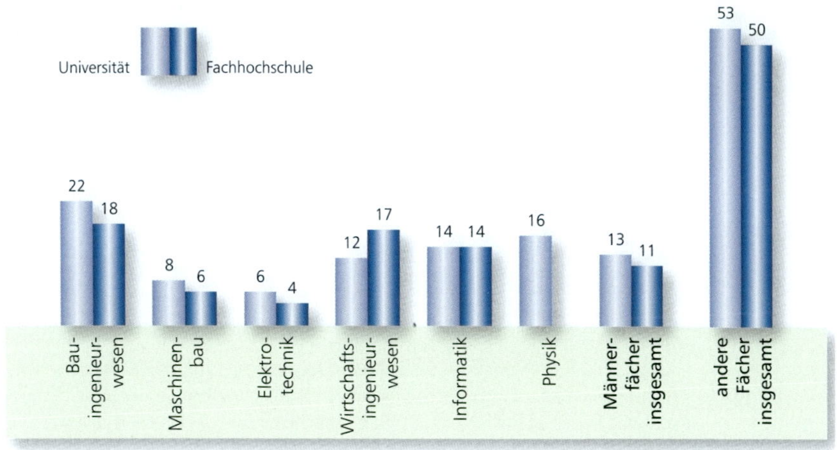

Wintersemester 2000/01. Ohne ausländische Studierende. Männerfächer: Ohne Lehramtsstudierende.
Quelle: Hochschulstatistik; IAB-Datenbank FB 7.

© IAB

59 Universitäten hier und im Folgenden: Universitäten, Gesamthochschulen, Pädagogische Hochschulen, Theologische Hochschulen, Kunsthochschulen. Fachhochschulen hier und im Folgenden: Fachhochschulen, Verwaltungsfachhochschulen.

Abgesehen von Wirtschaftsingenieurwesen und Informatik sind Frauen in den Männerfächern an Fachhochschulen noch etwas seltener als an Universitäten.

Mit Ausnahme des Wirtschaftsingenieurwesens sind alle Männerfächer Aggregate, die jeweils verschiedene Einzelfächer umfassen *(Kap. 4.2)*. In diesen Einzelfächern sind Frauen unterschiedlich repräsentiert *(Tabellen A-3 und A-4 im Internet unter www.campus.de/isbn/9783593386126)*. So weist zum Beispiel das Fächer-Aggregat Informatik für das Jahr 2000 einen durchschnittlichen Frauenanteil von 14 Prozent aus (Uni und FH). Innerhalb der Teil-Informatiken sind Frauen in der Technischen bzw. Ingenieurinformatik besonders selten (Uni: 5 %; FH: 7 %), in der Medieninformatik (37 % bzw. 21 %), den neuen Kommunikationstechniken (33 % bzw. 13 %) sowie der Medizinischen Informatik (26 % bzw. 43 %) vergleichsweise häufig vertreten. Hier deutet sich an, dass Frauen eher in diejenigen technischen Fächer einmünden, in denen „künstlerische, sprachliche, ökologische oder ökonomische Anteile bereits im Titel des Studiengangs ersichtlich sind oder mit dem jeweiligen Fach in Verbindung gebracht werden" (Bund-Länder-Kommission für Bildungsplanung und Forschungsförderung 2002: 14 f.).

Sozio- und bildungsbiografischer Hintergrund

Welche Frauen entscheiden sich für ein Männerfach? Unterscheiden sie sich in Hinblick auf ihren sozio- und bildungsbiografischen Hintergrund von ihren männlichen Kommilitonen bzw. von den Studentinnen in den anderen Fächern? Hinweise hierauf geben Sonderauswertungen der Konstanzer Studierendensurveys 1985 bis 1998, die die AG Hochschulforschung der Universität Konstanz im Auftrag des IAB und in Zusammenarbeit mit der Autorin dieser Studie durchgeführt hat (Schreyer/Ramm/Bargel 2002; *Kap. 4.3*).[60]

Für Westdeutschland[61] zeigen sich folgende, in aller Regel statistisch signifikante[62] Ergebnisse:

---

60 Männerfächer (und Vergleichsgruppen) wurden in den Sonderauswertungen geringfügig anders definiert als in dieser Studie (Schreyer/Ramm/Bargel 2002: 4): Als Männerfächer gelten in den Sonderauswertungen diejenigen Studienbereiche, in denen der Frauenanteil laut Hochschulstatistik des Statistischen Bundesamts an beiden Endpunkten des Beobachtungszeitraums (WS 1984/85 sowie WS 1997/98) unter 30 Prozent lag. Durch diese höhere Grenze werden dort auch die Fächer Vermessungswesen, Forstwissenschaft, Mathematik und Chemie in die Berechnungen mit einbezogen.

61 Aufgrund der geringen Fallzahlen von Studentinnen in Männerfächern aus den neuen Bundesländern, die in den Konstanzer Studierendensurveys erfasst wurden, konnten sich die Sonderauswertungen nur auf Westdeutschland beziehen.
Aus Gründen der Homogenität richten sich die Surveys nur an die Studierenden mit

a) Studentinnen der Männerfächer stammen häufiger als Studenten dieser Fächer aus Elternhäusern mit hoher formaler Bildung. Dies gilt insbesondere für die Fachhochschulen, wo 35 Prozent der Studentinnen im Vergleich zu nur 23 Prozent der Studenten mindestens ein Elternteil mit Hochschulausbildung haben, abgeschwächt aber auch für die Universitäten (50 % zu 44 %). Diese Tendenz zu höherer sozialer Herkunft der Frauen im Vergleich zu ihren männlichen Kommilitonen zeigt sich im Übrigen auch bei der höchsten beruflichen Stellung der Eltern als einem weiteren klassischen Merkmal sozialer Ungleichheit (Schreyer/Ramm/Bargel 2002: 6 f.).

Dieser Befund befindet sich im Einklang mit Ergebnissen anderer Untersuchungen (Abele/Neunzert/Tobies 2004: 65; Könekamp u. a. 2002: 24; Minks 1996: 4; Janshen/Rudolph 1987b: 4; Engler/Faulstich-Wieland 1995: 31 f.; Schlüter 1992). Im Unterschied zu diesen Studien ist bei den Konstanzer Surveys jedoch auch ein Vergleich mit den anderen Fächern möglich. Hier zeigt sich, dass die Tendenz zu höherer sozialer Herkunft der Studentinnen kein wirkliches Spezifikum von Männerfächern ist. Vielmehr existiert sie auch bei den anderen Fächern an Unis und FHs, wo sie allerdings weniger ausgeprägt ist *(Abbildung 10)*.

Abb. 10: Höchster Bildungsabschluss von mindestens einem Elternteil – Westdeutschland, in Prozent

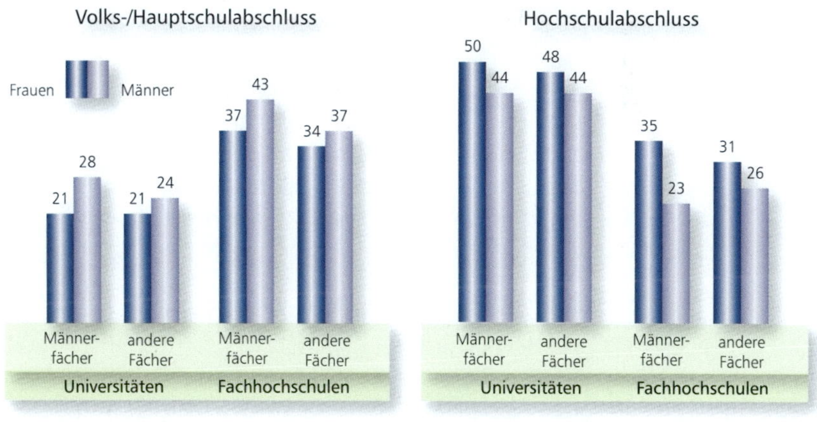

Quelle: Konstanzer Studierendensurveys 1985 bis 1998; aus: Schreyer/Ramm/Bargel 2002: 7. © IAB

deutscher Staatsbürgerschaft.

62 Zur Überprüfung der Signifikanz wurden jeweils Chi-Quadrat-Tests durchgeführt (** = 1 % Niveau/$p < 0.01$; Schreyer/Ramm/Bargel 2002: 5).

b) Die wenigen Frauen, die sich für Männerfächer entscheiden, verfügen nicht nur über eine tendenziell höhere soziale Herkunft als ihre männlichen Kommilitonen, sondern gerade an den Fachhochschulen auch über höhere eigene Bildungsvoraussetzungen: 56 Prozent der FH-Studentinnen, aber nur 37 Prozent der FH-Studenten haben die allgemeine Hochschulreife und nicht nur die eigentlich ausreichende Fachhochschulreife *(Abbildung 11).*

Abb. 11: Allgemeine Hochschulreife als Hochschulzugangsberechtigung

– Westdeutschland, in Prozent –

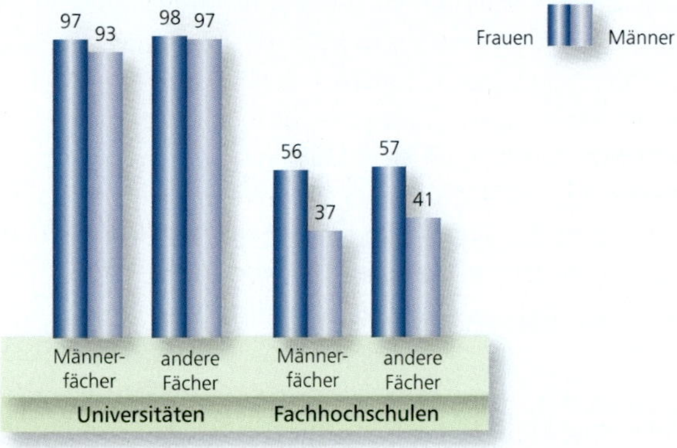

Quelle: Konstanzer Studierendensurveys 1985 bis 1998.
aus: Schreyer/Ramm/Bargel 2002: 8.

© IAB

In anderen Studien zeigen sich wiederum ähnliche Ergebnisse (Minks 1996: 4 f.; Engler/Faulstich-Wieland 1995: 29 f.). Bei den Sonderauswertungen der Konstanzer Surveys wird zusätzlich deutlich, dass die gerade für Fachhochschulen geltende Tendenz zur „überschüssigen" Hochschulbefähigung kein wirkliches Spezifikum von Frauen mit geschlechtsuntypischer Studienfachwahl ist, auch wenn sie dort – wiederum – vergleichsweise stark ausgeprägt ist.

c) Studentinnen in Männerfächern haben auch etwas häufiger sehr gute Noten im Zeugnis der Hochschulreife als Studenten: 37 Prozent der weiblichen Uni-Studierenden im Vergleich zu 32 Prozent der männlichen können auf eine „1" vor dem Komma in der Gesamtnote verweisen (FH: 12 % zu 9 %; *Tabelle A-5 im Internet unter www.campus.de/isbn/9783593386126*).[63]

63 Die Mittelwerte der Durchschnittsnoten insgesamt variieren kaum zwischen den Geschlechtern. Ähnliches gilt im Übrigen nicht nur für das Zeugnis der Hochschulreife, sondern auch für das Vordiplom. Sehr gute Noten im Vordiplom werden von den

Der leichte Vorsprung der Frauen bei den Abiturnoten ist wiederum nicht ausschließlich auf Männerfächer beschränkt, denn auch bei den anderen Fächern zählen Frauen etwas häufiger zu den Notenbesten als Männer.

d) Die Studentinnen von Männerfächern an Unis bringen etwas öfter eine abgeschlossene berufliche Ausbildung mit als ihre männlichen Kommilitonen (16 % zu 12 %), die an Fachhochschulen seltener (41 % zu 54 %; *Tabelle A-6 im Internet unter www.campus.de/isbn/9783593386126*). Letzteres ist in Verbindung damit zu sehen, dass FH-Studentinnen der Männerfächer deutlich häufiger als Studenten über die allgemeine Hochschulreife verfügen und der zusätzliche Erwerb eines berufsbildenden Abschlusses anders als bei der Fachhochschulreife bildungsinstitutionell atypisch ist.

Jeweils rund ein Viertel der Studentinnen und Studenten von Männerfächern an der Uni sehen einen relativ engen inhaltlichen Zusammenhang zwischen der jeweiligen Berufsausbildung/beruflichen Tätigkeit vor dem Studium und dem gewählten Studienfach. Einen solchen Zusammenhang benennen die FH-Studentinnen von Männerfächern deutlich seltener als ihre Kommilitonen (41 % zu 57 %).[64]

Diese Ergebnisse stimmen mit denen anderer Studien überein (Minks 1996: 6 f.; Engler/Faulstich-Wieland 1995: 30). Bei den anderen Fächern zeigen sich wieder ähnliche, aber weniger ausgeprägte Muster als bei den Männerfächern.

Zusammenfassend ist festzuhalten: Bei den hier betrachteten sozio- und bildungsbiografischen Merkmalen bestehen Unterschiede zwischen den Geschlechtern, die in aller Regel auch statistisch signifikant sind. Insbesondere an den Universitäten sind diese Unterschiede aber nicht immens. Ferner sind sie kein wirkliches Spezifikum von Männerfächern, existieren sie – abgemildert – doch auch bei den anderen Fächern.

Studentinnen und Studenten der Männerfächer ähnlich oft erzielt (Schreyer/Ramm/Bargel 2002: 10).

64 In den unterschiedlichen inhaltlichen Ausrichtungen von Berufsausbildung und Studienfach drückt sich möglicherweise ein breiter gefächertes Interessen- und Fähigkeitsspektrum der Frauen aus. Jedenfalls unterscheiden sich „weibliche Studienberechtigte, die ein Ingenieurstudium gewählt haben, die dem Ingenieurstudium nahestehen und die ihm indifferent gegenüberstehen, (...) von den entsprechenden männlichen Studienberechtigten durch ein deutlich geringeres Vorkommen einseitig technisch-praktischer Stärken und ein deutlich häufigeres vielseitiges Befähigungsprofil" (Minks 2000: 8).

Dennoch zeigt sich, dass Frauen bei der Studienfachwahl tradierte Geschlechtergrenzen eher überschreiten können, wenn sie über vergleichsweise gute, privilegierte und „überschüssige" Voraussetzungen bzw. – in der Terminologie Bourdieus *(Kap. 3.1.2)* – über relativ hohes soziales, kulturelles und vermutlich auch ökonomisches Kapital verfügen. Dies zeigt sich etwa in der tendenziell höheren sozialen Herkunft der Studentinnen in Männerfächern, in ihren vor allem an den Fachhochschulen „überwertigen" Hochschulbefähigungen, in ihrem etwas höheren Anteil an den Notenbesten im Abitur und möglicherweise auch an ihren an den Universitäten gerade angesichts ihrer hohen sozialen Herkunft erstaunlich häufigen Berufsausbildungen.[65] In der Literatur (Schwarze u.a. 1998: 41; Janshen/Rudolph 1987b: 4) wird weiter darauf verwiesen, dass die Väter vielfach technische Berufe ausüben, also in den Herkunftsfamilien eine gewisse „Techniklastigkeit" vorliegt. Anders als für Männer ist es für Frauen ohne solch besondere Voraussetzungen bzw. ohne solches Kapital offensichtlich schwierig, ein einschlägiges Studium aufzunehmen.

Die soziale Ungleichheit beim Hochschulzugang allgemein ist trotz der Bildungsreform der 60er und 70er Jahre in der Bundesrepublik erschreckend hoch und hat sich in jüngerer Zeit teils sogar verschärft.[66] Gerade ein technisches Studium hat in diesem Kontext traditionell eine spezifische Funktion: Es verkörpert für junge Männer hochschulferner sozialer Schichten vielfach die Möglichkeit des sozialen Aufstiegs (Bargel/Ramm 1998: 42f.; Minks/Bathke/Filaretow 1993: 9). Dies scheint für Frauen abgeschwächter zu gelten. Denn Frauen aus hochschulfernen sozialen Milieus fordert ein solches Studium nicht „nur" das Überschreiten von Milieugrenzen ab, sondern zusätzlich auch von Geschlechtergrenzen. Unter den Studenten von

---

65 Die Kombination von beruflicher und universitärer Ausbildung wird häufig unter dem Begriff „Doppelqualifikation" zusammengefasst. Zwischen „niedriger" sozialer Herkunft und Doppelqualifikation scheint ein positiver Zusammenhang zu bestehen: „Beruflich vorgebildete Studienanfänger entstammen überdurchschnittlich häufig – und mit zunehmender Tendenz – Elternhäusern ohne gymnasialen bzw. akademischen Bildungshintergrund. Der höchste berufliche Ausbildungsabschluss ihrer Eltern ist überproportional häufig der des Gesellen bzw. Facharbeiters oder Meisters" (Lewin/Minks/Uhde 1996: 436).

66 Der 17. Sozialerhebung des Deutschen Studentenwerks (Isserstedt u.a. 2004: 8) zufolge nahm „von 100 Kindern, deren Väter der Herkunftsgruppe „niedrig" zugeordnet wurden, (...) im Jahr 2000 etwa jedes zehnte ein Hochschulstudium auf. Nahezu dreimal so hoch war die Bildungsbeteiligung von Kindern der Herkunftsgruppe „mittel" (29 %). Noch extremer sind die Unterschiede, wenn Kinder der Herkunftsgruppe „niedrig" mit solchen aus „gehobenen" Schichten verglichen werden. Letztere haben sechsmal so hohe Chancen (66 %) auf ein Hochschulstudium wie Erstere. Die höchste Bildungsbeteiligung haben jedoch Kinder der Herkunftsgruppe „hoch". Vier Fünftel (81 %) von ihnen erreichen den Zugang zu einer Hochschule" (vgl. auch Schnitzer u.a. 1998: 4; Hartmann 2005: 460).

Männerfächern befinden sich jedenfalls etwas häufiger Bildungsaufsteiger als unter den Studentinnen. Studentinnen haben umgekehrt häufiger eine hohe soziale Herkunft als Studenten.

Gleichzeitig legen diese Ergebnisse eine Differenzierung des in *Kap. 3.1.2* dargelegten, theoretischen Ansatzes von Mooraj (2002) nahe insofern, als neben der Geschlechterhierarchie auch noch andere Dimensionen sozialer Ungleichheit einbezogen werden sollten. Zwar profitieren auch die Bildungsaufsteiger unter den männlichen Technikstudenten bzw. -absolventen von der Kongruenz von männlichem Habitus und dem Habitus des technischen Feldes. Die akademisch-wissenschaftlichen Anteile des Felds mit ihren Spielregeln sind ihnen aber biografisch und historisch unvertraut.

Zumindest bei den Technikstudentinnen bzw. -absolventinnen hoher sozialer Herkunft ist es umgekehrt: Nähe zum akademisch-wissenschaftlichen Feld geht bei ihnen einher mit gleichzeitiger (zugeschriebener) Distanz zum technischen Feld mit ihren jeweiligen Anforderungen an Denken, Wahrnehmen und Handeln. Unter Einbezug auch von sozialer Schichtung erweist sich die Beziehung der AkteurInnen zum technisch-akademischen Feld also als komplexer als bei isolierter Betrachtung nur der Geschlechterungleichheit. Auch der Feldbegriff selbst bei Mooraj (2002) ist im Sinne höherer Komplexität zu differenzieren: Ein Feld zeichnet sich nicht nur durch ein Merkmal, sondern jeweils durch mehrere, miteinander verbundene Merkmale aus (technisch, akademisch-wissenschaftlich etc.).

5.2 StudienanfängerInnen

Veränderungen in der Geschlechterverteilung werden bei den Studienanfängerzahlen schneller deutlich als bei den „trägeren" Studierendenzahlen. Die Frauenanteile an den Erstsemestern in Männerfächern insgesamt stiegen deutlich: Zwischen 1985 und 2000 verdoppelten sie sich an den Universitäten und Fachhochschulen im Westen *(Abbildungen 12 und 13)*. Die absoluten Zahlen der Studienanfängerinnen erhöhten sich um das Zwei- bis Dreifache. Auch wenn Frauen immer noch stark unterrepräsentiert sind, zeigt sich zumindest im Beobachtungszeitraum dieser Studie bis 2000 eine Tendenz zu einer gewissen „Normalisierung der Geschlechterverhältnisse" (Minks 2001: 83).[67]

---

67 Es gibt jedoch keine stete Entwicklung hin zu einer ausgewogeneren Geschlechterverteilung. Im Gegenteil ist besonders in der Informatik und in Maschinenbau/Verfah-

Abb. 12: Frauenanteil bei StudienanfängerInnen an Universitäten 1985 bis 2000 – Westdeutschland, in Prozent

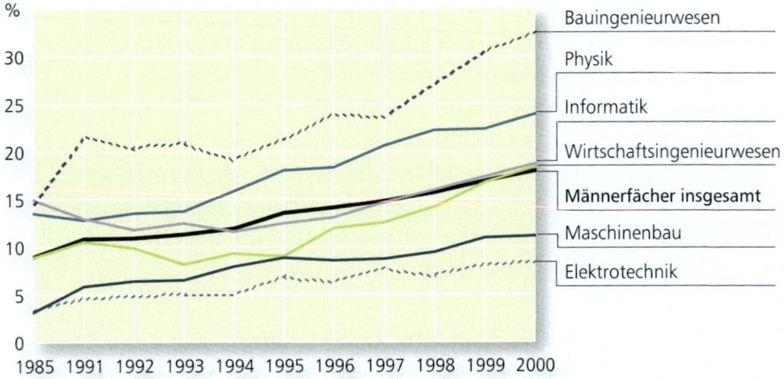

Jeweils Sommer- und folgendes Wintersemester. Ohne Lehramtsstudierende und ausländische Studierende.
StudienanfängerInnen = 1. Fachsemester.
Quelle: Hochschulstatistik; IAB-Datenbank FB 7.

Abb. 13: Frauenanteil bei StudienanfängerInnen an Fachhochschulen 1985 bis 2000 – Westdeutschland, in Prozent

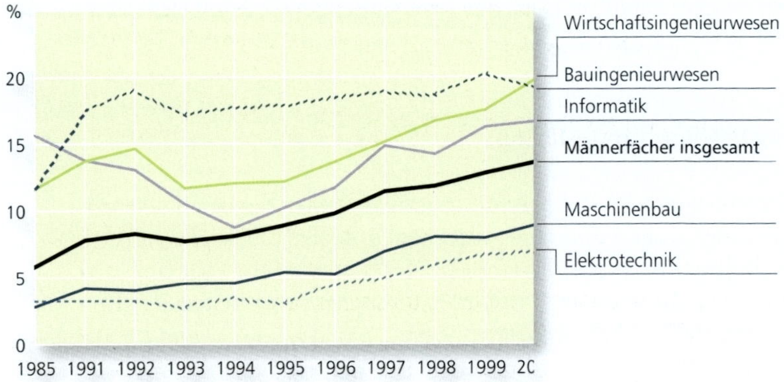

Jeweils Sommer- und folgendes Wintersemester. Ohne ausländische Studierende.
StudienanfängerInnen = 1. Fachsemester.
Quelle: Hochschulstatistik; IAB-Datenbank FB 7.

Beim Wirtschaftsingenieurwesen und insbesondere bei der Informatik sank die Frauenrepräsentanz in der ersten Hälfte der 90er Jahre allerdings – sowohl prozentual als auch absolut. Abgesehen vor allem von diesen Brüchen wurden die Geschlechterrelationen zwischen 1985 und 2000 im Westen in allen hier betrachteten Männerfächern etwas ausgeglichener.

Die steigenden Frauenanteile bei den StudienanfängerInnen in Männerfächern insgesamt gingen im beobachteten Zeitraum mit steigenden Absolutzahlen von Frauen einher *(Tabelle A-7 im Internet unter www.campus.de/isbn/9783593386126)*. Ein prozentualer Anstieg der Frauenrepräsentanz bedeutet aber keineswegs immer auch einen absoluten – was in der öffentlichen Diskussion häufig vernachlässigt wird. Dies zeigt sich zum Beispiel gegen Mitte der 90er Jahre bei Maschinenbau und Elektrotechnik (Uni). Die teilweise Zunahme der Frauenanteile ging nicht mit steigenden Absolutzahlen einher. Sie begründet sich vielmehr darin, dass die Frauen „weniger häufig als die Männer von diesem Studium Abstand genommen haben" (Bargel/Ramm 1998: 29). Vor dem Hintergrund restriktiver Einstellungspolitik und Entlassungen in den einschlägigen Teilarbeitsmärkten (Schreyer 2000; Parmentier/Schade/Schreyer 1999) blieben jedenfalls in erster Linie junge Männer – und hier gerade diejenigen aus sozial unterprivilegierten, hochschulfernen Milieus – zu diesen Fächern auf Distanz. Neben ausländischen Studierenden waren es so vor allem die Frauen, die in den 90er Jahren „das ‚männliche' Studium der Ingenieurwissenschaften (...), was die Studenten- und Anfängerzahlen betrifft, stabilisiert haben" (Bargel/Ramm 1998: 27).

Vor dem Hintergrund der seit Mitte der 90er Jahre verschlechterten Baukonjunktur zeigen sich seit 1996 ähnliche Entwicklungen beim Bauingenieurwesen: Steigende Anteile gehen mit sinkender absoluter Repräsentanz von Frauen einher, sind es doch vor allem junge Männer, die bei schwierigen konjunkturellen Bedingungen von technischen Studiengängen Abstand nehmen. Dieses dürfte wiederum mit deren tendenziell „niedrigeren" sozialen Herkunft gepaart mit hoher materiell-extrinsischer Berufsmotivation (Bargel/Ramm 1998: 70 f.)[68] zusammenhängen.

---

renstechnik die Frauenrepräsentanz sowohl absolut als auch relativ in den letzten Jahren wieder rückläufig (Schreyer 2006; Statistisches Bundesamt 2005c).

68 Materiell-extrinsische Motive der Fach- und Berufswahl beziehen sich auf Aspekte wie Arbeitsplatzsicherheit, Einkommens- und Karrierechancen. Inhaltlich-intrinsische Motive zielen demgegenüber eher auf inhaltliche Aspekte von Fach oder Beruf. Im Vordergrund der Studienfachwahl von Ingenieurstudierenden steht zwar das inhaltliche Interesse, materielle Motive haben hier aber mehr Gewicht als in anderen Fächern (Bargel/Ramm 1998: 70).

Umgekehrt kann prozentualer Anstieg die absoluten Zuwächse unterzeichnen. So vervierfachte (Uni) bzw. verdreifachte (FH) sich zwischen 1996 und 2000 die Zahl der weiblichen Studienanfänger in der Informatik. Dass sich die Frauenanteile und damit die Geschlechterasymmetrie gleichzeitig aber nur verhalten änderten, liegt daran, dass auch bei den männlichen Studienberechtigten ein wahrer Boom in dieses Fach einsetzte. Ein Grund hierfür dürfte in der Hochkonjunktur der IT-Berufe in diesem Zeitraum liegen (Dostal 2002).

5.3 AbsolventInnen

Nicht nur beim Zugang, sondern auch beim Beenden des Studiums zeigen sich im längeren Zeitvergleich im Westen Tendenzen hin zu wenigstens etwas ausgeglicheneren Geschlechterverhältnissen. So verdoppelten sich zumindest an den Unis die Frauenanteile bei den AbsolventInnen zwischen 1985 und 2000 und auch die Absolutzahlen stiegen deutlich *(Abbildungen 14 und 15; Tabelle A-8 unter www.campus.de/isbn/9783593386126 im Internet).*[69]

Bei den einzelnen Männerfächern zeigen sich jedoch zum Teil Brüche bzw. gar gegenläufige Entwicklungen. In der Elektrotechnik (FH) etwa beträgt der Frauenanteil über lange Jahre hinweg konstant drei Prozent – bei zwischenzeitlich höheren, im Jahr 2000 aber wieder auf das Niveau von Mitte der 80er Jahre zurückgefallenen Absolutzahlen. In der Informatik (Uni und FH) halbierte sich zwischen 1985 und 2000 der Frauenanteil an den AbsolventInnen sogar. Die Absolutzahlen waren zwischenzeitlich zwar gestiegen, im Jahr 2000 verließen aber kaum mehr examinierte Informatikerinnen die Hochschulen als Mitte der 80er Jahre. Zu berücksichtigen sind hier auch die allgemein hohen Studienabbruchquoten in der Bundesrepublik.[70]

---

69 Die der Autorin zur Verfügung stehende Datenbank zur Prüfungsstatistik lässt eine Differenzierung nach Nationalität nicht zu. So beziehen sich die Ausführungen in *Kap. 5.3* auf deutsche und ausländische AbsolventInnen gemeinsam.
Möglicherweise sind die in der Bundesrepublik seit 1998 im Rahmen des Bologna-Prozesses eingeführten Bachelorstudiengänge (Schwarz-Hahn/Rehburg 2003) für Frauen attraktiver als die traditionellen Diplomstudiengänge in den Ingenieur- und Naturwissenschaften. Befunde zur Struktur der ersten AbsolventInnen deuten jedenfalls auf höhere Frauenanteile beispielsweise in der Informatik hin (Minks/Briedis 2005a: 8 f.).

70 Studienabbruchquoten werden von der Hochschul-Informations-System GmbH Hannover (HIS) berechnet (Heublein u.a. 2002; Heublein/Schmelzer/Sommer 2005). Von 100 deutschen Studierenden, die ab Mitte der 90er Jahre ihr Studium aufnahmen, erreichen nur 75 einen Hochschulabschluss – so ein zentrales Ergebnis dieses Projekts (Heublein/Schmelzer/Sommer 2005: 1 und 16). Die Abbrecherquoten sind an den Uni-

Abb. 14: Frauenanteil bei AbsolventInnen an Universitäten 1985 bis 2000 – Westdeutschland, in Prozent

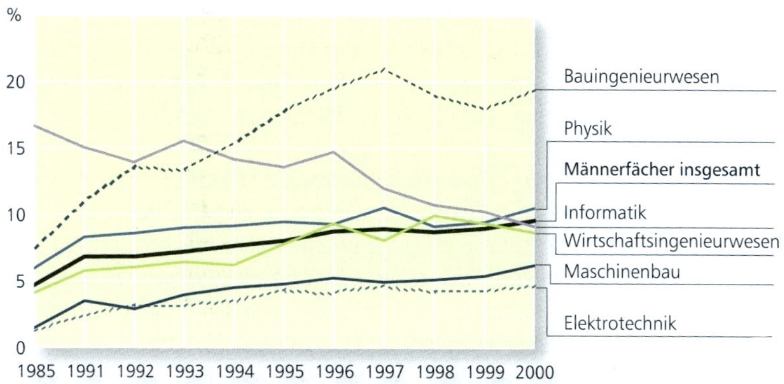

Ohne Promotionen und LehramtsabsolventInnen. Mit ausländischen AbsolventInnen.
Quelle: Hochschulstatistik; IAB-Datenbank FB 7.

Abb. 15: Frauenanteil bei AbsolventInnen an Fachhochschulen 1985 bis 2000 – Westdeutschland, in Prozent

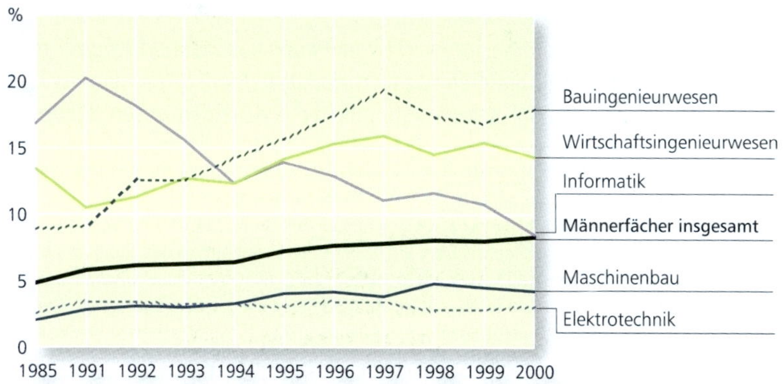

Mit ausländischen AbsolventInnen.
Quelle: Hochschulstatistik; IAB-Datenbank FB 7.

5.4 Promotionen

Die Frauenanteile an den Promotionen in Männerfächern haben sich zwischen 1985 und 2000 im Westen verdreifacht und liegen im Jahr 2000 bei neun Prozent *(Abbildung 16)*.[71] Abgesehen vom Wirtschaftsingenieurwesen stiegen auch die Absolutzahlen von Promotionen von Frauen stark, ausgehend allerdings von zum Teil ausgesprochen geringen Niveaus.

Absolventinnen aus Männerfächern entschließen sich eher zu einer Promotion als ihre Geschlechtsgenossinnen aus anderen Fächern. Laut Wissenschaftsrat (2002: 37 f.) liegt das Durchschnittsalter bei bestandener Diplomprüfung allgemein seit 1980 relativ konstant bei 28 Jahren, bei Promotionen allgemein seit 1990 bei 32 Jahren. Einen durchschnittlichen Zeitraum von vier Jahren zwischen Examen und Promotion unterstellend, werden in Abbildung 16 die Frauenanteile an den AbsolventInnen 1996 und Promotionen 2000 in Männerfächern und anderen Fächern vergleichend gegenübergestellt. Während bei den anderen Fächern der Frauenanteil an den Promotionen 2000 mit 39 Prozent deutlich unter dem Frauenanteil an den AbsolventInnen 1996 mit 52 Prozent liegt, ist er bei den Männerfächern mit jeweils neun Prozent identisch. Im Unterschied zu den anderen Fächern sind bei den Männerfächern die zeitversetzten Frauenanteile bei Examen und Promotionen also konstant.

Die höhere Promotionsintensität von Frauen aus Männerfächern[72] mag mit deren tendenziell höheren sozialen Herkunft *(Kap. 5.1)* zusammenhängen, die eine Promotion „selbstverständlicher" erscheinen lassen dürfte als für

---

versitäten höher als an den Fachhochschulen (26 % zu 22 %). Männer brechen häufiger ab als Frauen (Uni 29 % zu 24 %; FH 24 % zu 18 %).

In den Ingenieurwissenschaften brechen an den Universitäten durchschnittlich 30 Prozent, an den Fachhochschulen 20 Prozent der Studierenden das Studium ab (Fächergruppe Mathematik/Naturwissenschaften: 26 % zu 40 %; Heublein/Schmelzer/Sommer 2005: 19 und 23). In multivariaten Analysen wird ein gewisser Einfluss des Geschlechts diagnostiziert: Studentinnen der Ingenieur- und Naturwissenschaften brechen das Studium etwas häufiger ab als Männer (Heine u. a. 2006: 20).

Die Abbruchgründe unterscheiden sich nach Geschlecht. Sofern es „um studienimmanente Abbruchgründe geht, überwiegen bei Männern fachliche Probleme der Bewältigung des Studiums, bei Frauen dagegen überwiegt der Verlust an Identifikation" mit dem ingenieurwissenschaftlichen Studium, mithin die Entfremdung von diesem (Minks 2000: 9).

71 Die der Autorin zur Verfügung stehende Datenbank mit Angaben zu Promotionen lässt weder eine Differenzierung nach Nationalitäten noch nach (Nicht-)LehramtsabsolventInnen zu. So beziehen sich die Ausführungen in *Kap. 5.4* auch auf Promotionen von ausländischen und LehramtsabsolventInnen.

Abb. 16: Frauenanteil bei AbsolventInnen 1996 und Promotionen 2000

– Westdeutschland, in Prozent –

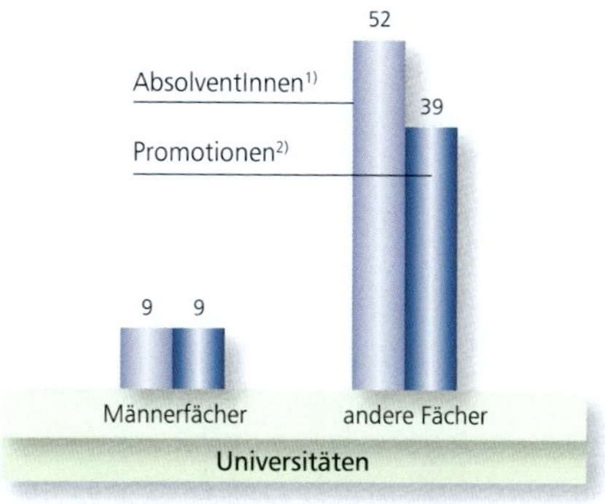

1) mit ausländischen AbsolventInnen
2) mit Promotionen von LehramtsabsolventInnen und AusländerInnen
Quelle: Hochschulstatistik; IAB-Datenbank FB 7.

© IAB

Kinder aus hochschulfernen Milieus. Zum anderen dürfte sich hier auch die hohe Leistungsorientierung der wenigen Frauen ausdrücken, die bislang in Männerfächer eingemündet sind. Jedenfalls zeigt eine Befragung der AbsolventInnen aller Fakultäten der Universität Erlangen-Nürnberg unmittelbar nach dem Examen 1995/96, dass bei den AbsolventInnen der Technischen Fakultät „die berufliche Werthaltung der Fortschritts- und Leistungsorientierung besonders ausgeprägt" ist (Abele/Schute/Andrä 1999: 96). Die Geschlechter unterscheiden sich hierin kaum.

5.5 Lehramtsstudierende

Die Frauenanteile bei den Lehramtsstudierenden von Männerfächern – gemeint sind damit beispielsweise angehende PhysiklehrerInnen – lagen im Jahr 2000 mit 23 Prozent fast doppelt so hoch wie bei den Nicht-Lehramts-

72 Die Angaben zu Promotionen beziehen sich auch auf LehrerInnen mit Männerfächern (vgl. Fußnote oben). Die These einer höheren Promotionsintensität von Frauen aus Männerfächern hat aber auch dann Bestand, wenn den Promotionen 2000 *alle* AbsolventInnen aus Männerfächern 1996 gegenübergestellt werden: Der Frauenanteil an den AbsolventInnen 1996 einschließlich der LehramtsabsolventInnen betrug acht Prozent. Zur hohen Promotions- und Habilitationsintensität speziell der Physikerinnen vgl. Bessenrodt-Weberpals 2003: 78.

studierenden mit dreizehn Prozent *(Abbildung 17)*. Da hinter den höheren Anteilen aber nur bescheidene Absolutzahlen stehen, tragen die Lehramtsstudentinnen nur bedingt zu einem „weiblicheren Erscheinungsbild" der Männerfächer an den Unis bei.

Abb. 17: Frauenanteil bei (Nicht-)Lehramtsstudierenden in Männerfächern

– Westdeutschland 1985 bis 2000, in Prozent –

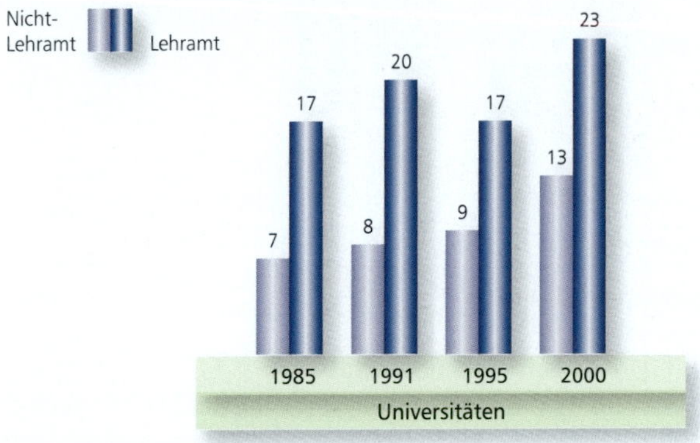

Jeweils Wintersemester. Ohne ausländische Studierende.
Quelle: Hochschulstatistik; IAB-Datenbank FB 7.

Im Zeitvergleich deutet sich auch bei diesen Lehramtsstudiengängen eine Tendenz zur Normalisierung der Geschlechterverhältnisse an – trotz gesunkener Frauenanteile Mitte der 90er Jahre. Der relativ niedrige Frauenanteil an den einschlägigen Lehramtsstudiengängen 1995 war keineswegs mit einem Rückzug der Frauen aus diesen Studiengängen verbunden. Ganz im Gegenteil lag die Absolutzahl studierender Frauen in dieser Zeit hoch *(Tabelle A-10 im Internet unter www.campus.de/isbn/9783593386126)*. Der relative Rückgang ist vielmehr darauf zurückzuführen, dass sich Mitte der 90er Jahre auch sehr viele Männer zu entsprechenden Lehramtsstudiengängen entschlossen. Hintergrund dürfte die in dieser Zeit für einige technisch-naturwissenschaftliche Fächer recht schwierige Lage auf dem allgemeinen Arbeitsmarkt (Schreyer 2000; Parmentier/Schade/Schreyer 1999) bei gleichzeitigen Mangellagen in Lehrerarbeitsmärkten gewesen sein.

Dass die Frauenanteile bei den Lehramts- höher liegen als etwa bei den Diplomstudiengängen, dürfte damit zusammenhängen, dass sich bei ersteren ein „männliches" Fach mit einem gemischtgeschlechtlichen bis hin zu

„weiblichen" Berufsbild verbindet. Pädagogische Arbeit generell kollidiert jedenfalls kaum mit tradierten Geschlechterstereotypen. Zudem stellt der staatliche Lehrerarbeitsmarkt einen Monopolarbeitsmarkt mit formalen Zugangsregeln und spezifischen, die Vereinbarkeit von Familie und Beruf vielfach erleichternden Arbeitsbedingungen dar, der auf junge Frauen offensichtlich hohe Attraktivität ausübt. So waren 1999 knapp zwei Drittel aller hauptberuflichen Lehrkräfte an allgemein bildenden und beruflichen Schulen Frauen. Speziell bei den Gymnasien betrug der Frauenanteil 47 Prozent, bei den Realschulen 63 Prozent (Bundesministerium für Bildung und Forschung 2001: 110 f.).

5.6 Internationaler Vergleich

Auch wenn entsprechende Daten nur begrenzt verfügbar bzw. vergleichbar sind, scheinen Frauen in anderen Ländern teils häufiger technisch-naturwissenschaftliche Fächer zu studieren. So weist Neusel (1998: 111 f.) auf vergleichsweise hohe Frauenanteile in süd- und osteuropäischen Ländern hin (speziell zu Griechenland vgl. Molvaer/Stein 1994). In Bezug auf den Frauenanteil im Mathematikstudium[73] stellen Abele/Neunzert/Tobies (2004: 156) „deutliche Unterschiede sowohl innerhalb Europas, als auch weltweit (fest). Europabezogen ist der Frauenanteil im Mathematikstudium in Ost- und Südeuropa am höchsten, in West- und Mitteleuropa und in Skandinavien am geringsten. Weltweit ist der Frauenanteil in den arabischen Ländern am höchsten, gefolgt von asiatischen und mittel- und südamerikanischen Ländern. Das Schlusslicht bilden die westlichen Industrienationen und Afrika." Eine Studie der OECD (2001: 173) gibt für die OECD-Länder 1999 einen durchschnittlichen Frauenanteil an den Absolventen der Ingenieurwissenschaften von 22 Prozent im Vergleich zu 18 Prozent in Deutschland an *(Tabelle 2)*. Auch in den Fächergruppen „Biowissenschaften, Sport und Agrarwirtschaft" sowie „Mathematik und Informatik" sind die Frauenanteile in Deutschland im OECD-Vergleich unterdurchschnittlich (38 % zu 46 % bzw. 24 % zu 31 %).[74]

---

73 Diese Ergebnisse zur Mathematik werden kurz referiert, auch wenn dieses Fach in der vorliegenden Arbeit nicht zu den Männerfächern im engeren Sinn zählt (vgl. *Kap. 4.2*).

74 Ein Technikstudium von Frauen scheint in manchen Ländern also teils in eine andere Tradition eingebettet zu sein. Insofern stellt sich für die Bundesrepublik die noch kaum diskutierte Frage, „ob es in Migrationsfamilien ein bislang noch wenig wahrgenommenes weibliches Potenzial an technischem Nachwuchs gibt, das mit entsprechender Förderung einen wichtigen Beitrag zur Integration von Frauen in technische Berufe leisten kann" (Buhr 2004: 30).

Tabelle 2: Frauenanteil bei Hochschulabschlüssen nach OECD-Ländern (1999)

OECD-Länder	Biowissenschaften, Sport und Agrarwirtschaft	Mathematik und Informatik	Ingenieurwissenschaften, Produktion und Baugewerbe
Australien	50	27	21
Österreich	45	16	15
Belgien (Fl.)	43	29	20
Kanada	51	29	22
Tschechien	41	18	22
Dänemark	m	m	m
Finnland	51	35	18
Frankreich	56	32	22
Deutschland	38	24	18
Griechenland	m	m	m
Ungarn	44	16	24
Island	50	19	39
Irland	54	37	24
Italien	53	57	27
Japan	35	m	8
Korea	41	50	23
Luxemburg	m	m	m
Mexiko	m	m	m
Niederlande	35	19	13
Neuseeland	47	31	31
Norwegen	45	12	25
Polen	63	81	26
Portugal	m	m	m
Slowakei	42	21	27
Spanien	52	36	27
Schweden	50	30	24
Schweiz	33	14	12
Türkei	43	40	25
England	51	27	19
USA	48	32	19
Länderdurchschnitt	**46**	**31**	**22**

Studiendauer: mindestens drei Jahre.
m = missing.
Auszug aus: OECD 2001: 173.

5.7 Zwischenresümee

Frauen sind in den Fächern, die im Mittelpunkt dieser Studie stehen („Männerfächer"), um die Jahrtausendwende und rund hundert Jahre nach Öffnung der deutschen Hochschulen für beide Geschlechter immer noch rar. Innerhalb des beobachteten Fächerspektrums sind sie am häufigsten im Bauingenieurwesen, am seltensten in der Elektrotechnik zu finden. In den entsprechenden Lehramtsstudiengängen sind die Frauenanteile höher, verbindet sich hier doch ein „männliches" Fach mit einem gemischtgeschlechtlichen bis „weiblichen" Berufsbild. Die Frauenrepräsentanz in technisch-naturwissenschaftlichen Fächern scheint in Deutschland im Vergleich zu etlichen anderen (OECD-)Ländern niedrig zu liegen.

Dennoch gibt es eine – wenn auch immer wieder gebrochene – Tendenz hin zu einer Normalisierung der quantitativen Geschlechterrelationen. Diese zeigt sich bei den Studierenden (und hier auch bei den Lehramtsstudierenden), bei den AbsolventInnen und bei den Promotionen – wobei Frauen aus Männerfächern vergleichsweise häufig promovieren. Eine über lange Jahre gegenläufige Entwicklung in Form sinkender Frauenrepräsentanz muss bei der Informatik und beim Wirtschaftsingenieurwesen festgestellt werden; am Ende des 20. Jahrhunderts stieg sie wieder.

Frauen scheinen bei der Studienfachwahl tradierte Geschlechtergrenzen eher überschreiten zu können, wenn sie über vergleichsweise gute und privilegierte Voraussetzungen bzw. – in der Terminologie Bourdieus *(Kap. 3.1.2)* – über vergleichsweise hohes kulturelles, soziales und ggf. ökonomisches Kapital verfügen. Dies gilt etwa für Noten, Art der Hochschulbefähigung und soziale Herkunft. Frauen aus unterprivilegierten, hochschulfernen Schichten fordert ein Studium eines Männerfachs nicht nur das Überschreiten von Milieu-, sondern auch von Geschlechtergrenzen ab. Ein technisches Studium ermöglicht Frauen den Bildungsaufstieg so seltener als Männern.

Auf theoretischer Ebene legen diese Ergebnisse eine Differenzierung des Ansatzes von Mooraj (2002; *Kap. 3.1.2*) nahe. Neben der Geschlechterhierarchie sollte mindestens noch soziale Schichtung als weitere Dimension sozialer Ungleichheit einbezogen werden. Das Feld ist jedenfalls nicht nur „technisch", sondern auch akademisch-wissenschaftlich geprägt. Die Stellung der AkteurInnen in diesem Feld ist vielschichtig. Männliche Bildungsaufsteiger profitieren zwar von der Kongruenz von männlichem Habitus und Habitus des technischen Feldes. Das akademisch-wissenschaftliche Milieu ist ihnen aber biografisch fremd. Frauen wird zwar Technikdistanz zugeschrieben. Aufgrund ihrer tendenziell höheren sozialen Herkunft ist ihnen aber das akademisch-wissenschaftliche Milieu vertrauter als ihren (Ex-)Kommilitonen aus hochschulfernen sozialen Schichten.

Während in *Kap. 5* Strukturen und Entwicklungen für Universitäten und Fachhochschulen getrennt betrachtet wurden, werden in *Kap. 6* (Erwerbstätigkeit) und *Kap. 7* (Arbeitslosigkeit) die beiden Hochschularten zusammengefasst.[75] Dies begründet sich zum einen in inhaltlichen Überlegungen: Auch wenn im Detail Unterschiede bestehen, zeigen vorliegende empirische Studien im Umfeld des Themas *(Kap. 3.2)* keine je nach Hochschulart grundsätzlichen Unterschiede bei Erwerbstätigkeit und Arbeitslosigkeit der Geschlechter aus männerdominierten Fächern.[76] Zum andern begründet sich diese Entscheidung in methodischen Aspekten, die in *Kap. 6.1* näher ausgeführt werden.

---

75 Im Exkurs zu den neuen Bundesländern *(Kap. 9)* wird analog vorgegangen: Im *Kap. 9.2* (Studium) wird nach Universitäten und Fachhochschulen unterschieden, in *Kap. 9.3* (Erwerbstätigkeit) und *Kap. 9.4* (Arbeitslosigkeit) werden die Hochschularten gemeinsam betrachtet.

76 Zwar unterscheidet sich zum Beispiel teils die Höhe der Arbeitslosigkeit nach Hochschulart. Bei beiden Hochschularten zeigt sich aber ein ähnliches Grundmuster: Sowohl Frauen mit Universitäts- als auch Frauen mit Fachhochschulabschlüssen sind häufiger arbeitslos als ihre Ex-Kommilitonen aus denselben Studienfächern (Schreyer 1999).

6 Erwerbstätigkeit: Strukturen und Entwicklungen

6.1 Methodische Vorbemerkungen

Da der Mikrozensus eine relativ voraussetzungsvolle Datenquelle ist und um die späteren inhaltlich ausgerichteten Kapitel zu entlasten, werden im Folgenden für interessierte LeserInnen einige methodisch-technische Aspekte skizziert. Diese beziehen sich im Schwerpunkt auf verschiedene Änderungen, die der Mikrozensus im Beobachtungszeitraum 1989 bis 2000 durchlief und die unter anderem Probleme in Hinblick auf den Zeitvergleich mit sich brachten. Diese Änderungen betrafen auch zwei Fragen, die für diese Arbeit zentral sind: die Frage nach der beruflichen Ausbildung einerseits und die im Falle eines Hochschulabschlusses in bestimmten Erhebungsjahren *(Kap. 4.3)* folgende Frage nach der studierten „Hauptfachrichtung" andererseits. Abschließend werden Fallzahlprobleme, Filtersetzung und Gewichtung thematisiert.

Der Mikrozensus wird – mit teils unterschiedlichem Fragenkatalog – jährlich durchgeführt; Bezug genommen wird in diesem Kapitel aber ausschließlich auf die Mikrozensen, die in dieser Studie ausgewertet werden konnten (Scientific Use Files der Jahre 1989, 1991, 1993, 1995, 1996 und 2000 – vgl. *Kap. 4.3*).

Änderungen bei der Auskunftspflicht
Die im Rahmen des Mikrozensus Befragten sind gesetzlich zur Auskunft verpflichtet; nur wenige Fragen waren seit Einführung des Mikrozensus 1957 von dieser Pflicht ausgenommen. Vor dem Hintergrund der Diskussion um informationelle Selbstbestimmung hat aber „der Gesetzgeber für die Jahre 1991 bis 1995 die Freiwilligkeit in der Auskunftserteilung erweitert" (Emmerling/Riede 1994: 435). Dies betraf auch die Frage nach dem beruflichen Ausbildungsabschluss und die in bestimmten Erhebungsjahren *(Kap. 4.3)* gestellte Frage nach der studierten „Hauptfachrichtung" von HochschulabsolventInnen.

Zwar waren auch schon vor 1991 Antwortausfälle festzustellen. Diese nahmen mit der Umstellung auf Freiwilligkeit der Antwort aber zu. Bei der Frage nach dem beruflichen Abschluss wurde im Mikrozensus 1989 für neun Prozent keine verwertbare Angabe ermittelt, im Mikrozensus 1991 für 15 Prozent. Bei der Frage nach der Hauptfachrichtung sank zwar die Ausfallquote zwischen 1989 (11 %) und 1991 (9 %), da es sich hier aber um eine Anschlussfrage an die nun seltener beantwortete Frage zum beruflichen Abschluss handelt, ist dieser Befund zu relativieren (Emmerling/Riede 1994: 440).

Ab dem Mikrozensus 1996 wiederum war die Beantwortung der Frage nach dem beruflichen Abschluss nur mehr für Personen im Alter von 51 Jahren und älter freiwillig. Für alle Jüngeren „wurde die Auskunftspflicht wieder eingeführt. Als Folge haben sich die Antwortausfälle mehr als halbiert" (Reinberg/Hummel 2002b: 10). Die Beantwortung der Anschlussfrage nach der studierten Hauptfachrichtung von AkademikerInnen blieb jedoch weiterhin freiwillig.

Um Antwortausfälle zumindest etwas abzumildern, wurden in dieser Arbeit in begrenztem Umfang Datentransformationen vorgenommen. Hilfsweise genutzt wurde hier die Frage nach dem ausgeübten Beruf. Konkret wurden den Personen, die angaben, einen Hochschulabschluss zu besitzen und in bestimmten Berufen tätig zu sein, aber keine Hauptfachrichtung benannt hatten, im Nachhinein bestimmte Fächer zugeordnet. So wurde AkademikerInnen, die als „Ingenieure/Ingenieurinnen des Maschinen-, Apparate- und Fahrzeugbaues" (Berufsordnung (BO) 601 der amtlichen Berufssystematik[77];

---

77 Beruflich gegliederten Statistiken liegen Berufssystematiken bzw. berufliche Klassifikationen zugrunde. Die Berufssystematiken für den Mikrozensus (Statistisches Bundesamt 1992; ab Mikrozensus 1993) bzw. für die in *Kap. 7* herangezogenen Arbeitslosenstatistiken (Bundesanstalt für Arbeit 1988) stimmen zu großen Teilen überein. Diese beruflichen Ordnungssysteme fassen „diejenigen Berufe zusammen, die sich dem Wesen der Tätigkeit nach, d.h. in der Arbeitsaufgabe und in den allgemeinen Arbeitsanforderungen, berühren" (Statistisches Bundesamt 1992: 13). Sie bewegen sich dabei auf unterschiedlichen Hierarchie- bzw. Aggregatebenen: Die oberste Hierarchieebene bilden die „Berufsbereiche", die unterste die „Berufsklassen", denen in der Regel eine Vielzahl einzelner Berufsbenennungen zugeordnet werden. Konkret teilen die Klassifizierungen des Statistischen Bundesamts (1992) bzw. der Bundesanstalt für Arbeit (1988) die Berufe in folgende Gliederungseinheiten ein:
- 6 Berufsbereiche (Bsp.: IV Technische Berufe)
- 33 Berufsabschnitte (Bsp.: IVa IngenieurInnen, ChemikerInnen, PhysikerInnen, MathematikerInnen)
- 88 bzw. 86 Berufsgruppen („Zweisteller"; Bsp.: 60 IngenieurInnen)
- 369 bzw. 328 Berufsordnungen („Dreisteller"; Bsp.: 602 ElektroingenieurInnen)
- 2287 bzw. 1672 Berufsklassen („Viersteller"; Bsp.: 6025 IngenieurInnen für Hochfrequenztechnik). Diesen Berufsklassen werden schließlich die Berufsbenennungen zugeordnet (Bsp.: FunkingenieurIn).

Statistisches Bundesamt 1992) arbeiteten, die Fachrichtung Maschinenbau zugewiesen. Analog wurde bei den BO 602 „Elektroingenieure/Elektroingenieurinnen" sowie 603 „Bauingenieure/Bauingenieurinnen" vorgegangen; in diesen Fällen wurde unterstellt, dass die Fächer Elektrotechnik bzw. Bauingenieurwesen studiert wurden.[78]

Bei den anderen drei Männerfächern konnte dieses Vorgehen nicht angewandt werden, da in den entsprechenden Berufen in hohem Maße auch Personen aus anderen Fächern arbeiten können. So umfasst die BO 607 neben den Wirtschafts- auch die REFA-IngenieurInnen[79]; die Weiterbildung zum/zur REFA-IngenieurIn können aber unter anderem IngenieurInnen unterschiedlicher Fächer absolvieren. In DV-Berufen (BO 774 bis 779) arbeiten viele QuereinsteigerInnen beispielsweise aus den Sozialwissenschaften und keineswegs nur ausgebildete InformatikerInnen. Die BO 612 schließlich umfasst nicht nur PhysikerInnen, sondern auch MathematikerInnen. Eine Unterscheidung dieser beiden Berufe wäre nur auf der Ebene der Berufsklassen (Viersteller) der Berufssystematik möglich; der Mikrozensus weist aber nur die Berufsordnungen (Dreisteller) aus.[80]

Änderungen von Formulierungen im Frageprogramm
Auch die Frageformulierung zur beruflichen Ausbildung wurde im Beobachtungszeitraum dieser Studie verändert. So wurde bis einschließlich 1995 nach dem letzten, ab 1996 aber nach dem höchsten beruflichen Ausbildungsabschluss gefragt. Die Aussagekraft von Zeitvergleichen über diese Jahre hinweg ist dadurch gemindert.

Ferner wurden Antwortvorgaben umformuliert – mit schwerwiegenden Folgen. Bis einschließlich 1996 wurden als Antwortkategorien unter anderem „Fachhochschulabschluss (auch Ingenieurschulabschluss)" oder „Hochschulabschluss" angeboten. Die letzte Kategorie wurde im Mikrozensus 2000 durch

---

78 In Bezug auf das Bauingenieurwesen kann erst ab dem Mikrozensus 1993 mit dieser Unterstellung gearbeitet werden (so wurde bei den Mikrozensen 1989 und 1991 hier keine Datentransformation vorgenommen). Gemäß der vorher gültigen Berufsklassifikation (Bundesanstalt für Arbeit 1988) umfasste die BO 603 neben den BauingenieurInnen auch die ArchitektInnen. HochschulabsolventInnen ohne Fachrichtungsangabe, die dem Erwerbsberuf 603 zugeordnet wurden, können so auch das Fach Architektur studiert haben.

79 REFA-IngenieurInnen haben die Aufgabe, die Wirtschaftlichkeit industrieller Arbeitsprozesse durch entsprechende Organisation und Steuerung sicherzustellen.

80 AkademikerInnen ohne Fachrichtungsangabe werden im Folgenden weder den Männerfächern noch den anderen Fächern zugeordnet, sondern aus den Berechnungen ausgeblendet.

den Begriff „Universitätsabschluss" ersetzt.[81] Dies scheint das Antwortverhalten deutlich beeinflusst zu haben: „Offensichtlich hatten Absolventen von Kunst- und Gesamthochschulen, von pädagogischen, theologischen oder technischen Hochschulen plötzlich erhebliche Zuordnungsprobleme. Gerade in der ehemaligen DDR hatten technische, pädagogische und Ingenieurhochschulen einen großen Stellenwert. Es ist zu vermuten, dass sich viele Hochschulabsolventen nicht dem Universitätsabschluss zuordneten, sondern aus Ermangelung an Alternativen dem nächst niedrigeren, nämlich dem Fachhochschulabschluss" (Reinberg/Hummel 2002b: 8). Jedenfalls weist der Mikrozensus 2000 ein deutliches und in den neuen Bundesländern überproportionales Abfallen der Zahl erwerbstätiger Hochschul-/UniversitätsabsolventInnen und umgekehrt einen ungewöhnlich hohen Anstieg der Zahl erwerbstätiger FachhochschulabsolventInnen aus (Reinberg/Hummel 2002b: 7).[82]

In dieser Arbeit wird dieses Problem insofern gelöst bzw. zumindest gemindert, als in den Kapiteln zu Erwerbstätigkeit und Arbeitslosigkeit Auswertungen nicht zu den einzelnen Hochschularten, sondern zu Universität und Fachhochschule zusammengefasst vorgenommen werden (*Kap. 5.7;* Reinberg/Hummel 2002b: 18). Dies ist auch insofern möglich, als Männerfächer – anders beispielsweise als viele Geistes- und Kulturwissenschaften – in der Regel von beiden Hochschularten angeboten werden.

Änderung von Systematiken

Im Beobachtungszeitraum 1989 bis 2000 wurden auch die Systematiken der Berufe und Wirtschaftszweige verändert *(Kap. 6.8 und 6.10),* wichtiger für diese Studie war jedoch die Änderung der Fachrichtungssystematik.

Geben die Befragten bei der Frage nach ihrer beruflichen Ausbildung einen Hochschulabschluss an, so werden sie – wie bereits skizziert – in bestimmten Erhebungsjahren gebeten, auch die entsprechende „Hauptfachrichtung" zu

81 Zusätzlich wurde erstmals die Antwortkategorie „Promotion" angeboten.

82 Zeitvergleiche werden auch durch die unterschiedliche Zuordnung von Verwaltungsfachhochschulen erschwert. Diese sind in Deutschland den Fachhochschulen gleichgestellt. Dürften sich so deren AbsolventInnen bis einschließlich Mikrozensus 1996 der allgemein angebotenen Kategorie „Fachhochschulabschluss (auch Ingenieurschulabschluss)" zugeordnet haben, so wird im Fragebogen des Mikrozensus 2000 erstmals der Begriff „Verwaltungsfachhochschule" explizit angeboten. Allerdings wird dieser – internationalen Klassifikationsvorgaben entsprechend – nicht der Kategorie „Fachhochschule", sondern der mittleren Qualifikationsebene (MeisterInnen, TechnikerInnen etc.) zugewiesen. Dabei sind AbsolventInnen von Verwaltungsfachhochschulen im Datensatz nicht als solche identifizierbar (Reinberg/Hummel 2002b: 6).

benennen.[83] Die Klartextangabe der Befragten wird anschließend entsprechend eines vorgegebenen Signierschlüssels vercodet. Die diesem zugrunde liegende Fachrichtungssystematik wurde mit dem Mikrozensus 2000 aber grundlegend verändert (Statistisches Bundesamt o.J. a und b). Sie wurde nun stärker am hochschulischen Bildungsangebot ausgerichtet, während sie vorher auch Ausbildungen spiegeln sollte, die an Fachschulen angeboten werden.

In dieser Arbeit wurde versucht, anhand dieser neuen Systematik Männerfächer bzw. andere Fächer so zu schneiden, dass zum einen möglichst große Kompatibilität mit den jeweiligen Systematiken der Hochschul- und Arbeitslosenstatistiken gewährleistet bleibt *(Kap. 4.2)*. Zum anderen sollte der Zeitvergleich mit den früheren Mikrozensen ermöglicht werden.

Zwischen einzelnen Männerfächern fanden aber teils Verschiebungen statt, so dass der Zeitvergleich eingeschränkt ist. Dies gilt insbesondere für die Fächer Maschinenbau und Physik. So wurde in der neuen Fachrichtungssystematik die Physikalische Technik nicht mehr der Physik (Kategorie 30 „Physik und physikalische Technik"), sondern dem Maschinenbau zugeordnet (Kategorie 58 „Fertigungs-/Produktionstechnik, Maschinenbau/-wesen, Physikalische Technik, Verfahrenstechnik"). Da diese Verschiebungen aber im Wesentlichen zwischen einzelnen Männerfächern stattfanden, ist der Zeitvergleich für das zusammenfassende Aggregat Männerfächer weiterhin möglich.

Ein Vorteil der neuen Systematik im Jahr 2000 besteht darin, dass nun anders als bei vorhergehenden Mikrozensen das Fach „Wirtschaftsingenieurwesen"

---

83 AbsolventInnen von Lehramtsstudiengängen sollten bei der Frage nach der Hauptfachrichtung idealiter „Lehramt an Gymnasien" etc. angeben. Die Erfahrung zeigt, dass stattdessen häufig das hauptsächlich studierte Fach (zum Beispiel Biologie) genannt wird. In anderen Untersuchungen (Parmentier/Schade/Schreyer 1998a: 6) wurde etwa im Fall, dass ein Universitätsabsolvent als studiertes Fach Biologie, bei der Frage nach dem ausgeübten Beruf aber „Gymnasiallehrer" angibt, das Fach im Nachhinein auf „Lehramt an Gymnasien" umkodiert.
Mit zwei Ausnahmen *(Kap. 7.3)* wurde in dieser Arbeit hiervon Abstand genommen. Ein Männerfach, in dem häufig LehrerInnen ausgebildet werden, ist die Physik. Die Physik ist aber gleichzeitig eines der Fächer, bei denen in den 90er Jahren angesichts Lehrermangels teils auch DiplomabsolventInnen der Weg ins Lehramt eröffnet wurde (Bundesagentur für Arbeit 2004: 32 ff.). Die oben skizzierte Umcodierung hätte bedeutet, solche Quereinstiege statistisch zu eliminieren. Zudem wurde mit dem Mikrozensus 2000 die entsprechende Frage verbessert: Als Beispiel für eine korrekte Fachrichtungsangabe wurde nun erstmals explizit die Formulierung „Studium für das Lehramt an einer Realschule" angeboten.

relativ sauber erfasst wird. Die in der früheren Systematik (Statistisches Bundesamt o.J. a) enthaltene Kategorie 31 „Wirtschafts- und Betriebstechnik" umfasste neben dem Wirtschaftsingenieurwesen unter anderem auch die Verfahrenstechnik sowie die REFA-Technik. Diese Kategorie konnte aufgrund ihrer Unschärfe weder den Männerfächern noch den anderen Fächern zugeordnet werden und wurde bei Auswertungen früherer Mikrozensen ausgeblendet.

Einen Überblick über die vorgenommenen Zuordnungen bietet das *„Systematische Verzeichnis der Männerfächer" im Anhang.*

Fallzahlen

Der Mikrozensus als Ein-Prozent-Stichprobe der Haushalte in der Bundesrepublik ist die größte Stichprobenerhebung in Europa (Breiholz 2003: 601). So wurden etwa beim Mikrozensus 2000 insgesamt 329.000 Haushalte mit 719.000 Personen befragt. Diese Studie konzentriert sich mit Akademikerinnen aus Männerfächern auf eine kleine Minderheit der Befragten. So treten auch beim Mikrozensus Fallzahlprobleme auf. Etwas gemindert werden diese durch die Entscheidung, bei den Auswertungen die beiden Hochschularten Universität und Fachhochschule zusammenzufassen *(Kap. 5.7).*

Einer Konvention des Statistischen Bundesamts entsprechend, werden Eckzahlen nur ausgewiesen, wenn sie hochgerechnet mindestens 5.000 Fälle umfassen. Dies ist – auch da die alten und neuen Bundesländer mit ihrer unterschiedlichen Historie getrennt untersucht werden – bei den einzelnen Männerfächern nur zum Teil der Fall. So werden insbesondere in den Analysen zur Struktur der Erwerbstätigkeit in der Regel die Männerfächer im Aggregat betrachtet. Treten hier nicht bei den Eckzahlen, sondern bei einzelnen Merkmalsausprägungen Zellenbesetzungen unter 5.000 auf, werden die Werte in Klammern ausgewiesen. Die in Klammern gesetzten Werte können aufgrund geringer Fallzahlen nur ungefähre Größenordnungen vermitteln.[84]

---

84 Aufgrund der Fallzahlproblematik kann der Merkmalssatz des Mikrozensus nicht in seiner ganzen Breite und Tiefe genutzt werden. Zum Beispiel sind Auswertungen zur Art des Arbeitsvertrages möglich (Frage 52 des Mikrozensus 2000: „Ist Ihr Arbeitsvertrag, Ihre Tätigkeit befristet oder unbefristet?"; *Kap. 6.5*). Aufgrund dann zu geringer Fallzahlen bei Frauen aus Männerfächern nicht mehr möglich sind aber Auswertungen zu Dauer (Frage 52a: „Auf welche Dauer ist Ihre Tätigkeit befristet?") und Gründen einer Befristung (Frage 52b: „Aus welchem Grund ist Ihre Tätigkeit befristet?").

Generelle Filter
Um die folgenden Kapitel zu entlasten, sollen kurz die von der Autorin vorgenommenen Schneidungen des Datensatzes skizziert werden, die generell für alle Auswertungen gelten, aber nicht immer einzeln im Text sowie in den Tabellen und Abbildungen expliziert werden.

Dass sich die Auswertungen nur auf AkademikerInnen mit deutscher Staatsangehörigkeit beziehen, wurde in *Kap. 4.2* bereits skizziert und begründet. Personen, die im Rentenalter noch einer bezahlten Erwerbsarbeit (zum Beispiel Gutachtertätigkeit) nachgehen, stehen nicht im Fokus dieser Arbeit. So bezieht sich der verwendete Datensatz ausschließlich auf AkademikerInnen im Alter von 20 bis 64 Jahren.[85]

Die Mikrozensen beziehen sich auf die gesamte Bevölkerung, die Auswertungen in *Kap. 6* dieser Arbeit konzentrieren sich auf die Erwerbstätigen. Dabei wurde im Kern die Definition von Erwerbstätigkeit des Statistischen Bundesamtes übernommen. Dieses folgt beim Mikrozensus „den international geltenden Standards des Labour-Force-Konzeptes. Danach gilt als Erwerbstätige(r) jede Person im Alter von 15 und mehr Jahren, die in der Berichtswoche zumindest eine Stunde gegen Entgelt (Lohn, Gehalt) oder als Selbständige(r) bzw. als mithelfende(r) Familienangehörige(r) gearbeitet hat. (...) Darüber hinaus gelten auch solche Personen als Erwerbstätige, die in der Berichtswoche nicht gearbeitet haben, weil sie zum Beispiel Urlaub (auch Sonderurlaub) hatten oder sich im Erziehungsurlaub befanden, die aber sonst einer Erwerbstätigkeit nachgehen" (Emmerling/Riede 1997: 168).[86]

---

85 Die relativ niedrige Untergrenze von 20 Jahren wurde gewählt, weil die Hochschulstatistik des Statistischen Bundesamts bereits für dieses Alter bestandene Abschlussprüfungen von HochschulabsolventInnen ausweist (Statistisches Bundesamt 2001a: 203). Dahinter können beispielsweise Personen stehen, die im Ausland zur Schule gingen und studiert, ihren Hochschulabschluss aber in Deutschland erworben haben. Die im Zuge des Bologna-Prozesses seit 1998 auch in Deutschland angebotenen Bachelorstudiengänge ermöglichen zudem einen Abschluss bereits nach drei Jahren (Schwarz-Hahn/Rehburg 2003: 9 f.).

86 Die Mikrozensuserhebungen fanden bis 2004 im zweiten Quartal eines Jahres statt; die Befragten wurden gebeten, sich in ihren Angaben auf eine bestimmte „Berichtswoche" (in der Regel Ende April) zu beziehen *(Kap. 4.3)*. Um die Erfassung von Erwerbstätigen, die in der Berichtswoche nur wegen Elternzeit, Krankheit oder ähnliches nicht im Beruf waren, besser zu gewährleisten, wurde mit dem Mikrozensus 1996 folgende Frage neu eingeführt: „Wenn Sie in der Berichtswoche (22. bis 28. April) nicht gearbeitet haben, gehen Sie sonst einer Erwerbs- oder Berufstätigkeit nach, die Sie nur zur Zeit nicht ausüben, weil Sie z. B. im Erziehungsurlaub sind, (Sonder-)Urlaub haben oder aus anderen Gründen?"

Angaben zu Personen in bezahlter Ausbildung werden in dieser Arbeit ausgeblendet. Zur geringfügigen Beschäftigung als Hauptbeschäftigung werden in *Kap. 6.4* Eckzahlen vorgestellt; aufgrund der Besonderheit dieser Beschäftigungsform und ihrer Marginalität bei AkademikerInnen (vgl. auch Schreyer 2001b: 158; Reinberg/Hummel 2002b: 16) wird diese bei den Auswertungen zu Strukturen der Erwerbstätigkeit nicht weiter berücksichtigt.

Die Auswahl von Haushalten für die Befragung im Rahmen des Mikrozensus folgt räumlichen Selektionsprinzipien. So ist es möglich, dass dieselben Personen/Haushalte im Rahmen einer Erhebung zweimal befragt werden, nämlich zum einen an ihrem Haupt- und zum andern an ihrem Nebenwohnsitz. Um Doppelzählungen auszuschließen, enthält der verwendete Datensatz nur Angaben zu denjenigen, die am Ort des Hauptwohnsitzes interviewt wurden.

Gewichtung
Beim Thema dieser Arbeit wäre die Verwendung personenbezogener Gewichtungsfaktoren sinnvoll, diese werden bei den Scientific Use Files des Mikrozensus aber erst seit 1996 angeboten. Für die Mikrozensen 1989 bis 2000 liegt jedoch durchgehend ein haushalts-/familienbezogener Faktor vor. Testauswertungen auf Basis der Mikrozensen 1996 und 2000 zeigten, dass die bei Verwendung personen- bzw. haushalts-/familienbezogener Faktoren erzielten Ergebnisse nur wenig voneinander abweichen. Um längere und konsistente Zeitreihen (1989 bis 2000) zu ermöglichen, wurden so bei den Analysen die haushalts-/familienbezogenen Gewichtungsfaktoren herangezogen.

6.2 Entwicklung

In Westdeutschland ist um die Jahrhundertwende fast jede/r zweite Erwerbstätige aus der Vergleichsgruppe „andere Fächer" *(Kap. 4.2)* eine Frau. Unter den Erwerbstätigen aus Männerfächern sind Frauen immer noch absolut rar: Ihr Anteil beträgt gerade mal sieben Prozent *(Abbildung 18)*.

Frauen, die ein Männerfach und Frauen, die ein anderes Fach studiert haben, sind dabei zu gleichen Anteilen erwerbstätig, nämlich laut Mikrozensus 2000 zu jeweils 82 Prozent. Auch der Anteil der Nichterwerbspersonen – also derjenigen, die im erwerbsfähigen Alter, aber weder erwerbstätig noch erwerbslos sind (Emmerling/Riede 1997: 168 f.) – ist bei beiden Gruppen so gut wie identisch. Er beträgt bei den Frauen aus Männerfächern im Jahr 2000 14 Prozent und bei den Frauen aus anderen Fächern 15 Prozent. In

Abb. 18: Frauenanteil bei Erwerbstätigen

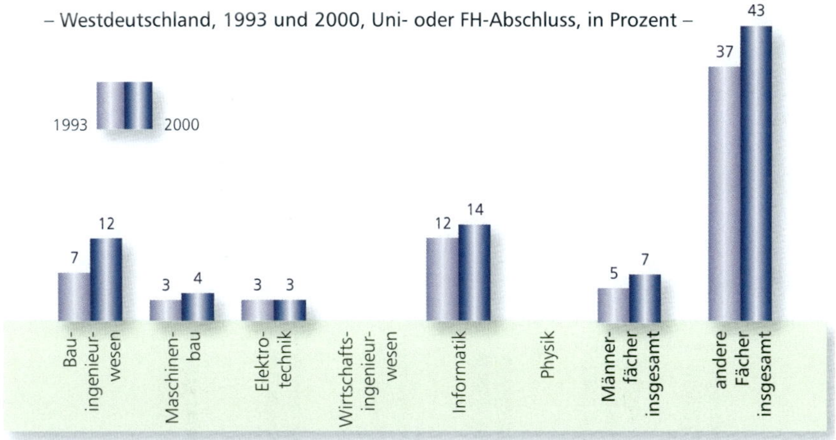

Ohne AusländerInnen. Einschließlich geringfügig Beschäftigte. Leerfelder sind auf zu geringe Datenbasis bzw. Systematikprobleme zurückzuführen.
Quelle: Mikrozensus; IAB-Datenbank FB 7.

© IAB

absoluten Zahlen bedeutet dies ein Potential von rund 9.000 Frauen in Westdeutschland (und rund 14.000 Frauen im gesamten Bundesgebiet), die einen Hochschulabschluss in Männerfächern erworben haben, dem Arbeitsmarkt aber nicht zur Verfügung stehen.

Zurück zur Erwerbstätigkeit: Unter den hier ausweisbaren einzelnen Männerfächern sind im Jahr 2000 Frauen aus der Informatik mit 14 Prozent am höchsten und aus der Elektrotechnik mit drei Prozent am niedrigsten repräsentiert. Auch wenn sich die Absolutzahl der erwerbstätigen Elektroingenieurinnen zwischen 1993 und 2000 von rund 5.700 auf 7.100 erhöht hat, hat das an ihrem verschwindend geringen Anteil nichts geändert: Auch 1993 waren drei Prozent der erwerbstätigen ElektroingenieurInnen weiblich *(Abbildung 18)*.[87] Bei den MaschinenbauingenieurInnen liegt der Frauenanteil mit vier Prozent im Jahr 2000 kaum höher. Nur gut jede/r zehnte erwerbstätige BauingenieurIn ist eine Frau; die relativ hohen Frauenanteile im Bauingenieurstudium (2000 Uni: 22 %; FH: 18 %; *Kap. 5.1*) spiegeln sich hier (noch) kaum wider.

87 Das Jahr 1993 wird deswegen gewählt, weil Fallzahlen im Mikrozensus erstmals für 1993 einen Ausweis von Daten zu einzelnen Männerfächern erlauben.

Aber immerhin hat sich im Beobachtungszeitraum die Frauenrepräsentanz unter den Erwerbstätigen mit Hochschulabschlüssen in Männerfächern insgesamt erhöht: 1989 betrug der Frauenanteil vier Prozent im Vergleich zu – wie oben bereits skizziert – sieben Prozent im Jahr 2000. Die Zahl der erwerbstätigen Frauen aus Männerfächern hat sich sogar verdreifacht – von 17.500 im Jahr 1989 auf 54.300 im Jahr 2000 *(Abbildung 19)*.

Abb. 19: Frauenanteil bei Erwerbstätigen

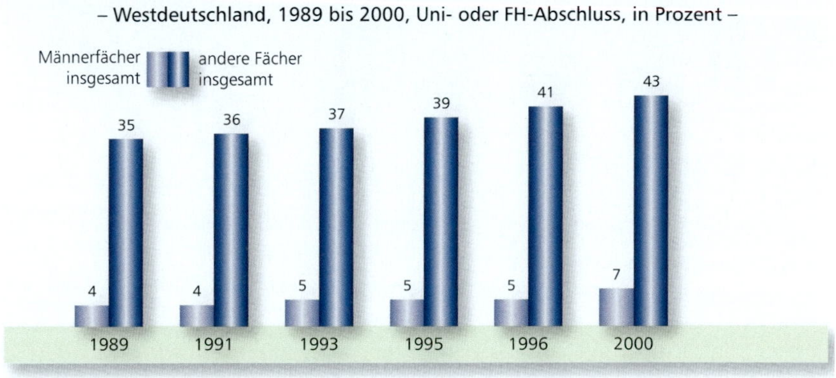

Ohne AusländerInnen. Einschließlich geringfügig Beschäftigte.
Quelle: Mikrozensus; IAB-Datenbank FB 7.

© IAB

Die Beschäftigung von Frauen allgemein hat in den 90er Jahren deutlich zugenommen; 2004 war fast die Hälfte aller Beschäftigten weiblich. Allerdings beschränkte sich die Zunahme der Frauenerwerbstätigkeit auf Teilzeitarbeit einschließlich der geringfügigen Beschäftigung. Damit ist das Arbeitsvolumen der Frauen insgesamt gesunken und lag 2004 sogar unter dem Stand von 1991 (Wanger 2005). Dieser Befund für die Frauenerwerbstätigkeit in der Bundesrepublik allgemein gilt nicht für die Erwerbstätigkeit speziell der Frauen aus Männerfächern: Teilzeitarbeit bzw. geringfügige Beschäftigung (als Hauptbeschäftigung) ist hier wenig verbreitet und hat im letzten Jahrzehnt nur gering zugenommen (Teilzeit; *Kap. 6.6*) bzw. sogar abgenommen (Geringfügigkeit; *Kap. 6.4*). Die Erhöhung des Frauenanteils an der Erwerbstätigkeit ist bei Männerfächern also kaum auf vermehrte Teilzeitarbeit oder häufigere geringfügige Beschäftigung zurückzuführen, sondern spiegelt eine tatsächliche Ausweitung der Frauenrepräsentanz wider.

In den folgenden Kapiteln *(Kap. 6.4 bis Kap. 6.11)* werden – nach der Skizzierung von soziodemografischen Eckdaten der Erwerbstätigen *(Kap. 6.3)* – differenziertere Strukturen der Erwerbstätigkeit in Westdeutschland vorgestellt. Um Vergleichbarkeit mit den neuen Bundesländern zu gewährleisten, werden dafür in der Regel die Jahre 1991 und 2000 gewählt (der Mikrozensus erstreckte sich 1991 erstmals auch auf Ostdeutschland); die Ergebnisse der Auswertungen zu den neuen Bundesländern werden in *Kap. 9.3* vorgestellt. Sofern nicht anders erwähnt, sind die im Folgenden dargestellten Unterschiede statistisch signifikant.[88]

Um das Lesen zu erleichtern, werden die zentralen Vergleichsebenen/-gruppen noch einmal kurz skizziert:

- Strukturen der Erwerbstätigkeit von Frauen aus Männerfächern im Vergleich zu Männern aus Männerfächern (Vergleich zwischen den Geschlechtern aus denselben Studienfächern)
- Strukturen der Erwerbstätigkeit von Frauen aus Männerfächern im Vergleich zu Frauen aus anderen Fächern (Vergleich zwischen Frauen aus unterschiedlichen Studienfächern).

6.3 Soziodemografische Eckdaten

Alter

Akademikerinnen aus Männerfächern sind gewissermaßen ein historisches Novum *(Kap. 1* und *Kap. 3.1.2)*. Dies spiegelt sich auch in ihrer Altersstruktur wider: Sie ist auffallend jung, nicht nur gegenüber den männlichen Fachkollegen, sondern auch gegenüber den Frauen aus anderen Studienfächern.

So ist fast die Hälfte der erwerbstätigen Frauen aus Männerfächern im Vergleich zu nur einem knappen Drittel der Männer im Jahr 2000 maximal 34 Jahre alt *(Abbildung 20)*. Analog finden sich bei den Frauen seltener Ältere als bei den Männern (45 Jahre und älter: 20 % zu 36 %). Auch im Vergleich zu den erwerbstätigen Frauen aus anderen Fächern sind Frauen aus Männerfächern jünger (zur Altersstruktur 1991 vgl. *Tabelle A-12 im Internet unter www.campus.de/isbn/9783593386126*).

88 Zur Überprüfung der Signifikanz wurden jeweils Chi-Quadrat-Tests durchgeführt (** =5 % Niveau/$p < 0.05$).

Abb. 20: Erwerbstätige nach Altersgruppen

– Westdeutschland 2000, Uni- oder FH-Abschluss, in Prozent –

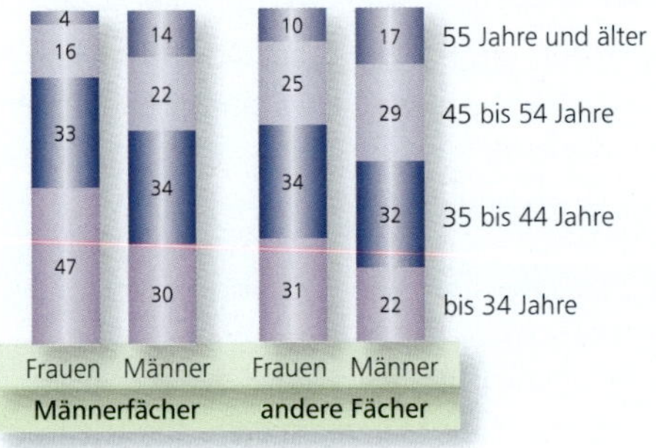

Ohne AusländerInnen. Einschließlich geringfügig Beschäftigte.
Frauen aus Männerfächern: Anteil der 55jährigen und Älteren basiert auf geringen Fallzahlen.
Differenz zu 100 % durch Rundung bzw. Fälle ohne Angabe.
Quelle: Mikrozensus; IAB-Datenbank FB 7.

© IAB

Familienstand
Erwerbstätige Frauen aus Männerfächern scheinen etwas seltener in Partnerschaften und Familien eingebunden zu sein als Männer, wobei erstere aber tendenziell jünger sind. Eckdaten des Mikrozensus malen also ein ähnliches Bild, wie von Könekamp/Haffner (2006 und 2005b; *Kap. 3.2.2*) in ihrer Untersuchung detailliert gezeichnet. Im Jahr 2000 sind laut Mikrozensus knapp die Hälfte dieser Frauen und mehr als zwei Drittel dieser Männer verheiratet. Analog sind gut die Hälfte der Frauen und ein Drittel der Männer ledig bzw. geschieden/verwitwet. Fünfzehn Prozent der Frauen und neun Prozent der Männer leben mit nichtehelichen PartnerInnen zusammen. Allein erziehend ist ca. jede zehnte Frau und kaum ein Mann (2 %). In Einpersonenhaushalten leben anteilsmäßig etwas mehr Frauen als Männer (25 % zu 19 %).

In ihren privaten Lebensformen unterscheiden sich Frauen aus Männerfächern so etwas von ihren männlichen Fachkollegen, kaum aber von den Frauen, die andere Fächer studiert haben. Dass geringfügig mehr Frauen aus anderen Fächern verheiratet sind (55 %), mag auch mit deren fortgeschrittenerem Alter zusammenhängen.

In den Mikrozensen werden ausschließlich die zum jeweiligen Erhebungszeitpunkt im Haushalt lebenden Kinder erfasst. Aussagen zu den insgesamt geborenen bzw. gezeugten/adoptierten Kindern sind somit auf Basis des Mikrozensus nicht möglich, denn diese können etwa nach Scheidung in anderen Haushalten leben (Wirth/Dümmler 2004: 1). Näherungsweise wurden Auswertungen zur Existenz von Kindern unter 18 Jahren in Haushalten von Erwerbstätigen im Alter bis maximal 44 Jahren durchgeführt. Bis zu diesem Alter ist zumindest bei Frauen der Fertilitätsprozess weitgehend abgeschlossen; gleichzeitig sind vorhandene Kinder meist unter 18 Jahre alt und leben überwiegend im elterlichen Haushalt.

Fünfundsechzig Prozent der erwerbstätigen Frauen dieser Altersgruppe aus Männerfächern im Vergleich zu 55 Prozent der Männer leben laut Mikrozensus 2000 ohne Kinder unter 18 Jahren im Haushalt – wobei Männer auch noch in höherem Alter Kinder zeugen und Kinderlosigkeit beenden können. Im Durchschnitt haben Frauen dieses Alters – im oben skizzierten Sinn – 0,5 Kinder, Männer 0,8 Kinder.

Damit unterscheiden sich die Erwerbstätigen dieser Altersgruppe aus Männerfächern kaum von denen aus anderen Fächern: Zweiundsechzig Prozent jener Frauen und 56 Prozent jener Männer leben in Haushalten ohne minderjährige Kinder. Frauen haben hier im Durchschnitt 0,6 Kinder, Männer 0,8 Kinder.

6.4 Geringfügige Beschäftigung

Geringfügige Beschäftigung dürfte in bisherigen Mikrozensen tendenziell untererfasst sein (Fuchs/Söhnlein 2003: 9 f.).[89] Doch nicht nur Ergebnisse auf Basis des Mikrozensus (Reinberg/Hummel 2002b: 16), sondern auch auf Basis anderer Erhebungen (Schreyer 2001b: 158) zeigen, dass AkademikerInnen recht selten geringfügig beschäftigt sind.

Im Folgenden wird geringfügige Beschäftigung nur dann betrachtet, wenn sie die einzige oder hauptsächliche Erwerbstätigkeit einer Person und nicht nur Nebentätigkeit ist. Im Jahr 2000 sind drei Prozent der erwerbstätigen Frauen aus Männerfächern und ein Prozent der Männer in diesem Sinn geringfügig tätig. Bei den anderen Fächern trifft dies auf fünf Prozent der weiblichen und ebenfalls ein Prozent der männlichen Erwerbstätigen zu.

89 Ein Grund ist das Berichtswochenkonzept, das heißt die Befragten sollen sich in ihren Angaben auf eine bestimmte Woche im zweiten Quartal des Jahres beziehen. Saisonarbeit etwa in der Vorweihnachtszeit wird so nicht erfasst. Ab einschließlich 2005 wird das Berichtswochenkonzept aufgegeben und der Mikrozensus über das ganze Jahr hinweg erhoben *(Kap. 4.3 und Kap. 6.1)*.

Im Vergleich zu 1991 hat sich damit bei den Männern aus Männerfächern und anderen Fächern nichts verändert. Unter dem Vorbehalt geringer Fallzahlen waren damals sechs Prozent der Frauen aus Männerfächern sowie drei Prozent der Frauen aus anderen Fächern geringfügig beschäftigt.

Wie in *Kap. 6.1* bereits thematisiert, wird geringfügige Beschäftigung aufgrund ihrer Besonderheit und Marginalität bei den hier interessierenden Gruppen aus den folgenden Auswertungen ausgeblendet.

6.5 Befristete Beschäftigung

Angestellte Akademiker haben etwas häufiger einen unbefristeten Arbeitsvertrag als angestellte Akademikerinnen. Dies gilt für 2000 wie für 1991 und für Männerfächer wie für andere Fächer *(Abbildung 21; Tabelle A-13 im Internet unter www.campus.de/isbn/9783593386126).*

Abb. 21: Angestellte nach Arbeitsvertrag

– Westdeutschland 2000, Uni- oder FH-Abschluss, in Prozent –

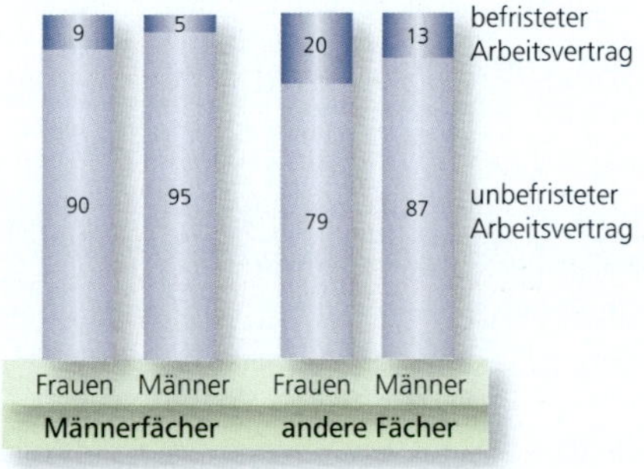

Ohne AusländerInnen und geringfügig Beschäftigte.
Frauen aus Männerfächern: Anteil der befristeten Verträge basiert auf geringen Fallzahlen.
Differenz zu 100 % durch Rundung bzw. Fälle ohne Angabe.
Quelle: Mikrozensus; IAB-Datenbank FB 7.

© IAB

Interessanter als die Unterschiede zwischen den Geschlechtern sind hier aber jene zwischen den Frauen aus verschiedenen Studienfächern. Denn bei der Art des Arbeitsvertrages zeigt sich ein Vorteil der Frauen aus Männerfächern. So verfügen im Jahr 2000 90 Prozent dieser Frauen, aber nur 79 Prozent derjenigen aus anderen Fächern über unbefristete Verträge. Dieser Befund des Mikrozensus beschränkt sich nicht auf das Jahr 2000 mit seinem bei vielen technischen Fächern boomenden Arbeitsmarkt;[90] Auswertungen zu 1991 führten zu ähnlichen Ergebnissen.

Befristete Arbeitsverträge haben vor allem jüngere AkademikerInnen. Dies gilt nicht nur allgemein (Schreyer 2001b: 162 f.), sondern auch speziell für die in dieser Arbeit betrachteten Gruppen: Die Jüngeren, konkret die bis 34-jährigen Angestellten, haben häufiger befristete Verträge. Der oben angesprochene Vorteil der Frauen aus Männerfächern wird aber noch deutlicher, betrachtet man die Arbeitsverträge speziell der Jüngeren: Der Anteil der Befristungen ist bei ihnen nur halb so hoch wie bei den Frauen aus anderen Fächern (ca. 15 % zu 31 %; *Abbildung 22*).[91]

Abb. 22: Angestellte bis 34 Jahre nach Arbeitsvertrag

– Westdeutschland 2000, Uni- oder FH-Abschluss, in Prozent –

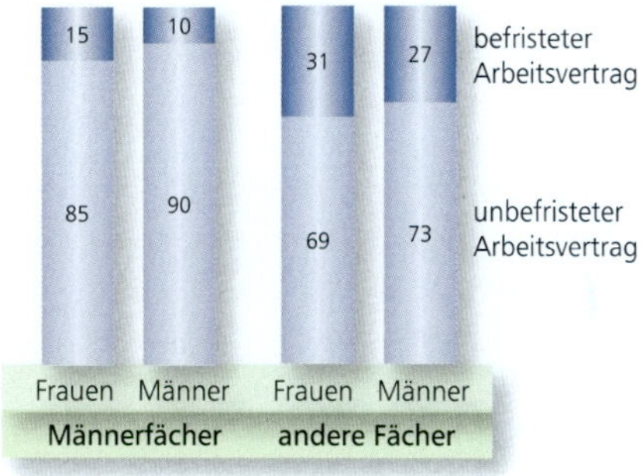

Ohne AusländerInnen und geringfügig Beschäftigte.
Frauen aus Männerfächern: Anteil der befristeten Verträge basiert auf geringen Fallzahlen.
Differenz zu 100% durch Rundung bzw. Fälle ohne Angabe.
Quelle: Mikrozensus; IAB-Datenbank FB 7.

© IAB

90 Erstmals seit 1982 sank im Jahr 2000 die Arbeitslosenquote der Erwerbspersonen mit Hochschulabschlüssen in Westdeutschland wieder unter drei Prozent; sie betrug 2,5 Prozent (Reinberg/Schreyer 2003: 7). Hochkonjunktur bestand beispielsweise in Teilen der Medienbranche und im Informations- und Telekommunikationssektor mit ihrer hohen Bedeutung für Akademikerbeschäftigung (Schreyer/Gebhardt 2003: 5 f.; Dostal 2002).

91 Befristete Verträge bei den anderen Fächern sind zum Teil auch Ausbildungsverhältnissen wie Facharztausbildungen oder juristischen Referendariaten geschuldet.

Damit zeichnen Analysen des Mikrozensus ein ähnliches Bild wie Ergebnisse einer Befragung von AbsolventInnen des Prüfungsjahrganges 1993 (Minks 2001; *Kap. 3.2.2*). Fünf Jahre nach dem Examen verfügen durchschnittlich sechs von zehn Hochschulabsolventinnen, aber drei von vier Ingenieurinnen und Naturwissenschaftlerinnen über einen unbefristeten Arbeitsvertrag (Minks 2001: 76). Auch wenn ein unbefristeter Vertrag den Arbeitsplatz nicht garantiert, bedeutet er doch mehr Planungssicherheit für die Frauen, nicht zuletzt in Hinsicht auf die Realisierung eventueller Kinderwünsche.

6.6 Arbeitszeit

Fragen der Arbeitszeit werden im Mikrozensus relativ detailliert behandelt; im Folgenden werden die Ergebnisse vor allem zur Teilzeitbeschäftigung, aber – für das Jahr 2000 – auch zur Schicht-, Abend- und Wochenendarbeit von Frauen und Männern skizziert.

Die typischen zeitlichen Arbeitsbedingungen in technischen Feldern gelten vielfach als Frauen tendenziell ausgrenzend. Insbesondere wird häufig die Frage diskutiert, inwieweit Teilzeitarbeit in diesen Feldern verankert ist *(Kap. 8.1)*. Deswegen werden die Ergebnisse des Mikrozensus zur Teilzeit im Folgenden nicht nur geschlechtervergleichend, sondern auch für die Erwerbstätigen aus Männerfächern und anderen Fächern insgesamt skizziert.

Teilzeit ist bei den Männerfächern immer noch fast ein Fremdwort: Im Mikrozensus 2000 geben nur drei Prozent der Erwerbstätigen aus diesen Fächern insgesamt an, in Teilzeit zu arbeiten. Zum Vergleich: Von den Erwerbstätigen mit Hochschulabschlüssen in anderen Fächern haben 16 Prozent eine Teilzeitbeschäftigung inne *(Abbildung 23)*.

Besonders bei den ingenieurwissenschaftlichen Männerfächern scheint Teilzeit kaum zu existieren: Jeweils 98 Prozent der Erwerbstätigen mit einem Studium des Maschinenbaus, der Elektrotechnik oder des Wirtschaftsingenieurwesens geben Vollzeitarbeitsverhältnisse an. Geringfügig anders ist es beim Bauingenieurwesen: Von den ausgebildeten BauingenieurInnen arbeiten vier Prozent in Teilzeit. In den ingenieurwissenschaftlichen Berufskulturen scheint Teilzeitarbeit also kaum vorgesehen zu sein.

Bei der Informatik ist die Situation ähnlich: Im Jahr 2000 arbeiten 96 Prozent der ausgebildeten InformatikerInnen in Vollzeit. Anders ist es nur beim ebenfalls naturwissenschaftlichen Männerfach Physik: Immerhin rund je-

Abb. 23: Erwerbstätige nach Arbeitszeit

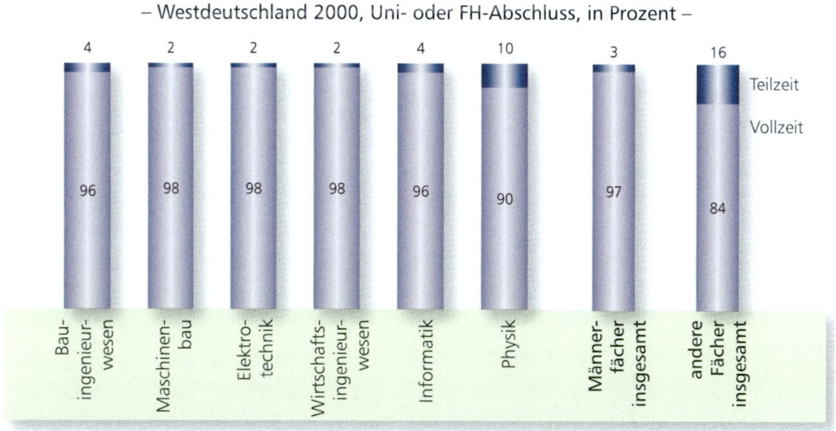

Ohne AusländerInnen und geringfügig Beschäftigte. Einzelne Männerfächer mit Ausnahme Bauingenieurwesen: Teilzeitanteile basieren auf geringen Fallzahlen.
Quelle: Mikrozensus; IAB-Datenbank FB 7.

© IAB

de/r zehnte ausgebildete PhysikerIn arbeitet in Teilzeit. Diese Teilzeitquote liegt zwar immer noch deutlich unter der bei anderen Fächern (16 %); zeitreduzierte Erwerbsarbeit scheint hier aber eher Bestandteil der entsprechenden Berufskultur zu sein als bei den ingenieurwissenschaftlichen Männerfächern.

Existiert bei Männerfächern Teilzeitbeschäftigung, so wird sie erwartungsgemäß weit überwiegend von Frauen ausgeübt: 16 Prozent der Frauen im Vergleich zu nur zwei Prozent der Männer betrifft dies im Jahr 2000. Dies bedeutet bei den Frauen eine leichte Steigerung gegenüber 1991 um ca. vier Prozentpunkte *(Tabelle A-14 im Internet unter www.campus.de/isbn/9783593386126)*. Aufgrund der quantitativen Marginalität der Frauen kann deren Teilzeit die entsprechenden beruflichen Kulturen aber nicht prägen. Drei von vier Frauen geben im Mikrozensus 2000 persönliche oder familiäre Verpflichtungen als Grund ihrer Teilzeit an, während dies nur jeder fünfte teilzeitbeschäftigte Mann tut.[92] Bei den Frauen aus anderen Fächern

92 Jeder fünfte Mann, kaum aber eine Frau, begründet das Teilzeitarbeitsverhältnis mit paralleler Aus- und Fortbildung. Zu weiteren Gründen (zum Beispiel gesundheitliche Einschränkungen) für Teilzeit können wegen zu geringer Fallzahlen keine Aussagen formuliert werden *(Kap. 6.1)*.

ist Teilzeit doppelt so häufig verbreitet wie bei den Frauen aus Männerfächern (32 %).

Lange bzw. ungewöhnliche Arbeitszeiten haben Männer aus Männerfächern etwas häufiger als Frauen (ähnlich: Haffner/Könekamp/Krais 2006: 34 ff.; *Kap. 3.2.2*). Im Mikrozensus 2000 liegt bei Vollzeitarbeitsverhältnissen der Median[93] bei beiden Geschlechtern aus Männerfächern bei 40 Stunden Erwerbsarbeit in der Woche. Der arithmetische Mittelwert liegt bei den Männern mit gut 43 Stunden etwas höher als bei den Frauen mit knapp 41 Stunden. Gut jeder fünfte Mann und gut jede zehnte Frau ist 50 Stunden und mehr pro Woche erwerbstätig. Elf Prozent der Männer im Vergleich zu ca. sechs Prozent der Frauen arbeiten ständig oder regelmäßig samstags.[94] Ständig oder regelmäßig an Sonn- und Feiertagen arbeiten jeweils rund vier Prozent. Den Abend verbringen sechzehn Prozent der Männer und zwölf Prozent der Frauen regelmäßig oder immer mit Erwerbsarbeit. Häufig nachts arbeiten zwei Prozent der Männer, aber so gut wie keine Frauen. Genauso häufig bzw. selten geben Frauen oder Männer an, im Schichtbetrieb zu arbeiten.[95]

6.7 Status

Die berufliche Stellung von Erwerbstätigen zielt auf die konkrete Erwerbsform, in der sie arbeiten (zum Beispiel als Selbständige, mithelfende Familienangehörige oder Angestellte). Die Verteilung von Männern und Frauen aus Männerfächern auf die einzelnen Erwerbsformen ist recht ähnlich, für 1991 sind die geringen Unterschiede zudem nicht signifikant. Rund acht von zehn Erwerbstätigen aus diesen Fächern arbeiten im Angestelltenverhältnis, wobei der Anteil der Frauen etwas höher als der der Männer liegt (81 % zu

---

93 Der Median ist der Wert, der „eine Verteilung rangmäßig geordneter Daten halbiert, so dass je eine Hälfte der Beobachtungsfälle unterhalb und oberhalb dieses Wertes liegt" (Benninghaus 1979: 48).

94 Zeitlicher Bezugsrahmen hier und bei den folgenden Merkmalen sind nicht die „Berichtswoche" *(Kap. 4.3 und Kap. 6.1)*, sondern die drei Monate vor der Mikrozensuserhebung; im Mikrozensus 2000 lautet eine Frage beispielsweise: „Haben Sie in der Zeit von Februar bis April 2000 samstags gearbeitet?"
Den Fragen zu Samstags-, Sonn- und Feiertags-, Abend- sowie Nachtarbeit liegt im Übrigen keine Ein-Prozent-Stichprobe, sondern eine Unterstichprobe von 0,45 Prozent zugrunde.

95 Aufgrund der berufsspezifischen Heterogenität von Arbeitszeitbedingungen (vgl. etwa die Arbeitszeiten von MedizinerInnen in Kliniken) wird bei Merkmalen wie Nacht- oder Schichtarbeit auf einen Vergleich zwischen Männerfächern und anderen Fächern verzichtet.

78 %; Jahr 2000). Dafür sind Frauen um ca. drei Prozentpunkte seltener als Selbständige tätig (ca. 9 % zu 12 %). Verbeamtet sind ca. sechs Prozent der Frauen und acht Prozent der Männer. Im Vergleich zu den AkademikerInnen aus anderen Fächern arbeiten Frauen und Männer aus Männerfächern häufiger als Angestellte und seltener als Selbständige oder Beamte (*Tabelle A-15 im Internet unter www.campus.de/isbn/9783593386126;* ähnlich: Könekamp/Haffner 2006).[96]

Ein anderes Bild zeigt sich dagegen bei der betrieblichen Stellung, also bei der Plazierung von Erwerbstätigen auf die verschiedenen Ebenen betrieblicher Hierarchien. Hier unterscheiden sich die Geschlechter deutlich, wobei die Auswertungen speziell für die Angestellten als bei Männerfächern mit Abstand größte Gruppe vorgenommen wurden.

Frauen finden sich öfter als Männer auf einfachen und mittleren betrieblichen Positionen, seltener auf höheren. So geben im Mikrozensus 2000 doppelt so viel angestellte Frauen wie Männer nur einfache und mittlere Positionen an (38 % zu 19 %; *Abbildung 24*).[97] Achtundsechzig Prozent der Männer im Vergleich zu 55 Prozent der Frauen nehmen verantwortlich-qualifizierte Positionen ein.[98] Höhere Führungspositionen werden von dreizehn Prozent der Männer besetzt, aber nur von in etwa fünf Prozent der Frauen (wegen

---

96 Einige wenige Befragte geben als beruflichen Status „Auszubildende" an. Sofern keine Fehlcodierung vorliegt, kann es sich hier zum Beispiel um BauingenieurInnen handeln, die nach ihrem Studium angesichts eines zeitweise schwierigen Arbeitsmarktes (Parmentier/Schade/Schreyer 1999) eine Ausbildung als BauzeichnerIn o. ä. absolvieren. Solche Fälle wurden aus den Auswertungen herausgefiltert *(Kap. 6.1)*.

97 Die sechs Merkmalsausprägungen im Fragebogen des Mikrozensus 2000 wurden für diese Arbeit zu vier Positionen zusammengefasst bzw. umformuliert. Der „einfachen Position" wurden die Ausprägungen „Meister(in), Polier(in)", „Ausführende(r) Angestellte(r)" sowie „Angestellte(r) mit einfachen Fachtätigkeiten" zugeordnet. Die „mittlere Position" bezieht sich auf Angestellte, die „schwierige Aufgaben nach allgemeinen Vorgaben selbständig" ausführen, die „verantwortlich-qualifizierte Position" auf Angestellte „mit selbständiger Leistung in verantwortlicher Tätigkeit oder mit begrenzter Verantwortung für andere". „Führungspositionen" haben Angestellte „mit umfassenden Führungsaufgaben und Entscheidungsbefugnissen" inne.

98 Im Mikrozensus 1991 gaben mehr als zwei Drittel der Frauen aus Männerfächern betriebliche Stellungen an, die in dieser Arbeit „verantwortlich-qualifizierten Positionen" zugeordnet werden. Dagegen ordnete sich nur rund jede Fünfte mittleren Positionen zu. Dieser Befund muss nicht auf reale Verschlechterungen der Situation der Frauen verweisen, sondern kann durchaus der anderen Frageformulierung im Mikrozensus 1991 geschuldet sein: Anders als beim Mikrozensus 2000 (vgl. die vorhergehende Fußnote) wurden hier die Merkmalsausprägungen „Herausgehobene qualifizierte Fachkraft" sowie „Sachgebietsleiter(in)/Referent(in), Handlungsbevollmächtig-te(r)" der „verantwortlich-qualifizierten Position" zugeordnet.

geringer Fallzahl kann hier nur eine ungefähre Größenordnung angegeben werden).

Aber nicht nur die Frauen aus Männerfächern sind niedriger in der Betriebshierarchie verortet als ihre männlichen Fachkollegen. Bei den Frauen aus anderen Fächern zeigt sich ein nahezu identisches Bild *(Abbildung 24)*. Das heißt: Frauen aus Männerfächern haben hier im Vergleich zu diesen Frauen keine Nachteile – aber eben auch keine Vorteile, wie die eingangs *(Kap. 1)* skizzierte Werberhetorik erwarten lassen könnte.

Abb. 24: Angestellte nach betrieblicher Position

– Westdeutschland 2000, Uni- oder FH-Abschluss, in Prozent –

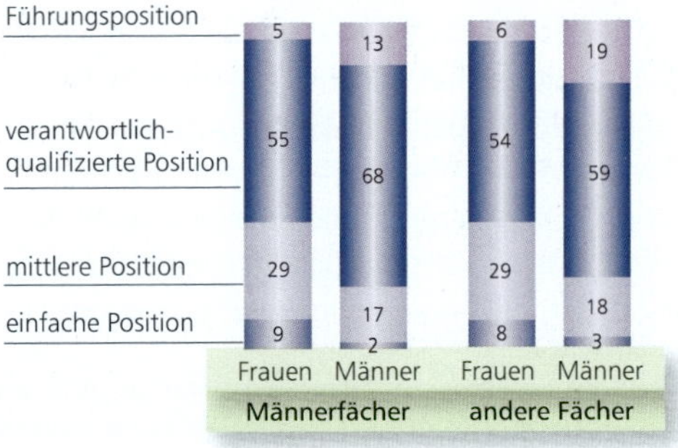

Ohne AusländerInnen und geringfügig Beschäftigte.
Frauen aus Männerfächern: Anteile von Führungs- und einfachen Positionen basieren auf geringen Fallzahlen.
Differenz zu 100 % durch Rundung bzw. Fälle ohne Angabe.
Quelle: Mikrozensus; IAB-Datenbank FB 7. © IAB

Nun könnte die niedrigere betriebliche Positionierung der Frauen auch mit ihrem im Vergleich zu Männern tendenziell jüngeren Alter zu tun haben *(Kap. 6.3)*, korreliert betrieblicher Aufstieg in der Regel doch mit Alter. Verteilen sich Frauen und Männer aus Männerfächern gleichen Alters möglicherweise ähnlich auf die unterschiedlichen Ebenen betrieblicher Hierarchien? Und haben die tendenziell jüngeren Frauen aus Männerfächern gegenüber den Frauen aus anderen Fächern nicht doch Vorteile in Hinblick auf betriebliche Positionierung – Vorteile, die erst dann sichtbar werden, wenn man einzelne Altersgruppen miteinander vergleicht?

Um diese Fragen zu beantworten, wird die betriebliche Stellung der Angestellten 2000 zusätzlich noch nach Alter differenziert ausgewertet, nämlich für die Gruppe der bis 34-Jährigen sowie für die Gruppe der 35-Jährigen bis 44-Jährigen.[99] Dabei zeigt sich: Die oben allgemein getroffenen Aussagen reproduzieren sich auch bei der Betrachtung einzelner Altersgruppen *(Abbildung 25)*.

Abb. 25: Jüngere Angestellte nach betrieblicher Position

– Westdeutschland 2000, Uni- oder FH-Abschluss, in Prozent –

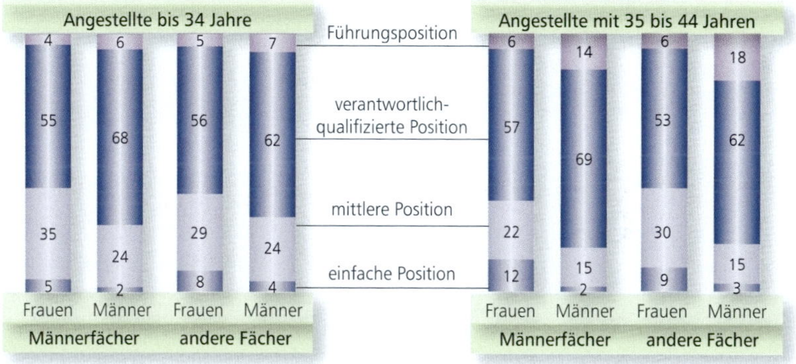

Ohne AusländerInnen und geringfügig Beschäftigte.
Männerfächer: Anteile in einfachen Positionen bei Frauen und Männern sowie in Führungspositionen bei Frauen basieren auf geringen Fallzahlen. Differenz zu 100 % durch Rundung bzw. Fälle ohne Angabe.
Quelle: Mikrozensus; IAB-Datenbank FB 7.

Zum einen nehmen Frauen aus Männerfächern tendenziell niedrigere betriebliche Positionen ein als ihre männlichen Fachkollegen derselben Altersgruppe. Dies gilt bereits für die jüngste Gruppe, die bis 34-Jährigen. So arbeiten 40 Prozent der Frauen, aber nur 26 Prozent der Männer auf einfachen und mittleren Positionen. Gut jede zweite Frau und gut zwei von drei Männern ordnen sich verantwortlich-qualifizierten Positionen zu. Bei der mittleren Altersgruppe der 35-Jährigen bis 44-Jährigen ist das Bild ähnlich. Auswertungen des Mikrozensus kommen somit zu ähnlichen Ergebnissen wie Befragungen von AbsolventInnen technisch-naturwissenschaftlicher Fächer eineinhalb und fünf Jahre nach dem Examen (Minks 1996: 62 ff. und 2001: 49 ff.; *Kap. 3.2.2*). Auch hier zeigt sich in der Regel eine höhere betriebliche Positionierung der männlichen Absolventen – bereits in der ersten Phase der beruflichen Biografie, aber auch nach einigen Berufsjahren: „Gut fünf Jahre nach dem Diplomabschluss (...) lassen die nach dem Geschlecht differen-

99 Auswertungen zu Älteren sind aufgrund zu geringer Fallzahlen bei älteren Frauen aus Männerfächern nicht sinnvoll.

zierten Angaben zur beruflichen Position den eindeutigen Schluss zu, dass Frauen aus technischen und naturwissenschaftlichen Fachrichtungen beruflich schlechter gestellt sind als ihre männlichen Kollegen" (Minks 2001: 49).

Zum andern zeigen sich auch bei der jungen und mittleren Altersgruppe kaum Unterschiede zwischen den Frauen, die sich für das Studium eines Männerfachs oder eines anderen Fachs entschieden haben. Ihre Verteilung auf betriebliche Hierarchien ist jeweils sehr ähnlich. Auch jüngere Frauen aus Männerfächern haben also gegenüber ihren Geschlechtsgenossinnen aus anderen Fächern bislang weder Nachteile noch Vorteile bei der betrieblichen Positionierung.

6.8 Berufe

Inwieweit arbeiten Frauen und Männer, die Männerfächer studiert haben, später in denselben oder verschiedenen Berufen? Bei der Untersuchung dieser Frage macht es aufgrund ihrer fachlichen Heterogenität wenig Sinn, die Männerfächer als Ganzes zu betrachten. Unter Berücksichtigung der Fallzahlen werden Auswertungen zum einen für die ingenieurwissenschaftlichen Männerfächer (Bauingenieurwesen, Maschinenbau, Elektrotechnik und – für 2000 *(Kap. 6.1)* – Wirtschaftsingenieurwesen) und zum andern für die Informatik vorgenommen.[100]

Eine weitere Vorbemerkung: 1992 wurde eine überarbeitete Berufsklassifikation veröffentlicht (Statistisches Bundesamt 1992). Um die Vergleichbarkeit mit dem Jahr 2000 zu gewährleisten, werden in diesem Abschnitt nicht der Mikrozensus 1991, sondern der Mikrozensus 1993 genutzt. In dessen Rahmen wurden die Berufsangaben der Befragten erstmals entsprechend der neuen Klassifikation codiert.[101]

---

100 Die geringen Fallzahlen bei den Physikerinnen erlauben keine gesonderten Auswertungen.
Die fachliche Heterogenität bzw. unterschiedliche berufs- und tätigkeitsspezifische Verteilung von AbsolventInnen der Männerfächer einerseits und der anderen Fächer andererseits machen einen Vergleich zwischen diesen Fächeraggregaten wenig aussagefähig. So wird in den *Kap. 6.8* (Berufe) und *6.9* (Tätigkeiten) hiervon Abstand genommen.

101 Bei den Auswertungen zu den Berufsgruppen in West- und Ostdeutschland *(Kap. 9.3)* ist der Chi-Quadrat-Test nicht zuverlässig, weil die erwarteten Häufigkeiten in etlichen Feldern unter dem Wert fünf liegen (Brosius 1988: 221). Insofern musste hier auf ihn verzichtet werden.

Nur gut jede zweite Frau, aber 63 Prozent der Männer aus den ingenieurwissenschaftlichen Männerfächern arbeiten im Jahr 2000 in Westdeutschland im Ingenieurberuf *(Abbildung 26)*. Dieser Unterschied ist um die Jahrhundertwende größer als noch 1993, als immerhin noch 61 Prozent der Frauen und 65 Prozent der Männer als IngenieurInnen arbeiteten. Die ausgeübten Berufe von Ingenieurinnen und Ingenieuren scheinen sich im Zeitvergleich also eher auseinander entwickelt statt angenähert zu haben.

Abb. 26: Erwerbstätige aus ingenieurwissenschaftlichen Männerfächern nach Beruf

– Westdeutschland 2000, Uni- oder FH-Abschluss, in Prozent –

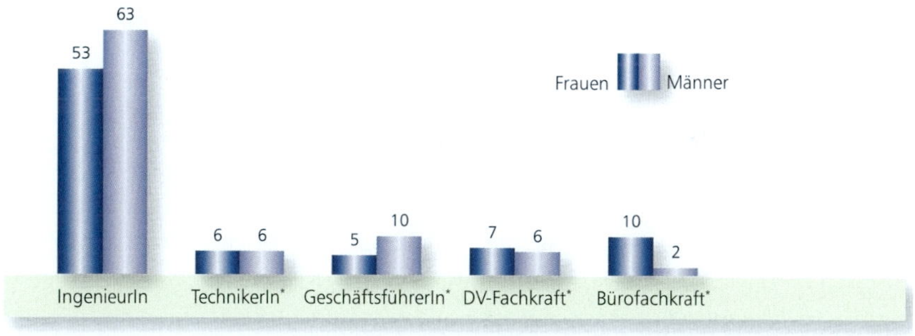

Nur Berufe ≥ 5 % in mindestens einer Zelle. Ohne AusländerInnen und geringfügig Beschäftigte.
* Anteile bei Frauen basieren auf geringen Fallzahlen.
Quelle: Mikrozensus; IAB-Datenbank FB 7.

Frauen arbeiten also häufiger als Männer außerhalb des Ingenieurberufs als ihrem Kernberuf (vgl. auch Tischer 1999: 3498 f.). Dies muss nicht notwendigerweise negativ sein: Eine relativ breite Palette beruflicher Einsatzmöglichkeiten schützt die Angehörigen eines Fachs bei Krisen in einzelnen Berufen, können sie doch auf andere Berufe ausweichen. Dieser Vorteil zeigte sich in der Vergangenheit zum Beispiel bei der Betriebswirtschaftslehre (Parmentier/Schade/Schreyer 1998d: 4 ff.). Die ungleiche Präsenz ausgebildeter Ingenieurinnen und Ingenieure im Ingenieurberuf ist aber auch als Ausdruck des Ausschlusses von Frauen aus technischen Kernberufen zu sehen. Auch bei den weiteren Berufen von Frauen und Männern aus ingenieurwissenschaftlichen Männerfächern deuten sich Ungleichheiten zu Ungunsten der Frauen an.

So arbeitet auf der einen Seite jeder zehnte Mann, aber nur rund jede zwanzigste Frau im Jahr 2000 in der Berufsgruppe (BG) 75 „UnternehmerIn, OrganisatorIn, WirtschaftsprüferIn", in der *Abbildung 26* kurz als „GeschäftsführerIn" bezeichnet. Hierin sind unter anderem hierarchisch hoch stehende und anspruchsvolle Berufe wie Vertriebs-, Personal- oder ProduktionsleiterIn zusammengefasst.

Auf der anderen Seite fällt auf, dass sich ungefähr jede zehnte ausgebildete Ingenieurin, aber nur zwei Prozent der Ingenieure der Berufsgruppe 78 „Büroberufe, Kaufmännische Angestellte" zuordnen. In dieser Berufsgruppe sind Berufe wie beispielsweise Verwaltungsfachkraft im mittleren Öffentlichen Dienst, Personalkaufmann/-frau, SekretärIn oder SachbearbeiterIn zusammengefasst (Statistisches Bundesamt 1992: 330 ff.). Auch wenn zum Beispiel die Sachbearbeitung insbesondere für Fachhochschulabsolventinnen ausbildungsadäquat sein kann (Plicht/Schober/Schreyer 1994), deutet diese Berufszugehörigkeit doch auf „unterwertigen" Einsatz von Ingenieurinnen in Büroberufen hin. Auch Minks stellt bei seiner Befragung von AbsolventInnen der Ingenieur- und Naturwissenschaften fünf Jahre nach ihrem Examen fest, dass Verwaltungstätigkeit das einzige Einsatzfeld darstellt, in dem „Absolventinnen aller hier untersuchten Fachrichtungen zu größeren Anteilen eingesetzt sind als ihre männlichen Kollegen". Gleichzeitig weise diese Verwaltungsarbeit teilweise „Züge von unterqualifizierter bzw. deplatzierter Tätigkeit auf" (Minks 2001: 46; vgl. auch Tischer 1999: 3498 f.)

Von den Informatikerinnen und Informatikern arbeiten zumindest im Boomjahr 2000 nur verschwindend wenige in der Berufsgruppe „Büroberufe, Kaufmännische Angestellte" (jeweils ca. zwei Prozent). Demgegenüber finden sich Frauen und Männer zu fast gleichen Anteilen (65 % zu 68 %) in der Berufsgruppe 77 „Rechnungskaufleute, InformatikerInnen" als ihrem Kernberuf wieder. Die Geschlechter verteilen sich bei der Informatik also weitaus symmetrischer auf die einzelnen Erwerbsberufe als bei den ingenieurwissenschaftlichen Männerfächern.

6.9 Tätigkeiten

Im Rahmen des Mikrozensus werden auch Angaben der Befragten zu den Tätigkeiten erhoben, die sie in ihrer Erwerbsarbeit überwiegend ausüben. Mit dem Mikrozensus 1996 wurden die Ausprägungen dieses Merkmals verändert und den Dienstleistungstätigkeiten stärker Rechnung getragen, die im Zuge des Strukturwandels des Beschäftigungssystems expandieren (Dostal/Reinberg 1999). Wegen der besseren Vergleichbarkeit wird so im Folgenden das Jahr 2000 nicht mit 1991, sondern mit 1996 verglichen.

Mit zwei Ausnahmen verteilen sich Frauen und Männer aus Männerfächern relativ ähnlich auf die verschiedenen Tätigkeitsgruppen. Bei beiden Geschlechtern mit Abstand am stärksten besetzt ist die Tätigkeitsgruppe „Forschen, Entwerfen, Konstruieren, Gestalten von Produkten, Plänen, Programmen"[102]; diese anspruchsvollen Tätigkeiten werden anteilsmäßig von Frauen sogar geringfügig häufiger ausgeübt als von Männern (43 % zu 41 %; *Abbildung 56*). Frauen aus Männerfächern sind zwar quantitativ insgesamt eine kleine Gruppe. Dass sie aber anteilsmäßig ähnlich häufig wie Männer Forschungs- und Entwicklungsarbeit leisten, deutet dennoch darauf hin, dass sie in Zentren der technischen Entwicklung eindringen konnten und nicht nur marginalisiert sind (vgl. auch *Kap. 6.11*).[103]

Der weniger anspruchsvollen Tätigkeitsgruppe „Ausführen von Schreib-, Rechen- und DV-Arbeiten/Buchen, Erstellen von Zeichnungen" ordnen sich Frauen fast doppelt so häufig zu wie Männer (14 % zu 8 %). Das relativ hohe Gewicht von Büroberufen *(Kap. 6.8)* spiegelt sich so auch in ihren Angaben zu den überwiegend ausgeübten Tätigkeiten wider. Männer üben dagegen Management- und Führungsaufgaben doppelt so häufig aus wie Frauen (18 % zu ca. 9 %). Hier zeigen sich noch am ehesten Unterschiede zu 1996, übten damals Männer anteilsmäßig noch dreimal öfter als Frauen Managementaufgaben aus (15 % zu ca. 5 %). Geschlechterungleichheit scheint sich hier also etwas verringert zu haben; diese Aussage steht aber unter dem Vorbehalt geringer Fallzahlen bei den Frauen.

6.10 Branchen

Vorab: Ähnlich wie bei den Berufen *(Kap. 6.8)* wurde in den 90er Jahren auch bei den Wirtschaftszweigen eine neue Klassifikation herausgegeben (Statistisches Bundesamt 1993). Diese wurde bei den in dieser Arbeit herangezogenen Mikrozensen erstmals 1995 genutzt. Um Vergleichbarkeit zu gewährleis-

102 In *Abbildung 56* werden Abkürzungen der relativ ausführlichen Tätigkeitsbeschreibungen im Fragebogen des Mikrozensus benutzt.

103 Im Sommer 2002 konnte die Autorin im Arbeitsamt einer süddeutschen Großstadt an einigen Gesprächen zwischen VermittlerInnen und arbeitslosen IngenieurInnen und InformatikerInnen teilnehmen. Eine Maschinenbauingenieurin mittleren Alters berichtete, dass ihr innerhalb einer scheinbar gleichberechtigten Arbeitsgruppe systematisch unattraktivere und unbeliebtere Teilaufgaben übertragen wurden. Inwieweit innerhalb formal gleicher Tätigkeitsbereiche im Detail ungleiche Arbeitsteilung zwischen den Geschlechtern besteht, lässt sich nicht mit amtlichen Statistiken untersuchen. Erforderlich wäre hier ein qualitativ-exploratives Forschungsdesign (vgl. Heintz u.a. 1997; Henninger 2001).

Abb. 27: Erwerbstätige aus Männerfächern nach Branche

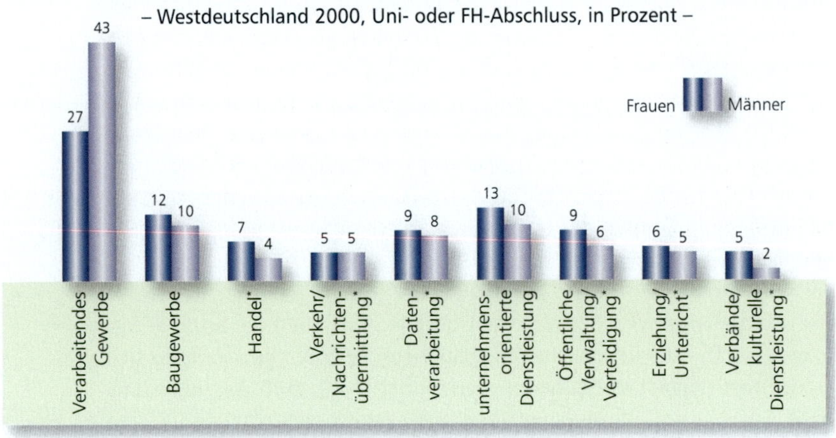

Nur Branchen ≥ 5 % in mindestens einer Zelle. Ohne AusländerInnen und geringfügig Beschäftigte.
* Anteile bei Frauen basieren auf geringen Fallzahlen.
Quelle: Mikrozensus; IAB-Datenbank FB 7.

© IAB

ten, wird so in diesem Kapitel neben dem Mikrozensus 2000 der Mikrozensus 1995 ausgewertet. Dazu wurden die „Wirtschaftsabschnitte" der amtlichen Klassifikation zum Teil zusammengefasst bzw. anders benannt.

Frauen und Männer aus Männerfächern verteilen sich auf eine breite Palette von Branchen. Der Schwerpunkt liegt zwar bei beiden Geschlechtern im Verarbeitenden Gewerbe, allerdings mit deutlich unterschiedlichem Gewicht: 27 Prozent der Frauen im Vergleich zu 43 Prozent der Männer ordnen sich den entsprechenden Branchen zu *(Abbildung 27)*. In der Folge verteilen sich Frauen etwas stärker auf andere Wirtschaftszweige. So sind sie etwa im Baugewerbe oder bei den Unternehmensorientierten Dienstleistungen anteilsmäßig geringfügig stärker vertreten als Männer (12 % bzw. 13 % im Vergleich zu 10 %). Diesen sind beispielsweise Unternehmensberatungen sowie Architektur- und Ingenieurbüros zugeordnet.

In einer Zusatzfrage werden die Interviewten um explizite Mitteilung gebeten, ob sie im Öffentlichen Dienst arbeiten oder nicht. Frauen aus Männerfächern bejahen diese Frage etwas häufiger als Männer (21 % zu 16 %; Mikrozensus 2000). Der Öffentliche Dienst ist aber weitaus stärker die Domäne der AbsolventInnen aus anderen Fächern (Frauen 61 %; Männer 51 %). Demgegenüber sind diese nur selten im Verarbeitenden Gewerbe tätig (5 % bzw. 9 %).

Im Zeitvergleich zeigen sich kaum Unterschiede, die Verteilung der Geschlechter auf die einzelnen Branchen war 1995 und 2000 sehr ähnlich. Insgesamt konzentrieren sich Männer aus Männerfächern also stärker auf das Verarbeitende und Produzierende Gewerbe, Frauen auf die Dienstleistungssparten wie Handel, Öffentlicher Dienst oder Verbände. Dieser Befund steht im Einklang mit anderen Untersuchungen (Könekamp/Haffner 2006; Tischer 1999: 3500; Minks 2001: 44f.). Die tendenziell unterschiedliche Verteilung der Geschlechter auf die Branchen sei „im wesentlichen nicht davon abhängig, ob Kinder vorhanden sind oder nicht. (...) Die diskrepante Präsenz von Frauen und Männern in den großen Wirtschaftsbereichen verweist auf nach wie vor gravierende Akzeptanzprobleme von Ingenieurinnen und Naturwissenschaftlerinnen im produzierenden und verarbeitenden Gewerbe. Zwar liegen die Ursachen dieser Unterrepräsentanz in den spezifischen betrieblichen Kulturen einer Industriegesellschaft, in deren sozio-technischen Systemen Frauen als hoch qualifizierte Mitarbeiterinnen seit ihrer Entstehung nicht vorgesehen waren. Absolventinnen technischer und naturwissenschaftlicher Fachrichtungen suchen sich jedoch – diese Verhältnisse wahrnehmend – von vornherein nicht unbedingt die Wirtschaftsbereiche aus, in denen sie mit den größten Schwierigkeiten rechnen" (Minks 2001: 45).

6.11 Abteilungen

Diejenigen Erwerbstätigen, die in einem in Abteilungen untergliederten Betrieb arbeiten, werden im Mikrozensus nach der konkreten Abteilung befragt, zu der ihr Arbeitsplatz gehört. Die Antworten von Frauen und Männern aus Männerfächern sind hier relativ ähnlich – ausgenommen vor allem die Geschäftsleitungen, die bei ihnen wie auch bei den anderen Fächern fest in männlicher Hand sind. Jede und jeder Fünfte aus Männerfächern gibt im Jahr 2000 an, in der Produktion und Arbeitsvorbereitung beschäftigt zu sein. Und anteilig ähnlich viele Frauen wie Männer (37 % und 39 %) sind im wichtigen Funktionsbereich Forschung, Konstruktion und Entwicklung tätig *(Tabelle A-20 im Internet unter www.campus.de/isbn/9783593386126).* Auch für 1991 deutet sich im Mikrozensus eine fast gleich hohe Repräsentanz der Geschlechter in Forschung und Entwicklung an. Abgesehen von diesem Ergebnis müssen die Angaben zu den Frauen 1991 aber unter dem Vorbehalt niedriger Fallzahlen gesehen werden.

Ergebnisse des Mikrozensus bestätigen so im Wesentlichen Befunde einer Befragung von Ingenieur- und NaturwissenschaftlerInnen des Prüfungsjahrganges 1993 fünf Jahre nach dem Examen *(Kap. 3.2.2)*. Minks (2001: V) stellt hier fest: Den „traditionell männerdominierten Bereich Forschung und Entwicklung füllen Frauen heute anteilig etwa ebenso häufig aus wie Männer".[104] Zusatzauswertungen des Mikrozensus 2000 deuten jedoch darauf hin, dass Männer und Frauen dies nur zum Teil auf gleichwertigen Positionen tun: 53 Prozent der in Forschungsabteilungen arbeitenden Frauen, aber 73 Prozent der Männer ordnen sich verantwortlich-qualifizierte Positionen zu. Gut jede dritte Frau und jeder fünfte Mann arbeitet auf mittleren Positionen (vgl. auch Janshen/Rudolph 1987a und b; *Kap. 3.2.1*).[105]

6.12 Zwischenresümee

1989 war lediglich jeder fünfundzwanzigste Erwerbstätige mit Universitäts- oder Fachhochschulabschluss in Männerfächern weiblich. Um die Jahrtau-

---

104 Dieser Befund widerspricht nicht der These einer Marginalität von Frauen in der industriellen Forschung und Entwicklung in Deutschland (European Commission 2003; *Kap. 3.2.2*): Auch wenn relativ hohe Anteile der Frauen aus Männerfächern in (nicht nur industrieller) Forschung und Entwicklung arbeiten, sind es absolut gesehen doch nur sehr wenige. Das männliche Erscheinungsbild von Forschung und Entwicklung wird dadurch nur ansatzweise transformiert.

105 Einkommen ist ein zentraler Indikator für (Un-)Gleichheiten im Beschäftigungssystem; übereinstimmend wird in den in *Kap. 3.2.2* skizzierten Studien zu Erwerbstätigen aus Ingenieur- und Naturwissenschaften von zum Teil eklatanten Einkommensunterschieden zuungunsten von Frauen berichtet. In dieser Studie wird aus einer Reihe von Gründen von Einkommensanalysen Abstand genommen.
So wären bei Geschlechtervergleichen aufgrund der häufig verschiedenen Steuerklassen von verheirateten Frauen und Männern Angaben zum Bruttoeinkommen wünschenswert. In den Mikrozensen wird aber nach den Nettoeinkommen gefragt.
Weitere Unschärfen gerade bei sensiblen Einkommensangaben ergeben sich aus der Möglichkeit von Proxyinterviews, das heißt ein erwachsenes Haushaltsmitglied kann auch Angaben zu den anderen Haushaltsmitgliedern machen. Vielfach werden die genaueren Einkommen aber nicht bekannt bzw. transparent sein.
Einkommen differiert ferner nach einer Fülle von Merkmalen (Arbeitszeit, Branche, Beruf, betriebliche Position etc.) – die Bildung vergleichbarer Gruppen stößt beim Mikrozensus und bei Frauen aus Männerfächern schnell an Fallzahlgrenzen.
Schließlich werden die Interviewten zwar befragt, ob sie die Mittel für Ihren Lebensunterhalt überwiegend aus Erwerbsarbeit oder anderen Einkommensquellen beziehen. Dennoch bedeutet es erhebliche Unschärfen für Analysen von Erwerbseinkommen, dass im Mikrozensus nicht nach dessen Höhe, sondern nach der Summe sämtlicher Einkommen gefragt wird (Frage 126 des Mikrozensus 2000: „Wie hoch war Ihr persönliches Nettoeinkommen im April? Bitte zählen Sie die DM-Beträge beziehungsweise Euro-Beträge sämtlicher Einkommen zusammen, z. B. Lohn oder Gehalt, Unternehmereinkommen, Rente, Pension, öffentliche Unterstützungen, Einkommen aus Vermietung und Verpachtung, Kindergeld, Wohngeld").

sendwende und gut zehn Jahre später ist im Westen immerhin rund jeder vierzehnte Erwerbstätige eine Frau. Mit einem Anteil von sieben Prozent an den Erwerbstätigen aus Männerfächern sind Frauen zwar immer noch sehr selten, ihre Repräsentanz ist aber zumindest gestiegen.

Bei allen hier ausweisbaren einzelnen Männerfächern hat die absolute Zahl erwerbstätiger Frauen in den 90er Jahren zugenommen. Damit waren auch steigende Frauenanteile verbunden – mit Ausnahme der Elektrotechnik, wo der Frauenanteil auch um die Jahrtausendwende bei ausgesprochen niedrigen drei Prozent lag. Die Elektrotechnik ist somit das Fach, das im Studium *(Kap. 5.1)* und bei der Erwerbstätigkeit am weitesten von quantitativ ausgewogenen Geschlechterverhältnissen entfernt ist.

Individuelle Berufsverläufe lassen sich nur mit Verlaufsdaten nachzeichnen, die für diese Studie zur Verfügung stehenden Daten der Mikrozensen sind aber Querschnitte.[106] Doch selbst diese deuten verbunden mit Daten der Hochschulstatistik *(Kap. 5)* auf ein Eintreten in und Austreten aus Männerdomänen zugleich hin, was in der einschlägigen Diskussion als „Drehtüreneffekt" bezeichnet wird: „Die Tür zu den Männerberufen hat sich für Frauen zwar tatsächlich geöffnet, doch bei genauem Hinsehen erweist sie sich als eine Drehtür – der Prozentsatz der Frauen, die sich für einen Männerberuf entscheiden, ist kaum größer als jener, die ihn wieder verlässt. Obschon Frauen häufiger als früher einen Männerberuf ergreifen, ist das Ausmaß der geschlechtlichen Segregation davon kaum betroffen: Der Drehtüreneffekt verhindert, dass sich der Mut zu einer atypischen Berufswahl auch in einem signifikanten Rückgang der Segregation niederschlägt" (Heintz u.a. 1997: 33 f.).[107]

Ähnliches deutet sich auch in dieser Studie an: Zunehmend mehr Frauen verlassen die Hochschulen mit einem Examen in Männerfächern *(Kap. 5.3)* und treten ins Beschäftigungssystem ein. Zumindest bei den ingenieurwissenschaftlichen Männerfächern arbeiten weibliche Erwerbstätige aber deutlich seltener im Ingenieurberuf als Kernberuf als Männer. So geben um die Jahrtausendwende nur gut jede zweite ausgebildete Ingenieurin, aber

106 Ein Haushalt wird im Rahmen des Mikrozensus über vier Jahre hinweg befragt. Vor diesem Hintergrund arbeitet ein Forschungsverbund daran, Mikrozensusdaten als Kurzzeitpanel aufzubereiten und dieses der Forschung zur Verfügung zu stellen (Heidenreich/Herter-Eschweiler 2002).

107 Bei den wenigen Männern in Frauenberufen – so Heintz u.a. (1997: 49) – habe der Drehtürenmechanismus dagegen vielfach „einen ganz anderen Effekt: Männer werden durch die Drehtür nicht hinaus-, sondern vornehmlich hinaufbefördert."

fast zwei Drittel der ausgebildeten Ingenieure an, im Beruf IngenieurIn zu arbeiten. Im Zeitvergleich scheinen sich die ausgeübten Berufe von Ingenieurinnen und Ingenieuren eher auseinander entwickelt statt angenähert zu haben: 1993 arbeiteten 61 Prozent der Frauen und 65 Prozent der Männer im Ingenieurberuf; der Unterschied war damals also noch kleiner. Frauen aus ingenieurwissenschaftlichen Männerfächern verteilen sich über eine breite Palette von Berufen; insbesondere fällt auf, dass sie vergleichsweise häufig (ca. 10 %; 2000) in Büroberufen arbeiten. Diese dürften nicht immer ausbildungsadäquat sein.

Vergleichbares zeichnet sich bei den Branchen ab: Mehr als vierzig Prozent der Männer, aber nur gut ein Viertel der Frauen aus Männerfächern arbeiten im Verarbeitenden oder Produzierenden Gewerbe. Andere Studien verweisen auf Akzeptanzprobleme von Ingenieurinnen und Naturwissenschaftlerinnen gerade in diesen Branchen, die traditionell für Technikentwicklung zentral sind. Frauen arbeiten etwas stärker in Dienstleistungssparten wie Handel, Öffentlicher Dienst oder Verbände. Insbesondere die zeitlichen Arbeitsbedingungen, aber auch die geringeren Akzeptanzprobleme dort dürften Frauen (mit Kindern) attraktiver erscheinen als diejenigen in Industriebranchen.

Neben Drehtüreffekten deutet sich aber auch ein Eindringen von Frauen in Zentren der Technikentwicklung an. So geben anteilsmäßig ähnlich viele Frauen wie Männer aus Männerfächern an, in Forschung und Entwicklung tätig zu sein – die auch außerhalb des Ingenieurberufs bzw. des Verarbeitenden Gewerbes betrieben werden kann, etwa in staatlichen oder privaten Forschungseinrichtungen. Weibliche Erwerbstätige mit einem Examen in Männerfächern bilden in den alten Bundesländern quantitativ aber nur eine kleine Gruppe. Auch wenn sie anteilsmäßig ähnlich häufig wie Männer in Forschung und Entwicklung arbeiten, können sie so das männliche Erscheinungsbild dieses Bereichs nur bedingt ändern.

Das männliche Erscheinungsbild bzw. die Männerzentriertheit der fachspezifischen Erwerbstätigkeit zeigt sich nicht zuletzt am üblichen Arbeitszeitregime. Teilzeit ist fast ein Fremdwort – vor allem bei den ingenieurwissenschaftlichen Männerfächern, wo sie mit zwei Prozent im Jahr 2000 kaum existent ist. Lediglich von den ausgebildeten BauingenieurInnen – dem Fach mit den höchsten Frauenanteilen bei Studium und Erwerbstätigkeit – arbeiten vier Prozent in Teilzeit. Etwas höher als bei den ingenieurwissenschaftlichen sind die Teilzeitquoten bei den naturwissenschaftlichen Männerfächern (Informatik: 4 %; Physik: 10 %). Existiert bei Männerfächern Teilzeitarbeit, so wird sie erwartungsgemäß weit überwiegend von Frauen ausgeübt. Nun ist Teilzeitarbeit nicht zuletzt gleichstellungspolitisch umstritten *(Kap. 8.2)*; vor dem Hintergrund ungleicher Arbeitsteilung in den Familien in Kombination mit unzureichender öffentlicher Kinderbetreuung ist sie für etliche Frauen aber eine Möglichkeit, um Erwerbs- und Familienarbeit integrieren zu können.

Ähnlich wie in der Untersuchung von Könekamp/Haffner (2006: o. S.; *Kap. 3.2.2*) zeigt sich auch hier, dass von Familienarbeit tendenziell entlastete Männer „Arbeitszeitüberschreitungen in größerem Umfang als Frauen" praktizieren. Dies trägt zu ungleichen Karrierechancen bei, besteht doch ein positiver „Zusammenhang von Arbeitszeit und beruflichem Erfolg".

Die Männerzentriertheit der fachspezifischen Erwerbstätigkeit zeigt sich auch in Ungleichheiten zugunsten von Männern. So haben angestellte Akademiker aus Männerfächern etwas häufiger einen unbefristeten Arbeitsvertrag als angestellte Akademikerinnen. Dies gilt auch für jüngere Altersgruppen.

Deutliche Unterschiede zeigen sich beim betrieblichen Status. Frauen aus Männerfächern arbeiten häufiger als ihre männlichen Fachkollegen auf einfachen und mittleren Positionen, seltener auf höheren. Auch hier reproduzieren sich diese allgemeinen Ungleichheiten bei jüngeren und mittleren Altersgruppen.

Frauen aus Männerfächern sind gegenüber ihren männlichen Fachkollegen also im Nachteil, wie auch andere Studien im Umfeld des Themas belegen *(Kap. 3.2)*. Gebrochener ist das Bild, wenn man Arbeitsbedingungen der Frauen aus Männerfächern mit Arbeitsbedingungen der Frauen, die andere Fächer studiert haben, vergleicht. So zeigt sich bei der Art des Arbeitsvertrags ein deutliches Plus der Ersteren: Angestellte Frauen aus Männerfächern haben häufiger unbefristete Verträge in der Tasche als Akademikerinnen aus anderen Fächern.

Anders dagegen bei der betrieblichen Positionierung: Frauen aus Männerfächern und anderen Fächern verteilen sich ausgesprochen ähnlich auf die verschiedenen Ebenen betrieblicher Hierarchien, unabhängig vom Alter. Es ist ein fast identisches Bild, das sich hier bei diesen beiden Gruppen von Frauen abzeichnet. Frauen aus Männerfächern haben beim betrieblichen Status also keine Nachteile – aber auch keine Vorteile, wie es die Werberhetorik im einschlägigen Diskurs *(Kap. 1)* erwarten ließe.

7 Arbeitslosigkeit: Strukturen und Entwicklungen

7.1 Methodische Vorbemerkungen

Die Arbeitslosenstatistiken der Bundesagentur für Arbeit wurden allgemein bereits in *Kap. 4.3* skizziert. Unterschieden wird zwischen Bestands- und Bewegungsdaten. Für Erstere wird der Bestand der bei den Arbeitsämtern/Arbeitsagenturen gemeldeten Arbeitslosen an einem Stichtag erfasst; eine nach vielen Merkmalen differenzierte Erfassung erfolgte bis 1998 jeweils im September („Strukturanalyse" ST4). Seit September 1998 werden die Daten für die Strukturanalyse monatlich erhoben und in die Arbeitslosenstatistik überführt. Diese Bestandsdaten sind insbesondere wichtig für die Untersuchung der Arbeitslosigkeit über längere Zeiträume (Kap. 7.2) sowie für die Berechnung von Arbeitslosenquoten *(Kap. 7.3).*

Es ist nachgewiesen (Cramer 1987), dass (potentiell) längerfristig Arbeitslose eine deutlich höhere „Chance" als kurzfristig Arbeitslose haben, in den Zählungen der Bestandsstatistik erfasst zu werden. Auswertungen zu Strukturmerkmalen (zum Beispiel Gesundheitszustand oder Alter) auf Basis der Bestandsstatistik tragen so allgemein die Gefahr in sich, dass die spezifischen Merkmale von Langzeitarbeitslosen wie etwa gesundheitliche Einschränkungen oder höheres Alter überrepräsentiert sind.

Ein vereinfachendes Beispiel zur Verdeutlichung (detailliert vgl. Cramer 1987): Zum 1. Januar 2000 melden sich zehn Maschinenbauingenieure arbeitslos („Zugänge in Arbeitslosigkeit"). Von diesen finden fünf im Laufe der nächsten sechs Monate wieder eine Beschäftigung. Die übrigen fünf bleiben arbeitslos, da sie unter anderem aufgrund ihres höheren Alters geringere Wiedereinstiegschancen in Beschäftigung haben. Nur sie werden am Stichtag 30. September in der Bestandszählung erfasst. Auswertungen der Bestandszahlen zum Alter würden das Bild einer fortgeschrittenen Altersstruktur der Arbeitslosen malen. In dieser Studie interessiert aber – um bei diesem Beispiel zu bleiben – die Altersstruktur aller Maschinenbauingenieure, die arbeitslos geworden sind, also auch derjenigen, die nur kurz arbeitslos waren.

Von daher empfiehlt es sich, bei der Ermittlung von Strukturmerkmalen von Arbeitslosigkeit wie beispielsweise Alter nicht auf die Bestandsstatistiken, sondern auf die Bewegungsstatistiken zurückzugreifen. Das gilt auch für diese Arbeit, befinden sich doch unter den Arbeitslosen aus Männerfächern – und hier vor allem unter den Männern – relativ viele Langzeitarbeitslose (ein Jahr und länger arbeitslos; *Abbildung 36*).

Bei den Bewegungsstatistiken wird zwischen Zu- und Abgangsstatistiken unterschieden. In ersterer sind die bei der Arbeitsverwaltung erfassten Zugänge in Arbeitslosigkeit, in letzterer die erfassten Abgänge aus Arbeitslosigkeit enthalten – die im Übrigen keineswegs immer identisch mit Einmündung in Erwerbstätigkeit sein müssen *(Kap. 7.7)*. Nach etlichen Merkmalen differenzierte Zu- und Abgangsstatistiken wurden bis einschließlich 1998 einmal jährlich im Juni erstellt. Ab Januar 1999 liegen auch diese Statistiken monatlich vor (ST3-Zu und ST3-Ab); ferner wurde nun das Merkmal Ausbildungsberuf in einer tieferen Differenzierung als vorher ausgewiesen („Berufsklasse" bzw. „4-Steller" der amtlichen Berufssystematik; vgl. Bundesanstalt für Arbeit 1988). Dies ist für diese Untersuchung insofern bedeutsam, als hier das Merkmal Ausbildungsberuf synonym für das in der Arbeitslosenstatistik so nicht enthaltene Merkmal Studienfach gesetzt wird und die Definition von Männerfächern teilweise eine Differenzierung der Arbeitslosenstatistiken bis hinunter auf die Ebene von Berufsklassen bzw. 4-Stellern erfordert *(vgl. „Systematisches Verzeichnis der Männerfächer" im Anhang)*.[108] Durch die tiefere Differenzierung der Bewegungsstatistiken seit Januar 1999 können nun auch diese in der vorliegenden Studie genutzt werden *(Kap. 7.4 bis Kap. 7.9)*.[109]

108 Ein Beispiel: Um Arbeitslose mit Hochschulabschluss im Studienfach Wirtschaftsingenieurwesen aus der Arbeitslosenstatistik herausfiltern zu können, ist der Rückgriff auf das Merkmal „Ausbildungsberuf" und hier auf die Berufsklasse bzw. den 4-Steller 6071 „WirtschaftsingenieurIn" nötig. Der Rückgriff auf die übergeordnete Berufsordnung bzw. den übergeordneten 3-Steller 607 „Sonstige IngenieurInnen" wäre nicht ausreichend, da dieser neben den WirtschaftsingenieurInnen beispielsweise auch die IngenieurInnen im technischen Gesundheitswesen oder die UmweltschutzingenieurInnen umfasst (Bundesanstalt für Arbeit 1988: 139 f.).

109 Allgemein zu beachten ist, dass in den Zu- und Abgangsstatistiken im strengen Sinn nicht Personen, sondern „Fälle" gezählt werden. Ein fiktives Beispiel: 100 Zugänge in Arbeitslosigkeit innerhalb eines Jahres sind nicht so zu interpretieren, dass 100 Personen arbeitslos geworden sind. Vielmehr kann eine Person in einem bestimmten Zeitraum wiederholt arbeitslos werden. Sie wird dann jeweils als ein Zugang in Arbeitslosigkeit codiert.
Aus Gründen der sprachlichen Vereinfachung wird im Text dennoch häufig auf Personen und nicht auf Fälle bzw. Zu- und Abgänge Bezug genommen.

Im Folgenden werden zunächst die Entwicklung der Arbeitslosigkeit im Zeitverlauf sowie die Arbeitslosenquoten ermittelt *(Kap. 7.2* und *Kap. 7.3).* Mit der Quote als einem zentralen Arbeitsmarktindikator wird die Betroffenheit von Männern und Frauen durch Arbeitslosigkeit beschrieben.

In einem zweiten Schritt werden anhand verschiedener Merkmale wie Alter, Gesundheitszustand oder Dauer die Binnenstrukturen der Arbeitslosigkeit in den Blick genommen *(Kap. 7.4 bis Kap. 7.9).* Soweit möglich, sollen dadurch Hinweise auf Gründe der – wie sich zeigen wird – vergleichsweise hohen Arbeitslosigkeit der Frauen aus Männerfächern gewonnen werden. Vor allem sollen Vor- und Nachteile dieser Frauen gegenüber ihren männlichen Fachkollegen sowie gegenüber den Frauen aus anderen Fächern herausgearbeitet werden.

Der besseren Lesbarkeit halber seien diese zentralen Vergleichsebenen/-gruppen, die in *Kap. 7* fast durchweg herangezogen werden, noch einmal kurz expliziert:

- Strukturen der Arbeitslosigkeit von Frauen aus Männerfächern im Vergleich zu Männern aus Männerfächern (Vergleich zwischen den Geschlechtern aus denselben Studienfächern)
- Strukturen der Arbeitslosigkeit von Frauen aus Männerfächern im Vergleich zu Frauen aus anderen Fächern (Vergleich zwischen Frauen aus unterschiedlichen Studienfächern).

7.2 Entwicklung

Frauen stellten im Jahr 1989 im Westen nur vier Prozent der Erwerbstätigen mit Hochschulabschlüssen in Männerfächern. Unter den Arbeitslosen fand man sie dagegen deutlich häufiger: Ihr Anteil an den Arbeitslosen mit diesen Abschlüssen lag mit dreizehn Prozent gut dreimal so hoch *(Abbildung 28; Tabellen A-11 und A-21 im Internet unter www.campus.de/isbn/9783593386126).*

Im Jahr 2000, also am Ende des hier möglichen Untersuchungszeitraums, war dieses Verhältnis immerhin etwas ausgewogener: Frauen aus Männerfächern sind nun in der Arbeitslosigkeit „nur" mehr doppelt so häufig vertreten wie in der Erwerbstätigkeit (Frauenanteile 14 % zu 7 %).

Die einzelnen Männerfächer durchlebten in den 90er Jahren teils recht unterschiedliche Konjunkturen. Sahen sich in der ersten Hälfte der 90er Jahre insbesondere Maschinenbau- und ElektroingenieurInnen mit einem schwie-

Abb. 28: Frauenanteile an Erwerbstätigkeit und Arbeitslosigkeit

– Westdeutschland 1989 bis 2000, Uni- oder FH-Abschluss, in Prozent –

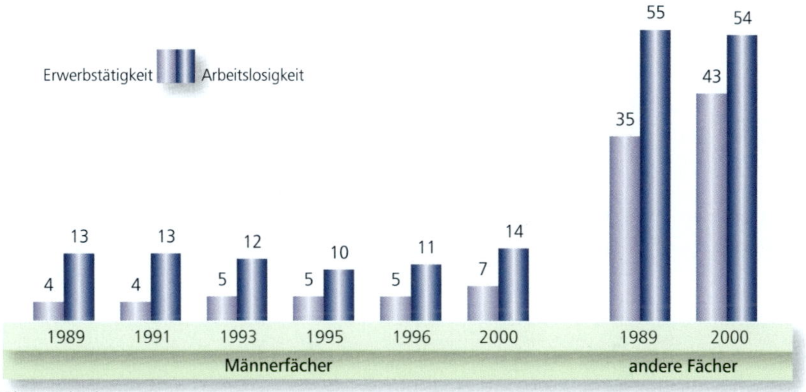

Ohne AusländerInnen.
Quelle: Mikrozensus; Arbeitslosenstatistik ST4 (September); IAB-Datenbank FB 7.

rigen Teilarbeitsmarkt konfrontiert, wurden in der zweiten Hälfte des Jahrzehnts die BauingenieurInnen zu „Sorgenkindern" des Arbeitsmarktes (Parmentier/Schade/Schreyer 1999). Diese wechselnde Arbeitsmarktsituation drückt sich auch in der Entwicklung der Arbeitslosigkeit in den einzelnen Fächern aus. Männer und Frauen aus dem Maschinenbau/der Elektrotechnik einerseits und aus dem Bauingenieurwesen andererseits scheinen aber von diesen Konjunkturen recht ähnlich betroffen zu sein. Zumindest entwickelt sich ihre Arbeitslosigkeit jeweils relativ parallel, auch wenn auffällt, dass sich bei den Bauingenieurinnen Arbeitslosigkeit schwächer abgebaut und stärker aufgebaut hat als bei den Bauingenieuren *(Abbildung 29).*

Die Entwicklung von Arbeitslosigkeit wird insbesondere von Medien oft isoliert betrachtet. Dies beleuchtet aber allenfalls eine Seite der Medaille Arbeitsmarkt. Steigende Arbeitslosigkeit bei gleichzeitig sinkender Erwerbstätigkeit bildet ein weitaus brisanteres Szenario als steigende Arbeitslosigkeit bei parallel ebenfalls steigender Erwerbstätigkeit. Arbeitsmarktanalysen müssen so auf der anderen Seite mindestens auch die Entwicklung der Erwerbstätigkeit einbeziehen (Reinberg/Schreyer 2003: 1 f.). Systematisch geschieht dies in der Berechnung von Arbeitslosenquoten, in die sowohl die Arbeitslosigkeit als auch die Erwerbstätigkeit eingehen. (Fachspezifische) Arbeitslosenquoten können so als zentrale Arbeitsmarktindikatoren betrachtet werden. Sie werden im folgenden Kapitel vorgestellt.

Abb. 29: Entwicklung der Arbeitslosigkeit bei ausgewählten Männerfächern 1989 bis 2000 – Westdeutschland, Uni- oder FH-Abschluss

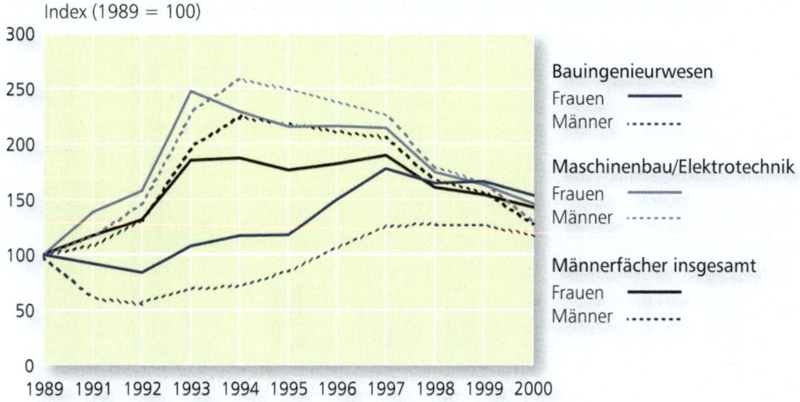

Ohne AusländerInnen.
Quelle: Arbeitslosenstatistik ST4 (September); IAB-Datenbank FB 7.

© IAB

7.3 Arbeitslosenquoten

Berechnet auf der Basis von Mikrozensus und Arbeitslosenstatistik beträgt die Arbeitslosenquote für die Frauen aus den hier untersuchten sechs Fächern im Jahr 2000 4,5 Prozent, für die Männer 2,1 Prozent *(Abbildung 30)*. Gemessen an der Arbeitslosenquote zum Beispiel der Erwerbspersonen ohne Ausbildungsabschluss von 19,4 Prozent bzw. der durchschnittlichen Arbeitslosenquote für 2000 von 7,7 Prozent (West; Reinberg/Hummel 2002b: 27) sind diese Quoten natürlich gering. Bei den Männern aus Männerfächern ist zumindest für das „Boomjahr" 2000[110] gar von Vollbeschäftigung zu sprechen. Und dennoch fällt auf, dass es sogar in diesem privilegierten Arbeitsmarktsegment Nachteile von Frauen gibt, sind sie doch doppelt so häufig arbeitslos wie ihre männlichen Ex-Kommilitonen. Abgesehen vom jeweils unterschiedlich hohen Niveau gilt dies für jedes der hier zu betrachtenden Männerfächer. So lag im Jahr 2000 beispielsweise die Arbeitslosenquote der Bauingenieurinnen bei 5,6 Prozent im Vergleich zu 2,5 Prozent bei den Bauingenieuren.

110 Wie bereits in *Kap. 6.5* skizziert, lag im Jahr 2000 die durchschnittliche Arbeitslosenquote der Erwerbspersonen mit Hochschulabschlüssen in den alten Bundesländern erstmals seit 1982 wieder unter der Dreiprozentmarke; sie betrug 2,5 Prozent (Reinberg/Schreyer 2003: 7). Boomend waren beispielsweise Teile der Medienbranche und der Informations- und Telekommunikationssektor mit ihrer hohen Bedeutung für Akademikerbeschäftigung (Schreyer/Gebhardt 2003: 5 f.; Dostal 2002).

Abb. 30: Arbeitslosenquoten

– Westdeutschland 2000, Uni- oder FH-Abschluss, in Prozent –

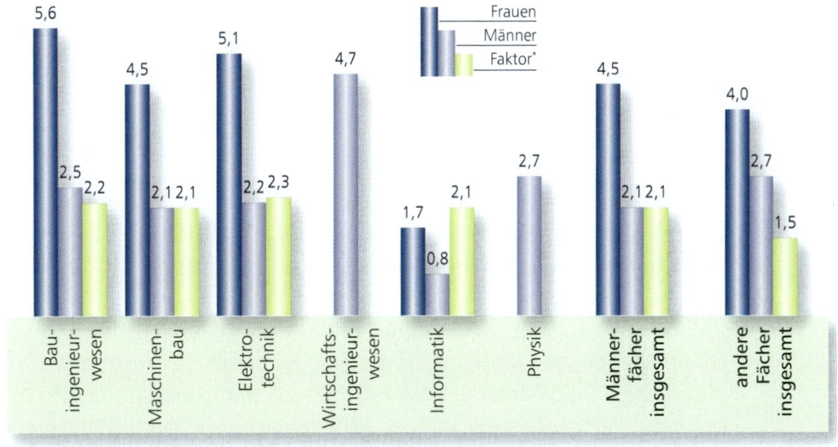

*Faktor: Quote der Frauen dividiert durch Quote der Männer.
Ohne AusländerInnen. Leerfelder sind auf zu geringe Datenbasis zurückzuführen.
Quelle: Mikrozensus; Arbeitslosenstatistik ST4 (September); IAB-Datenbank FB 7.

Die hier gemessene Arbeitslosigkeit bezieht sich auf die der Arbeitsverwaltung gemeldete Arbeitslosigkeit (*Kap. 4.3*). Zusätzlich zur registrierten Arbeitslosigkeit muss neben den Personen in arbeitsmarktpolitischen (Qualifizierungs-)Maßnahmen die nur schwer quantifizierbare Stille Reserve bedacht werden, die aus Menschen besteht, „die arbeiten wollen, sich aber aus verschiedenen Gründen nicht arbeitslos melden" (Brinkmann u. a. 2005: 10). Hierzu zählen unter anderem die „discouraged persons", die die (aktive) Arbeitssuche aufgegeben haben, „weil sie für sich am Arbeitsmarkt keine Chancen sehen. Ein Beispiel dafür sind Frauen, die ihre Familienpause verlängern und damit auf einen Wiedereintritt in den Arbeitsmarkt vorübergehend verzichten" (Fuchs 2002: 81).

Familienarbeit ist auch bei jüngeren Ingenieur- und NaturwissenschaftlerInnen fast vollständig den Müttern überlassen; wegen Elternschaft nicht erwerbstätig sind weit überwiegend nur Mütter (Minks 2001: 21). Diese haben „erhebliche und begründete Befürchtungen beruflicher Desintegration, Dequalifizierung oder zumindest Stagnation der beruflichen Entwicklung. Nur eine verschwindend geringe Zahl der nicht erwerbstätigen Frauen aus technischen und naturwissenschaftlichen Studiengängen hat kein Interesse an der (Wieder-)Aufnahme einer beruflichen Tätigkeit" (Minks 2001: III), die interessierten Frauen melden sich aber selten arbeitslos. So wird es selbst in diesem privilegierten Arbeitsmarktsegment eine gewisse und vor allem durch Frauen getragene Stille Reserve geben. Könnte man diese rechnerisch mit einbeziehen, würde sich das oben skizzierte Gefälle zwischen den Arbeitslosenquoten der Geschlechter zuungunsten der Frauen noch vergrößern. Die bei der Arbeitsverwaltung registrierte Arbeitslosigkeit dürfte jedenfalls gerade bei den Frauen die tatsächlichen Arbeitsmarktprobleme unterzeichnen.

Aber immerhin nähern sich im Zeitvergleich die Arbeitslosenquoten der Geschlechter aus Männerfächern an. Sie fielen zu Beginn des hier möglichen Beobachtungszeitraums weit stärker auseinander. So lag die Quote der Frauen im Westen 1989 bei 9,3 Prozent im Vergleich zu 2,6 Prozent bei den Männern. Der Faktor, mit dem die Arbeitslosenquote der Männer multipliziert werden muss, um die der Frauen zu erreichen, betrug hier 3,6 *(Abbildung 31)*. Die Arbeitslosigkeit der Frauen war damals also noch fast viermal so hoch wie die der Männer, während sie um die Jahrhundertwende „nur" mehr doppelt so hoch war.

Abb. 31: Arbeitslosenquoten bei Männerfächern

– Westdeutschland 1989 bis 2000, Uni- oder FH-Abschluss, in Prozent –

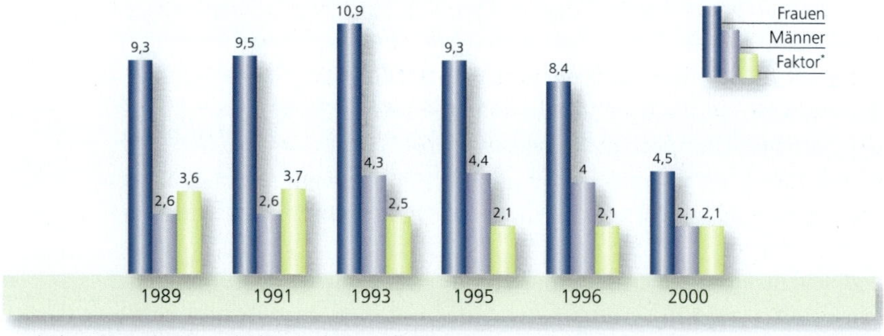

* Faktor: Quote der Frauen dividiert durch Quote der Männer.
Ohne AusländerInnen.
Quelle: Mikrozensus; Arbeitslosenstatistik ST4 (September); IAB-Datenbank FB 7.

© IAB

Frauen aus Männerfächern sind aber nicht nur häufiger arbeitslos als Männer aus Männerfächern. Sie sind auch etwas häufiger arbeitslos als die Akademikerinnen, die andere Fächer studiert haben. So war im Jahr 2000 die Arbeitslosenquote der Frauen aus Männerfächern mit 4,5 Prozent etwas höher als die der Frauen aus anderen Fächern mit vier Prozent. In früheren

Jahren waren Frauen aus Männerfächern zum Teil doppelt so häufig arbeitslos wie ihre Geschlechtsgenossinnen, die andere Fächer studiert haben. 1993 zum Beispiel betrug sie bei Ersteren 10,9 Prozent im Vergleich zu nur 5,4 Prozent bei Letzteren *(Abbildungen 31 und 32)*.

Abb. 32: Arbeitslosenquoten bei anderen Fächern

– Westdeutschland 1989 bis 2000, Uni- oder FH-Abschluss, in Prozent –

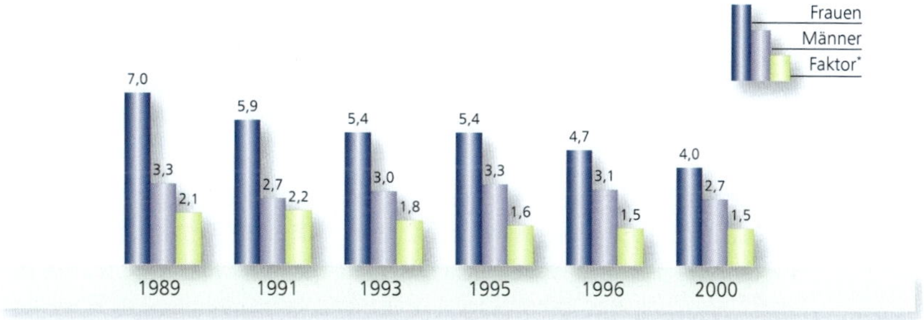

* Faktor: Quote der Frauen dividiert durch Quote der Männer.
Ohne AusländerInnen.
Quelle: Mikrozensus; Arbeitslosenstatistik ST4 (September); IAB-Datenbank FB 7.

© IAB

Gleichzeitig fällt auf, dass die Arbeitslosenquoten der Geschlechter bei den Männerfächern stärker auseinander fallen als bei den anderen Fächern: Der entsprechende Faktor beträgt im Jahr 2000 bei den Männerfächern 2,1, bei den anderen Fächern 1,5. Anders formuliert, waren Frauen aus Männerfächern doppelt so häufig arbeitslos wie Männer aus Männerfächern; die Arbeitslosenquote der Frauen aus anderen Fächern war dagegen nur anderthalbmal höher als die der Männer aus anderen Fächern.

Wie bei den Männerfächern nähert sich auch bei den anderen Fächern die Arbeitslosigkeit der Geschlechter im Zeitvergleich an. Aber auch wenn zu Beginn des Untersuchungszeitraums die Frauen aus den anderen Fächern noch gut doppelt so häufig arbeitslos waren wie die Männer aus anderen Fächern: Das Arbeitslosigkeitsrisiko war hier nie so ungleich zwischen den Geschlechtern verteilt wie parallel bei den Männerfächern.

Frauen aus Männerfächern sind also nicht nur häufiger arbeitslos als ihre männlichen Exkommilitonen aus denselben Fächern, sondern auch häufiger arbeitslos als die Frauen, die andere Fächer studiert haben. Gerade letzteres widerspricht gängigen Annahmen – die trotz ähnlicher, bereits in den 80er Jahren publizierter Befunde zu gewerblich-technischen Männerberufen erstaunlichen Bestand haben[111] – und der in diesem politischen Feld verbreiteten Werberhetorik *(Kap. 1)* in hohem Maße. Vor diesem Hintergrund und aufgrund von Ergebnissen einer früheren Studie (Schreyer 1999) wird an dieser Stelle die in dieser Arbeit systematisch herangezogene Vergleichsgruppe „andere Fächer" weiter ausdifferenziert. Konkret werden die Arbeitslosenquoten der Frauen aus den sechs Fächern mit den niedrigsten Frauenanteilen (Männerfächer) mit denen der Frauen aus den sechs Fächern mit den höchsten Frauenanteilen unter den Studierenden im Jahr 2000 verglichen *(Tabellen A-1 und A-2 im Internet unter www.campus.de/isbn/9783593386126).* Dabei wird bewusst von Fächern „mit den höchsten Frauenanteilen" gesprochen und nicht von „Frauenfächern", denn solche gibt es kaum.[112]

Angelehnt an die in *Kap. 4.2* thematisierte spezifische Aggregation von Studienfächern (Parmentier/Schade/Schreyer 1998a: 17 f.) sind dies die Fächer Tiermedizin (Frauenanteil 82 %), Pharmazie (72 %), Psychologie (71 %), Sozialarbeit/-pädagogik (Uni 71 %; FH 72 %), Germanistik/Anglistik (69 %) sowie Pädagogik (66 %; ohne Lehramt).[113] Da Testauswertungen des Mikrozensus 2000 zu den pädagogischen Fächern Zweifel an der Trennschärfe der Daten weckten[114], werden statt zur Sozialarbeit/-pädagogik und Pädagogik Daten

111 „Nach einer betrieblichen Berufsausbildung für einen ‚Männerberuf' ergeben sich für Mädchen Beschäftigungsprobleme. Zwar ist die Arbeitslosigkeit der Mädchen unmittelbar nach der Abschlussprüfung allgemein höher als bei Jungen (1984: 9,7 % zu 6,2 %). Bei Mädchen, die für einen der zwanzig am häufigsten besetzten ‚Männerberufe' ausgebildet wurden, ist jedoch (...) eine überdurchschnittliche Arbeitslosigkeit zu verzeichnen (14,4 %; Jungen: 8,6 %). Dies gilt auch für Mädchen, die einen Metallberuf erlernt haben (12,1 %; Jungen: 7,9 %)" (Stegmann/Kraft 1986: 439; vgl. auch *Kap. 3.2.2*).

112 Als Männerfächer wurden in dieser Arbeit diejenigen Fächer definiert, bei denen der Frauenanteil unter den Studierenden zu bestimmten Zeitpunkten unter 25 Prozent lag. Umgekehrt müssten Frauenfächer Frauenanteile von über 75 Prozent aufweisen. Solche Fächer gibt es kaum. Dies weist darauf hin, dass Männerfächer bzw. Männerberufe „offensichtlich unzugänglicher sind als Frauenberufe und Frauen sich in Männerberufen häufiger in einer Außenseiterposition befinden als im umgekehrten Fall" (Heintz u. a. 1997: 16).

113 Das an den Verwaltungsfachhochschulen gelehrte Fach Rechtspflege (Frauenanteil 71 %) nimmt durch seine enge Anbindung an den Öffentlichen Dienst eine Sonderstellung ein, so dass es sich hier nicht zum Vergleich eignet. Zudem können im Mikrozensus 2000 AbsolventInnen von Verwaltungsfachhochschulen nicht klar identifiziert werden *(Kap. 6.1).* Dies ist auch der Grund, warum das Bibliotheks-, Dokumentations- und Archivwesen (Frauenanteil FH 62 %), das in Teilen an Verwaltungsfachhochschulen ausgebildet wird, hier nicht ausgewiesen wird.

114 Vieles spricht dafür, dass sich zumindest im Mikrozensus 2000 die einzelnen pädagogischen Disziplinen (das heißt insbesondere Sozialarbeit/-pädagogik, Erziehungswissenschaften,

zu den Fächern Gestaltung/Graphik (Frauenanteil Uni 57 %; FH 65 %) sowie Geschichte/Ethnologie (55 %) ausgewiesen. LehramtsabsolventInnen der Fächer Geschichte, Germanistik oder Anglistik wurden bei der Berechnung der Arbeitslosenquoten nicht berücksichtigt.[115]

Auch hier fällt wieder auf, dass die Arbeitslosenquoten der Geschlechter bei den männerdominierten Fächern im Jahr 2000 stärker auseinander fallen als bei den frauendominierten: Der Faktor beträgt bei ersteren 2,1, bei letzteren nur 1,3. Zwar ist die Arbeitslosenquote der Frauen aus den Fächern mit hoher Frauenrepräsentanz etwas höher als die der Frauen aus Männerfächern. Der Unterschied ist mit 5,2 Prozent im Vergleich zu 4,5 Prozent aber eher gering *(Abbildung 33)*.

Abb. 33: Arbeitslosenquoten bei Fächern mit hohen Frauenanteilen und Männerfächern

– Westdeutschland 2000, Uni- oder FH-Abschluss, in Prozent –

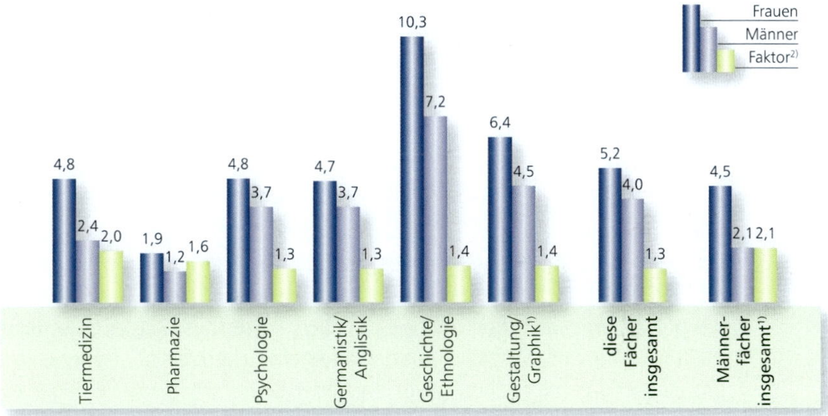

[1)] Uni und FH; [2)] Faktor: Quote der Frauen dividiert durch Quote der Männer.
Ohne AusländerInnen.
Quelle: Mikrozensus; Arbeitslosenstatistik ST4 (September); IAB-Datenbank FB 7.

© IAB

Lehrämter) kaum sauber voneinander abgrenzen lassen. So scheinen sich viele ausgebildete LehrerInnen bzw. SozialpädagogInnen dem Fach Erziehungswissenschaften zugeordnet zu haben.

115 Wie in *Kap. 6.1* skizziert, sollten im Mikrozensus AbsolventInnen von Lehramtsstudiengängen bei der Frage nach der Hauptfachrichtung idealiter „Lehramt an Gymnasien" etc. angeben. Häufig wird stattdessen aber das hauptsächlich studierte Fach genannt. Geschichte, Germanistik oder Anglistik werden sehr oft im Lehramt studiert. Personen mit Universitätsabschluss, die als Hauptfachrichtung diese Fächer und als ausgeübten Beruf LehrerIn zum Beispiel an Gymnasien nannten (Berufsordnungen BO 870, 872, 873; Statistisches Bundesamt 1992), gingen in die Berechnung der Arbeitslosenquoten nicht ein.

Ungewöhnlich hoch ist die Arbeitslosenquote der Historikerinnen und Ethnologinnen mit 10,3 Prozent im Jahr 2000. Daneben gibt es aber eine Reihe von frauendominierten Fächern, bei denen die Arbeitslosigkeit der Frauen niedriger oder zumindest nicht höher liegt als bei Männerfächern. Während beim Bauingenieurwesen, beim Maschinenbau und bei der Elektrotechnik die Quoten zwischen 4,5 Prozent und 5,6 Prozent liegen, betragen sie bei der Tiermedizin, Psychologie oder Germanistik/Anglistik 4,7 Prozent bzw. 4,8 Prozent. Jeweils ein Fach mit ausgesprochen geringer Frauenarbeitslosigkeit gibt es sowohl unter den Männerfächern als auch unter den frauendominierten Fächern: Bei ersteren ist es die Informatik (1,7 %), bei letzteren die Pharmazie (1,9 %).

Dies ist keine Besonderheit des Jahres 2000, wie eine frühere Studie zeigt (Schreyer 1999). Für die vorausgehenden zwei Jahrzehnte gibt es ähnliche Befunde. Im Jahr 1995 beispielsweise lagen die Arbeitslosenquoten der Frauen bei den Fächern Germanistik/Anglistik oder Dolmetschen/Übersetzen bei 6,2 Prozent bzw. 9,2 Prozent im Vergleich zu 10,7 Prozent bzw. 14,6 Prozent bei Maschinenbau und Elektrotechnik (Uni). Auch die Frauen aus dem Bauingenieurwesen mit seinem Mitte der 90er Jahre noch vergleichsweise guten Teilarbeitsmarkt waren mit 7,6 Prozent häufiger arbeitslos als ihre Geschlechtsgenossinnen aus den pädagogischen Fächern (zum Beispiel Sozialarbeit/-pädagogik: 4,8 %).

Diese Ergebnisse sind insofern bedeutsam, als Empfehlungen an junge Frauen, ein bislang für sie untypisches Fach zu studieren, häufig mit der Vorstellung verbunden sind, dass damit das Arbeitslosigkeitsrisiko geringer sei als mit einem „traditionell weiblichen" Fach. Diese These lässt sich so nicht halten. Sowohl der Vergleich mit den anderen Fächern als auch speziell mit frauendominierten Fächern zeigt im Gegenteil verschiedentlich sogar ein höheres Arbeitslosigkeitsrisiko, studieren Frauen ein Männerfach.

Auf einer allgemeineren Ebene erhellen die Befunde gleichzeitig die Stichhaltigkeit von häufig vertretenen Argumentationen (vgl. zum Beispiel Bund-Länder-Kommission für Bildungsplanung und Forschungsförderung/Bundesanstalt für Arbeit 1997: 72), in denen die insgesamt höhere Arbeitslosigkeit von Akademikerinnen im Vergleich zu Akademikern *(Kap. 2.1.3)* mit traditioneller Studienfachwahl in Verbindung gebracht wird. Frauen – so die Argumentation – entschieden sich häufig für „brotlose" Fächer etwa in den Geisteswissenschaften, anstatt sich „zukunftsträchtigen" Fächern in den Ingenieur- und Naturwissenschaften zuzuwenden. Dies impliziert nicht nur die Erwartung einer niedrigeren Arbeitslosigkeit, würden sich Frauen häufiger für Männerfächer entscheiden, sondern auch eine Individualisierung von Arbeitslosigkeit: Frauen sind in dieser Sichtweise durch „falsche" Studienfachwahl selbst für ihre höhere Arbeitslosigkeit verantwortlich.

Diese Thesen werden durch die skizzierten Befunde weitgehend widerlegt. Geschlechtsuntypische Studienfachwahl schützt Frauen bislang keineswegs vor erhöhter Arbeitslosigkeit. Und geschlechtstypische Studienfachwahl ist unter Arbeitsmarktgesichtspunkten nicht notwendigerweise „irrational".

Wie bereits benannt, wurden die Arbeitslosenquoten in diesem *Kap. 7.3* auf Basis des Mikrozensus des Statistischen Bundesamtes (für die Erwerbstätigkeit) und der Arbeitslosenstatistik der Bundesanstalt für Arbeit ermittelt. Abschließend sei darauf verwiesen, dass sich die Grundstruktur der skizzierten Befunde repliziert, wenn man nicht Arbeits-, sondern Erwerbslosenquoten ausschließlich auf Basis des Mikrozensus errechnet. Im „Mikrozensus gilt eine Person dann als erwerbslos, wenn sie keine Erwerbstätigkeit (...) ausübt, sich aber innerhalb der letzten vier Wochen vor der Berichtswoche bzw. in der Berichtswoche aktiv um eine Erwerbsarbeit bemüht hat" (Emmerling/Riede 1997: 168). Eine Meldung bei der Arbeitsverwaltung ist hier nicht notwendig.[116]

116 Sowohl dem Konzept von Arbeitslosigkeit als auch dem von Erwerbslosigkeit „unterliegt der Grundgedanke, dass als arbeitslos bzw. erwerbslos gilt, wer während einer bestimmten Periode ohne Arbeitsplatz ist, dem Arbeitsmarkt zur Verfügung steht und Arbeit sucht. Durch die Verwendung unterschiedlicher Erhebungsmethoden und unterschiedlicher Abgrenzungen ergeben sich jedoch Unterschiede.
So fordert das SGB (Sozialgesetzbuch, A.S.) eine Meldung bei einer Agentur für Arbeit oder kommunalen Trägern sowie die Suche nach einer Beschäftigung von mindestens 15 Wochenstunden, um als arbeitslos erfasst zu werden; beides wird nach den Kriterien der ILO für Erwerbslosigkeit (die auch dem Mikrozensus zugrunde liegt, A.S.) nicht verlangt. Andererseits kann nach dem SGB trotz registrierter Arbeitslosigkeit eine Erwerbstätigkeit mit einem Umfang unter 15 Stunden als Hinzuverdienstmöglichkeit ausgeübt werden; das ILO-Konzept hingegen zählt jede Person, die einen Beitrag zur volkswirtschaftlichen Gesamtleistung leistet, als erwerbstätig, auch wenn dieser Beitrag in nur einer Stunde Arbeit besteht.
Es sind somit zum einen in der ILO-Arbeitsmarktstatistik Erwerbslose enthalten, die die Bundesagentur für Arbeit nicht als arbeitslos zählt. Zum anderen gelten in der Statistik der Bundesagentur für Arbeit auch Personen als arbeitslos, die nach Definition der ILO-Arbeitsmarktstatistik nicht erwerbslos sind" (Statistisches Bundesamt 2006).
Aufgrund von Fallzahlproblemen wird für Auswertungen zu Binnenstrukturen der Arbeits- bzw. Erwerbslosigkeit der Mikrozensus des Weiteren nicht benutzt, sondern ausschließlich die Arbeitslosenstatistik der Bundesagentur für Arbeit herangezogen.

Die Erwerbslosenquote für das Jahr 2000 beträgt für Frauen aus Männerfächern in Westdeutschland 5,1 Prozent. Wie die oben skizzierte Arbeitslosenquote liegt damit auch die Erwerbslosenquote dieser Frauen nicht nur höher als bei ihren männlichen Fachkollegen (3,1 %), sondern auch höher als bei den Akademikerinnen aus anderen Fächern (3,7 %). Dass diese Struktur sich auch bei Verwendung unterschiedlicher Datenbasen reproduziert, minimiert evt. Bedenken, es könne sich hier um statistische Artefakte handeln und erhärtet die Aussagekraft dieser zentralen Befunde.[117]

In den folgenden Kapiteln werden anhand verschiedener Merkmale Binnenstrukturen von Arbeitslosigkeit in den Blick genommen *(Kap. 7.4 bis Kap. 7.9)*. Hierzu wird aus den in *Kap. 7.1* skizzierten Gründen auf die Bewegungsstatistiken zur Arbeitslosigkeit 1999 und 2000 zurückgegriffen.

7.4 Alter

Die arbeitslosen Frauen aus Männerfächern sind deutlich jünger als die arbeitslosen Männer (vgl. auch Tischer 1999: 3503). Dies gilt für alle Männerfächer – besonders aber für die ingenieurwissenschaftlichen Kernfächer Maschinenbau und Elektrotechnik – und sowohl für die Zugänge als auch für die Abgänge der Jahre 1999 und 2000 *(Abbildung 34)*. Knapp 80 Prozent der arbeitslosen Frauen mit Hochschulabschluss in Männerfächern waren maximal 44 Jahre alt gegenüber rund 60 Prozent bei den Männern.

So ist also nicht nur die Altersstruktur der erwerbstätigen *(Kap. 6.3)*, sondern auch der arbeitslosen Frauen aus Männerfächern „jung". Dies dürfte damit zu tun haben, dass Frauen aus Männerfächern in Westdeutschland historisch noch keine ausgebaute Tradition haben. Das niedrige Alter weiblicher Arbeitsloser kann aber auch auf im Vergleich zu Männern größere Berufs-

---

117 Auch für 2004 und ähnliche Fächeraggregationen vorgenommene Berechnungen bekräftigen die Grundstruktur der skizzierten Befunde (Schreyer 2006: 47 ff.). Die Arbeitslosenquote für Ingenieurinnen und Informatikerinnen betrug 2004 für das Bundesgebiet 10,1 Prozent im Vergleich zu fünf Prozent bei den Ingenieuren und Informatikern. Die Arbeitslosenquote der Ingenieurinnen und Informatikerinnen liegt zudem doppelt so hoch wie für den Durchschnitt der Akademikerinnen (4,7 %).
Die Frage, inwieweit Frauen aus technisch-naturwissenschaftlichen Fächern auch in anderen Ländern relativ häufig arbeitslos sind, wäre noch näher zu untersuchen. Zumindest für Griechenland und die 80er Jahre liegen Befunde vor (Molvaer/Stein 1994: 34 f.), wonach Maschinenbauingenieurinnen rund viermal häufiger arbeitslos waren als ihre männlichen Kollegen. Gegenüber dem Durchschnitt der weiblichen Erwerbstätigen waren Maschinenbauingenieurinnen doppelt so häufig arbeitslos.

Abb. 34: Zugänge in Arbeitslosigkeit nach Altersgruppen

– Westdeutschland 1999 und 2000, Uni- oder FH-Abschluss, in Prozent –

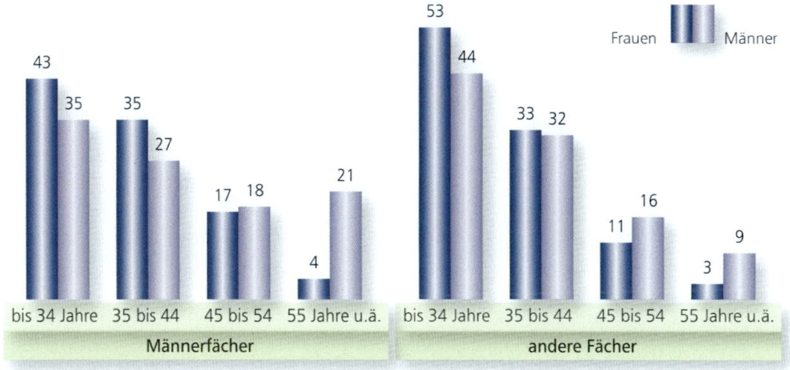

Ohne AusländerInnen.
Quelle: Arbeitslosenstatistik ST3-Zu; IAB-Datenbank FB 7.

© IAB

einstiegsprobleme sowie Probleme der Vereinbarkeit von Beruf und Familie verweisen, die vor allem in jüngeren Altersphasen auftreten und auch in Akademikerfamilien in erster Linie Frauen treffen *(Kap. 3.2* und *Kap. 8.1)*.

Jüngere Arbeitslose haben generell bessere Chancen auf (Wieder-)Eingliederung in das Beschäftigungssystem als ältere (Koller/Bach/Brixy 2003: 24). Angesichts der vergleichsweise hohen Arbeitslosenquoten der Frauen aus Männerfächern *(Kap. 7.3)* mag deren junges Alter zunächst verwundern. Der vermeintliche Vorteil kann für Frauen aber auch von Nachteil sein: Jüngeres Alter kann sich bei Frauen und gerade in Berufsbereichen, in denen Familien- und Berufsarbeit bei bestehenden Arbeitsbedingungen besonders schwer zu integrieren sind, als Bumerang erweisen. Selbst wenn sie keine Kinder haben oder planen, dürften Bewerberinnen von etlichen Beschäftigern unter „Mutterschaftsverdacht" gestellt und skeptisch betrachtet werden (Allmendinger/Wimbauer 2003; *Kap. 8.1*). Junges Alter muss also nicht in Widerspruch zu den höheren Arbeitslosenquoten der Frauen stehen, sondern kann diese im Extrem sogar mit erklären.

Im Vergleich zu den anderen Fächern ist die Altersstruktur der Arbeitslosen aus Männerfächern aber fortgeschritten. Dies gilt für beide Geschlechter, besonders aber für Männer. Einundzwanzig Prozent der weiblichen und 39 Prozent der männlichen Zugänge in Arbeitslosigkeit aus Männerfächern der Jahre 1999 und 2000 im Westen sind 45 Jahre und älter. Bei den anderen Fächern trifft dies lediglich auf 14 Prozent bzw. 25 Prozent zu. Ein Fünftel der männlichen Zugänge in Arbeitslosigkeit sind 55 Jahre und älter, bei den anderen Fächern nur neun Prozent. Besonders hoch ist der Anteil älterer Männer bei den ingenieurwissenschaftlichen Kernfächern Maschinenbau und Elektrotechnik.[118] Dies verweist darauf, dass Ingenieursarbeitslosigkeit stark ein Problem der Älteren ist bzw. auf den „Jugendkult" gerade in technischen Berufen (Boockmann/Zwick 2004; Schreyer 2000; Zentralstelle für Arbeitsvermittlung 2004: 21), auch wenn bei Befragungen viele Betriebe angeben, ältere IngenieurInnen aufgrund ihrer umfassenden beruflichen Erfahrung zu schätzen (VDI/Fraunhofer Institut Arbeitswirtschaft und Organisation 2002).

7.5 Gesundheit

Gesundheitliche Probleme sind bei den in dieser Arbeit betrachteten Gruppen eher selten. Arbeitslose Frauen aus Männerfächern sind noch weniger betroffen als Männer: Vier Prozent der weiblichen im Vergleich zu sieben Prozent der männlichen Zugänge in Arbeitslosigkeit der Jahre 1999 und 2000 haben gesundheitliche Einschränkungen. Der etwas höhere Anteil bei den Männern dürfte mit deren fortgeschrittener Altersstruktur *(Kap. 7.4)* zusammenhängen.

Der Anteil der arbeitslosen Frauen mit Gesundheitsproblemen liegt bei den anderen Fächern ebenfalls bei vier Prozent (Männer: 5 %). Gesundheitliche Gründe können also – zumindest für den hier möglichen Beobachtungszeitraum 1999 und 2000 – weder die höheren Arbeitslosenquoten von Frauen im Vergleich zu Männern aus Männerfächern noch im Vergleich zu den Frauen aus anderen Fächern erklären. Denn arbeitslose Frauen aus Männerfächern sind nicht „kränker" als die Menschen aus diesen Vergleichsgruppen.

7.6 Dauer

Betrachtet man die Dauer der abgeschlossenen Arbeitslosigkeit der Jahre 1999 und 2000 in Westdeutschland, so zeigt sich, dass Frauen aus Män-

---

118 Der relativ geringe Anteil 55-Jähriger und Älterer bei der Informatik dürfte damit zusammenhängen, dass die Informatik historisch ein relativ junges Fach ist und es im Untersuchungszeitraum dieser Studie noch wenig Erwerbspersonen dieser Ausbildung mit fortgeschrittenem Alter gab (Minks/Bathke/Filaretow 1993: 3 f.).

nerfächern – wie auch aus anderen Fächern – etwas kürzer arbeitslos sind als Männer (*Abbildung 35;* vgl. auch Tischer 1999: 3503). Sie verblieben im Durchschnitt 7,2 Monate in registrierter Arbeitslosigkeit im Vergleich zu 9,5 Monaten bei den Männern (andere Fächer: 6,2 Monate im Vergleich zu 7,2 Monaten). Die Arbeitslosenquoten von Frauen aus Männerfächern sind also höher als die von Männern, obwohl sie zumindest in den hier möglichen Beobachtungsjahren 1999 und 2000 etwas kürzer arbeitslos waren. Lediglich die Informatikerinnen waren geringfügig länger arbeitslos gemeldet als die Informatiker.

Abb. 35: Durchschnittliche Dauer der beendeten Arbeitslosigkeit

– Westdeutschland 1999 und 2000, Uni- oder FH-Abschluss, in Monaten –

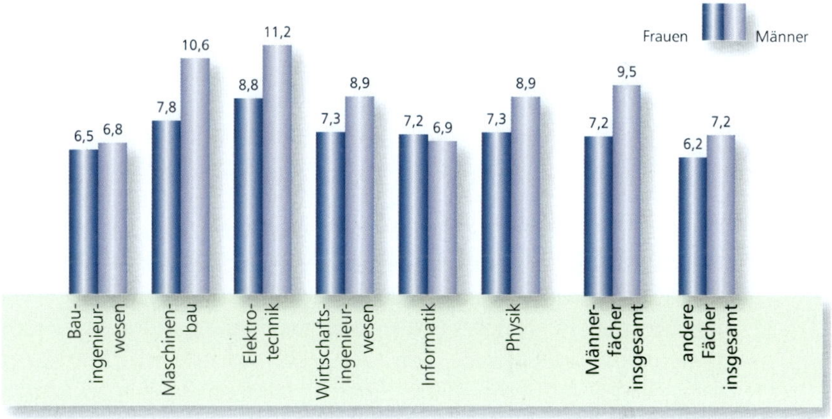

Ohne AusländerInnen.
Quelle: Arbeitslosenstatistik ST3-Ab; IAB-Datenbank FB 7.

© IAB

Männer sind nicht nur im Durchschnitt etwas länger arbeitslos als Frauen, sondern sie sind – wiederum mit Ausnahme der Informatik – auch häufiger langzeitarbeitslos *(Abbildung 36)*. Langzeitarbeitslose sind definiert als Personen, die „ein Jahr und länger arbeitslos sind" (Karr 1997: 1). Dies trifft auf 17 Prozent der Frauen, aber auf fast jeden vierten Mann aus Männerfächern zu, die in den Jahren 1999 und 2000 im Westen die Arbeitslosigkeit verließen.

Leistungsrechtliche Vorgaben schränken den Geschlechtervergleich jedoch ein. Beim Arbeitslosengeld werden Partnereinkommen noch nicht berücksichtigt; die Anspruchsdauer orientiert sich an der Dauer der vorhergehenden sozialversicherungspflichtigen Beschäftigung und dem Alter und beträgt

Abb. 36: Beendete Langzeitarbeitslosigkeit*

– Westdeutschland 1999 und 2000, Uni- oder FH-Abschluss, in Prozent –

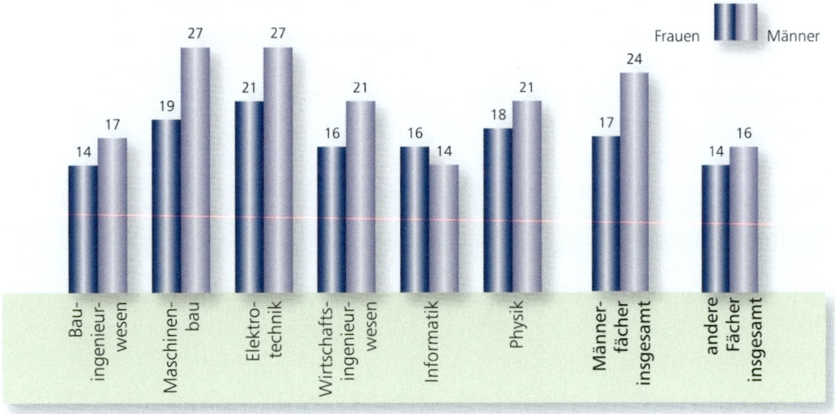

* Ein Jahr und länger.
Ohne AusländerInnen.
Quelle: Arbeitslosenstatistik ST3-Ab; IAB-Datenbank FB 7.

© IAB

mindestens sechs Monate (Bundesagentur für Arbeit 2006: SGB III 35 ff.). Die im Beobachtungszeitraum 1999 und 2000 anschließende Arbeitslosenhilfe wurde dagegen nur bei „Bedürftigkeit" gewährt. Insbesondere wurde nun eventuell vorhandenes Partnereinkommen berücksichtigt. Vor diesem Hintergrund hatten gerade weibliche Langzeitarbeitslose vielfach keinen Anspruch auf Arbeitslosenhilfe. Unklar ist, inwieweit sie sich bei faktisch anhaltender Arbeitslosigkeit weiterhin – etwa in der Hoffnung auf geförderte berufliche Weiterbildung oder Vermittlungsleistungen – bei der Arbeitsverwaltung meldeten.

Diese Einschränkungen dürften jedoch für die Frauen der beiden betrachteten Gruppen gleichermaßen gelten. Es fällt aber auf, dass die Frauen aus Männerfächern mit 17 Prozent geringfügig häufiger langzeitarbeitslos sind als die Frauen aus anderen Fächern (14 %). Dieser Befund widerspricht wiederum gängigen Annahmen, die Frauen aus Männerfächern generell bessere Arbeitsmarktchancen zuschreiben.

Die Berechnung von Dauern der Arbeitslosigkeit ist noch mit weiteren Problemen verbunden. So führen konkrete Verfahrensweisen in der Praxis der Arbeitsverwaltung bzw. versicherungsrechtliche Vorgaben dazu, dass „in der buchhalterisch genauen Statistik der Bundesanstalt aus mancher langen

Periode der Arbeitslosigkeit (legal) mehrere kurze werden" (Karr 1997: 1). Beispielsweise kann ein Arbeitsloser bei einem Meldeversäumnis als Abgang aus der Arbeitslosigkeit registriert werden; sucht er ein paar Tage verspätet die Arbeitsverwaltung auf, wird er als „Zugang" erfasst, obwohl sich seine faktische Arbeitslosigkeit nicht verändert hat.[119] Auch wegen einer längeren Erkrankung/Arbeitsunfähigkeit kann ein Arbeitsloser als Abgang gezählt werden. Nach seiner evt. Genesung gilt er wieder als Zugang (vgl. auch Rothe 2003). Die Aussagefähigkeit von Ergebnissen zur Dauer von Arbeitslosigkeit stößt auch vor diesem Hintergrund an Grenzen. Unterstellt, dass solche Faktoren bei beiden Vergleichsgruppen (Männerfächer und andere Fächer) in ähnlich hohem Maße wirksam werden, verliert diese Problematik im untersuchten Kontext jedoch wiederum an Gewicht.

Angesichts dieser Unschärfen wird im Folgenden die Dauer der Arbeitslosigkeit aber noch für eine – privilegierte – Teilgruppe berechnet. Und zwar werden speziell diejenigen betrachtet, die nach Arbeitslosigkeit in eine Beschäftigung auf dem regulären ersten Arbeitsmarkt einmünden konnten. Zum ersten Arbeitsmarkt „gehören alle abhängig Beschäftigten, soweit sie sich nicht in Ausbildung befinden oder im zweiten Arbeitsmarkt (...) beschäftigt sind" (Rothe 2003: 2). In Anlehnung an Autorengemeinschaft (2003: 22) werden zum ersten Arbeitsmarkt auch Personen gezählt, „deren Einstellung mit Hilfe von Eingliederungszuschüssen, Lohnkostenzuschüssen u.Ä. gefördert wurde. Dem zweiten Arbeitsmarkt gehören insbesondere Teilnehmer an Arbeitsbeschaffungs- und Strukturanpassungsmaßnahmen an (ABM; SAM)", die im Schwerpunkt von der Arbeitsverwaltung finanziert werden.[120] Wie in *Kap. 7.7* gezeigt werden wird, bilden die Abgänge in den ersten Arbeitsmarkt die größte Gruppe innerhalb der Abgänge aus Arbeitslosigkeit; zudem ist diese vergleichsweise scharf abzugreifen.

Auch wenn die Unterschiede gering sind, zeigt sich doch: Das oben skizzierte Bild dreht sich um. Mit Ausnahme der Physik brauchen Frauen aus Männerfächern im Durchschnitt nämlich etwas länger als Männer, bis sie aus Arbeitslosigkeit in den ersten Arbeitsmarkt einmünden können *(Abbil-*

---

119 So müssen sich im Beobachtungszeitraum 1999 und 2000 beispielsweise Nicht-LeistungsbezieherInnen alle drei Monate bei der Arbeitsverwaltung melden, wollen sie ihr Bewerberangebot aufrechterhalten (Bundesanstalt für Arbeit 2003: 3). Wird dieser Termin erst verspätet wahrgenommen, wurden sie zwischenzeitlich ggf. als Abgang codiert und werden nun wieder als Zugang gebucht.

120 Mit der Einführung des Zweiten Buchs des Sozialgesetzbuchs „Grundsicherung für Arbeitsuchende" (SGB II) zum 1. Januar 2005 erweitert sich der zweite Arbeitsmarkt insbesondere um die Ein-Euro-Jobs bzw. Arbeitsgelegenheiten (Brinkmann u. a. 2005).

Abb. 37: Durchschnittliche Dauer der Arbeitslosigkeit bei Abgängen in den ersten Arbeitsmarkt

– Westdeutschland 1999 und 2000, Uni- oder FH-Abschluss, in Monaten –

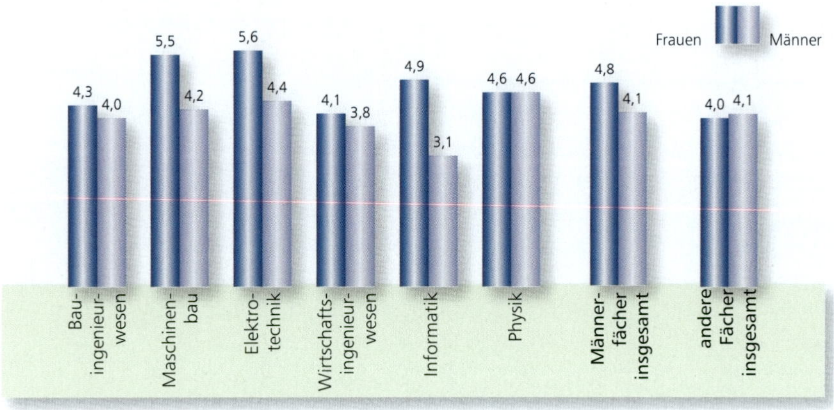

Ohne AusländerInnen.
Quelle: Arbeitslosenstatistik ST3-Ab; IAB-Datenbank FB 7.

dung 37). Arbeitslose Informatiker waren im Schnitt drei Monate arbeitslos, bevor sie in den ersten Arbeitsmarkt übergehen konnten, arbeitslose Informatikerinnen fünf Monate – obwohl der Informatikerarbeitsmarkt in den Beobachtungsjahren 1999 und 2000 boomte (Dostal 2002).

Wiederum entgegen gängiger Annahmen, die Frauen aus Männerfächern generell bessere Arbeitsmarktchancen zuschreiben, waren diese vor Einmündung in den ersten Arbeitsmarkt im Durchschnitt nicht kürzer, sondern sogar geringfügig länger arbeitslos als die Frauen aus anderen Fächern (4,8 Monate im Vergleich zu 4 Monaten).

7.7 Abgangsgründe

Wie in *Kap. 7.1* bereits erwähnt, ist „Beendigung von Arbeitslosigkeit nicht mit der Aufnahme von Arbeit gleichzusetzen" (Koller/Bach/Brixy 2003: 19). Im Folgenden wird untersucht, aus welchen Gründen Frauen bzw. Männer die registrierte Arbeitslosigkeit im Westen 1999 und 2000 verlassen haben.

Arbeitslose Frauen aus Männerfächern münden etwas seltener als Männer in Erwerbstätigkeit ein (44 % zu 50 %; *Abbildung 38*). Im Einzelnen gehen

Abb. 38: Abgänge aus Arbeitslosigkeit nach Gründen

– Westdeutschland 1999 und 2000, Uni- oder FH-Abschluss, in Prozent –

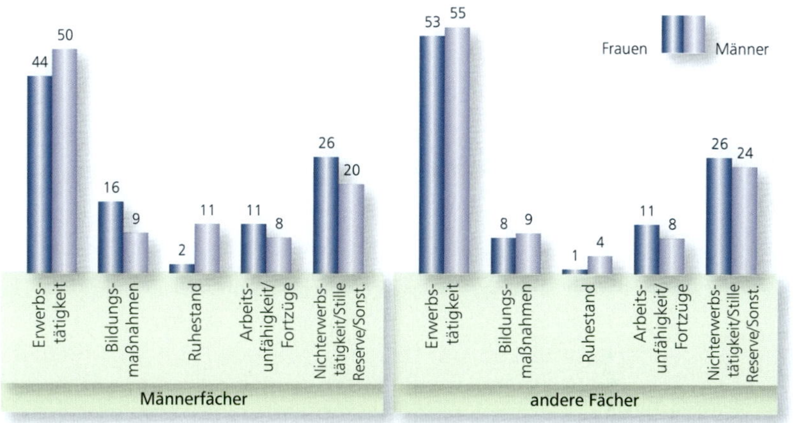

Nur Gründe ≥ 3% in mindestens einer Zelle. Ohne AusländerInnen.
Quelle: Arbeitslosenstatistik ST3-Ab; IAB-Datenbank FB 7.

39 Prozent der Frauen im Vergleich zu 43 Prozent der Männer in den ersten Arbeitsmarkt über. Der zweite Arbeitsmarkt spielt mit ein bis zwei Prozent in Westdeutschland nur eine marginale Rolle.[121] Mit sechs Prozent versuchen doppelt soviel ehedem arbeitslose Männer als Frauen den Sprung in die Selbständigkeit.

Auffallend ist die hohe Beteiligung der arbeitslosen Frauen aus Männerfächern an Bildungsmaßnahmen. Darunter sind vor allem Maßnahmen der Fort- und Weiterbildung zu verstehen, die von der Arbeitsverwaltung gefördert werden.[122] Deswegen melden sich Frauen (16 %) rund doppelt so

121 Beschäftigte des zweiten Arbeitsmarktes bzw. TeilnehmerInnen an bestimmter beruflicher Weiterbildung werden nicht als Arbeitslose gezählt: „Seit Einführung der jeweiligen Gesetzesregelungen gelten beschäftigte geförderte Arbeitnehmer in Maßnahmen zur Arbeitsbeschaffung (...), in Strukturanpassungsmaßnahmen (...), in Strukturanpassungsmaßnahmen Ost für Wirtschaftsunternehmen (...) sowie in anderen geförderten Beschäftigungsverhältnissen wegen des fehlenden Kriteriums der Arbeits- bzw. Beschäftigungslosigkeit nicht als Arbeitslose. Teilnehmer an Vollzeit-Maßnahmen der beruflichen Fortbildung und Umschulung bzw. der beruflichen Weiterbildung waren bzw. sind wegen fehlender Verfügbarkeit für die Arbeitsvermittlung von der Zählung ausgeschlossen" (Bundesanstalt für Arbeit 2003: 2).

122 In Bezug speziell auf Umschulungen stellt Minks (2001: 42) auf Basis seiner fünf Jahre nach dem Examen 1993 durchgeführten Befragung von Absolventinnen und Absolven-

häufig aus Arbeitslosigkeit ab als Männer aus Männerfächern sowie Frauen und Männer aus anderen Fächern. Dies dürfte mit familienbedingten Erwerbsunterbrechungen und dem in technischen Feldern besonders schnell einsetzenden Qualifikationsverlust zu tun haben, der berufliche Weiterbildung ratsam erscheinen lässt.

Umgekehrt fallen bei den Männern aus Männerfächern die zahlreichen Übergänge in den Ruhestand auf. Diese sind vor dem Hintergrund des fortgeschrittenen Alters dieses Personenkreises zu sehen *(Kap. 7.4)*.[123] Die Aufnahme eines weiteren Studiums oder einer beruflichen Ausbildung spielt nirgendwo eine nennenswerte Rolle.

Insbesondere die Abgänge aufgrund von „Arbeitsunfähigkeit/Fortzügen" können kaum mit faktischer Beendigung der Arbeitslosigkeit gleichgesetzt werden. Sie sind eher als formale „Abgangs"gründe zu sehen: Zieht ein Arbeitsloser in einen anderen Arbeitsamtsbezirk um, so wird er im Herkunftsarbeitsamt als Abgang und im Zuzugsarbeitsamt als Zugang codiert. Ähnliches gilt, wie in *Kap. 7.6* skizziert, für eine längere Erkrankung oder Arbeitsunfähigkeit.

Auch die Kategorie „Nichterwerbstätigkeit/Stille Reserve/Sonstiges", die immerhin für rund ein Viertel (Frauen) bzw. Fünftel (Männer) der hier betrachteten Abgänge steht, lässt sich nur schwer inhaltlich interpretieren. Sie bezieht sich in erster Linie auf Menschen, die ihre Arbeitslosigkeitsmeldung nicht erneuern, zum Beispiel weil sie keinen Leistungsanspruch (mehr) besitzen oder eine Stelle gefunden haben[124] oder weil sie sich von der Arbeitsverwaltung keine Unterstützung bei ihrer Suche nach Arbeit erhoffen.

---

ten technisch-naturwissenschaftlicher Fächer fest, dass diese „nur von geringer Bedeutung (sind). In wahrnehmbarer Größenordnung sind sie überhaupt nur unter Absolventinnen und Absolventen des Maschinenbaus/der Elektrotechnik (...) und unter Naturwissenschaftlern zu finden."

123 Unter die Kategorie „Abgänge in Ruhestand" werden in dieser Studie auch Arbeitslose gefasst, die ab einem Alter von mindestens 58 Jahren den in den Beobachtungsjahren 1999 und 2000 gültigen § 428 des Sozialgesetzbuches (SGB) III für sich in Anspruch nahmen. Vor dem Hintergrund des schwierigen Arbeitsmarktes für Ältere (Koller/Bach/Brixy 2003) ermöglicht diese Regelung den Bezug von Lohnersatzleistungen ohne Verpflichtung zur Verfügbarkeit auf dem Arbeitsmarkt. Menschen, die diese Regelung für sich in Anspruch nehmen, werden nicht mehr als Arbeitslose codiert. Faktisch sind sie jedoch Teil der Stillen Reserve (Autorengemeinschaft 2003: 23).

124 Nicht-LeistungsbezieherInnen sind nicht verpflichtet, die Arbeitsaufnahme der Arbeitsverwaltung zu melden.

Zum Vergleich mit den anderen Fächern: Wiederum entgegen häufiger Annahmen, die von besseren Arbeitsmarktchancen von Frauen aus Männerfächern ausgehen, münden diese nach Arbeitslosigkeit seltener in Erwerbstätigkeit ein als ihre Geschlechtsgenossinnen aus anderen Fächern (44 % zu 53 %). Speziell in den ersten Arbeitsmarkt münden 39 Prozent der Frauen aus Männerfächern im Vergleich zu 45 Prozent der Frauen aus anderen Fächern ein.

Insgesamt deuten die Befunde daraufhin, dass arbeitslose Frauen aus Männerfächern etwas größere Probleme der (Wieder-)Eingliederung in das Beschäftigungssystem haben – nicht nur im Vergleich zu ihren männlichen Fachkollegen, sondern auch im Vergleich zu den Frauen und Männern aus anderen Fächern.

7.8 Berufliche Einmündung

Im Folgenden wird untersucht, ob sich die beruflichen Wünsche von arbeitslosen Frauen und Männern unterscheiden, inwieweit ihnen deren Realisierung gelingt und in welche Berufe sie nach ihrer Arbeitslosigkeit tatsächlich einmünden. Untersucht werden kann dies bei den Personen in Westdeutschland, die in den Jahren 1999 und 2000 aus Arbeitslosigkeit in den ersten Arbeitsmarkt eingemündet sind. Ähnlich wie in *Kap. 7.6* wird der Blick also wieder auf diese privilegierte Teilgruppe unter den Arbeitslosen gerichtet.

Bei der Interpretation der Daten ist zu berücksichtigen, dass es sich hier nicht um auf Individuen bezogene Verlaufsdaten handelt („Person x wünscht sich den Beruf y, mündet aber in den Beruf z ein"), sondern um aggregierte Querschnittsdaten. Das heißt, das Aggregat der Berufswünsche der in den Jahren 1999 und 2000 aus Arbeitslosigkeit in den ersten Arbeitsmarkt abgegangenen Arbeitslosen wird verglichen mit dem Aggregat ihrer tatsächlichen Einmündungsberufe. Wenn sich zum Beispiel fünf Prozent den Beruf y wünschen und ebenfalls fünf Prozent in diesen Beruf einmünden, muss das nicht in jedem Fall bedeuten, dass dahinter dieselben Personen stehen. Es ist nicht auszuschließen, dass Person x sich den Beruf y wünscht und in Beruf z einmündet, während Person v sich den Beruf z wünscht, aber in Beruf y einmündet. Die folgenden Interpretationen basieren also auf der – wohl nicht immer realisierten – Unterstellung, es handle sich jeweils um die gleichen Personen.

Die beruflichen Wünsche Arbeitsloser aus Männerfächern unterscheiden sich in verschiedener Hinsicht. Insbesondere fällt auf, dass Frauen zu geringeren Anteilen in die jeweils fachspezifischen Kernberufe einmünden wollen.[125] Als solche werden in dieser Arbeit Berufe verstanden, die in folgenden Berufsgruppen (BG) bzw. „2-Stellern" der amtlichen Berufssystematik (Bundesanstalt für Arbeit 1988) zusammengefasst sind: für die ingenieurwissenschaftlichen Fächer Berufe der BG 60 „IngenieurInnen", für die Informatik Berufe der BG 77 „Rechnungskaufleute/Datenverarbeitungsfachleute" sowie für die Physik Berufe der BG 61 „ChemikerInnen/PhysikerInnen/MathematikerInnen" (vgl. auch *Kap. 6.8*).

Die Anteile arbeitsloser Physikerinnen und Physiker, die in Berufen der BG 61 arbeiten möchten, sind vergleichsweise ähnlich *(Abbildung 39)*. Aber von den Elektroingenieurinnen suchen nur 58 Prozent im Vergleich zu 85 Prozent der Elektroingenieure eine Anstellung im Ingenieurberuf. Auch beim Maschinenbau als weiterem ingenieurwissenschaftlichem Kernfach unterscheiden sich die Geschlechter hier stark (68 % zu 85 %).

Abb. 39: Jeweilige Kernberufe* als Wunschberufe von Arbeitslosen

– Westdeutschland 1999 und 2000, Uni- oder FH-Abschluss, in Prozent –

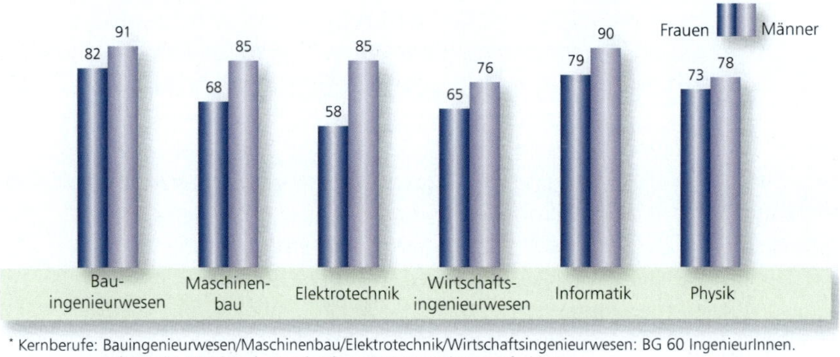

* Kernberufe: Bauingenieurwesen/Maschinenbau/Elektrotechnik/Wirtschaftsingenieurwesen: BG 60 IngenieurInnen.
Informatik: BG 77 Rechnungskaufleute/Datenverarbeitungsfachleute.
Physik: BG 61 ChemikerInnen/PhysikerInnen/MathematikerInnen.
Nur Abgänge in den ersten Arbeitsmarkt. Ohne AusländerInnen.
Quelle: Arbeitslosenstatistik ST3-Ab; IAB-Datenbank FB 7.

© IAB

125 Die zur Verfügung stehenden Daten erlauben keine Hinweise auf die Gründe, die hinter den jeweiligen beruflichen Wünschen stehen. Zu vermuten ist beispielsweise, dass die Berufswünsche von Arbeitslosen auch dadurch bestimmt werden, was sie unter gegebenen Arbeitsmarkt- und Beschäftigungsbedingungen für realistisch erachten.

Demgegenüber spielen bei den arbeitslosen Frauen aller Männerfächer Berufe der Berufsgruppe 78 „Bürofach-/Bürohilfskräfte" eine deutlich größere Rolle als bei den Männern. Unter dieser Berufsgruppe sind Berufe wie beispielsweise Verwaltungsfachkraft im mittleren Öffentlichen Dienst, Personalkaufmann/-frau oder SachbearbeiterIn zusammengefasst. Fünf Prozent der arbeitslosen Frauen mit Hochschulabschluss in Männerfächern – aber so gut wie keiner der arbeitslosen Männer – möchten in solche Berufe.

Arbeitslosen Frauen gelingt es etwas seltener als Männern, ihre Berufswünsche zu realisieren. Insbesondere im Hinblick auf die Kernberufe ihres Berufsfeldes – die sie, wie eben skizziert, bereits im Vorfeld seltener anstreben – müssen sie häufiger Abstriche in Kauf nehmen. So wünschen sich zum Beispiel zwei Drittel der arbeitslosen Wirtschaftsingenieurinnen eine Stelle im Ingenieurberuf, aber nur die Hälfte mündet in diesen ein. Bei den arbeitslosen Wirtschaftsingenieuren steht der Ingenieurberuf bei 76 Prozent an erster Stelle und immerhin 70 Prozent münden in diesen ein *(Abbildungen 39 und 40)*. Auch bei den sonstigen Männerfächern können Frauen ihren Berufswunsch seltener realisieren.[126]

Abb. 40: Einmündung von Arbeitslosen in jeweilige Kernberufe*

– Westdeutschland 1999 und 2000, Uni- oder FH-Abschluss, in Prozent –

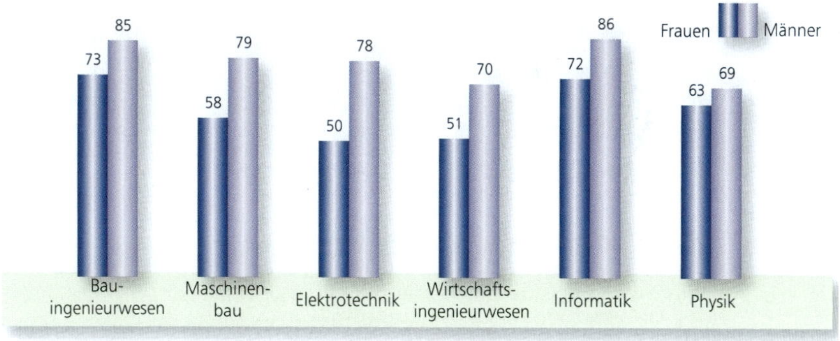

* Kernberufe: Bauingenieurwesen/Maschinenbau/Elektrotechnik/Wirtschaftsingenieurwesen: BG 60 IngenieurInnen.
Informatik: BG 77 Rechnungskaufleute/Datenverarbeitungsfachleute.
Physik: BG 61 ChemikerInnen/PhysikerInnen/MathematikerInnen.
Nur Abgänge in den ersten Arbeitsmarkt. Ohne AusländerInnen.
Quelle: Arbeitslosenstatistik ST3-Ab; IAB-Datenbank FB 7.

© IAB

126 Bei den Arbeitsämtern werden für eine/n Arbeitslose/n ggf. auch mehrere Bewerberangebote mit unterschiedlichen Berufswünschen aufgenommen. In der Abgangsstatistik ausgewiesen wird der prioritäre Berufswunsch.

Frauen aus Männerfächern münden also nach Arbeitslosigkeit wesentlich seltener in die jeweiligen fachspezifischen Kernberufe ein als Männer. Sehr viel häufiger finden sie sich in Büro- und Verwaltungsberufen wieder. Arbeitslose Wirtschaftsingenieurinnen beispielsweise münden zu 19 Prozent in diese Berufe ein im Vergleich zu nur zwei Prozent der arbeitslosen Wirtschaftsingenieure.

Es stellt sich somit die Frage, ob der in *Kap. 6.12* bereits thematisierte „Drehtüreffekt" von Frauen aus Männerfächern in Berufe abseits der jeweiligen fachspezifischen Kernberufe durch Arbeitslosigkeit noch befördert wird. Um Hinweise hierauf zu erhalten, werden im Folgenden die Berufe, aus denen Frauen – sofern sie unmittelbar vor der Arbeitslosigkeit erwerbstätig waren – in Arbeitslosigkeit übergingen („Herkunftsberufe"), mit ihren späteren Einmündungsberufen in den ersten Arbeitsmarkt verglichen. So wird also eine noch spezifischere Gruppe innerhalb der Teilgruppe der Abgänge aus Arbeitslosigkeit in den ersten Arbeitsmarkt betrachtet, nämlich diejenigen, die unmittelbar vor der Arbeitslosigkeit erwerbstätig und nicht etwa in Bildungsmaßnahmen waren.

Die These eines Drehtüreffekts raus aus den fachspezifischen Kernberufen infolge von Arbeitslosigkeit wird zumindest durch diese Auswertung nicht erhärtet. Zwar mündet – mit Ausnahme der Physik – auch die hier betrachtete Gruppe von Frauen zu wesentlich geringeren Anteilen in die jeweiligen fachspezifischen Kernberufe ein als die Männer *(Tabelle A-28 im Internet unter www.campus.de/isbn/9783593386126).* Vergleicht man jedoch die Herkunftsberufe dieser Frauen – also die Berufe, die Frauen aus Männerfächern unmittelbar vor ihrer Arbeitslosigkeit ausgeübt hatten – mit ihren beruflichen Einmündungen nach der Arbeitslosigkeit, so zeigt sich, dass die Anteilswerte der jeweils fachspezifischen Kernberufe bei den Einmündungsberufen etwas höher liegen *(Abbildung 41).*

So waren von den Akademikerinnen, die das Fach Elektrotechnik studiert hatten, 44 Prozent als Ingenieurinnen tätig, bevor sie arbeitslos wurden. Nach der Arbeitslosigkeit mündete aber jede Zweite in den Ingenieurberuf ein. Mithin kann zumindest für die betrachtete Gruppe sogar von einem leichten Drehtüreffekt nach Arbeitslosigkeit hinein in die jeweiligen fachspezifischen Kernberufe gesprochen werden. Dieser ist vermutlich vor dem Hintergrund der – abgesehen vom Bauingenieurwesen – guten Konjunktur bei den technisch-naturwissenschaftlichen Fächern in den Jahren 1999 und 2000 zu sehen. Eine Ausnahme stellt lediglich die Informatik dar: Der Anteil der DV-Berufe liegt bei den Herkunftsberufen der Informatikerinnen

Abb. 41: Jeweilige Kernberufe* als Herkunfts- oder Einmündungsberuf von arbeitslosen Frauen

– Westdeutschland 1999 und 2000, Uni- oder FH-Abschluss, in Prozent –

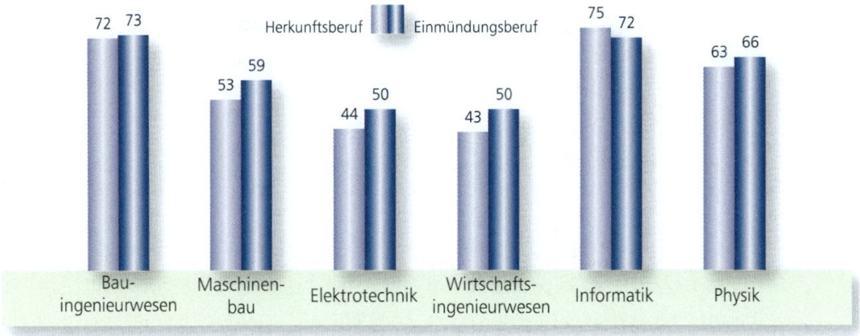

* Kernberufe: Bauingenieurwesen/Maschinenbau/Elektrotechnik/Wirtschaftsingenieurwesen: BG 60 IngenieurInnen.
Informatik: BG 77 Rechnungskaufleute/Datenverarbeitungsfachleute.
Physik: BG 61 ChemikerInnen/PhysikerInnen/MathematikerInnen.

Nur Abgänge in den ersten Arbeitsmarkt. Erwerbstätigkeit unmittelbar vor Arbeitslosigkeit. Ohne AusländerInnen.

Quelle: Arbeitslosenstatistik ST3-Ab; IAB-Datenbank FB 7. © IAB

bei 75 Prozent, bei ihren Einmündungsberufen nach Arbeitslosigkeit bei 72 Prozent.

Allerdings beziehen sich diese Annäherungen an die Frage des Drehtüreffekts gewissermaßen auf eine Positivauslese unter den Arbeitslosen, nämlich auf diejenigen, die unmittelbar aus Erwerbstätigkeit in Arbeitslosigkeit einmündeten und denen vor allem aus Arbeitslosigkeit der Übergang in den ersten Arbeitsmarkt gelang. Über den weiteren beruflichen Weg derjenigen, die aus Arbeitslosigkeit etwa in den zweiten Arbeitsmarkt oder in berufliche Bildungsmaßnahmen einmünden oder deren Verschwinden aus der registrierten Arbeitslosigkeit kaum inhaltlich zu interpretieren ist, lassen sich auf Basis des Datenmaterials keine Aussagen treffen.

7.9 Arbeitszeitwünsche

Mutterschaft ist eine wichtige Determinante für Berufsverläufe auch von Akademikerinnen (Abele 2003: 169 f.; Minks 2001: 71 f.; vgl. auch *Kap. 3.2*). Die Arbeitslosenstatistiken enthalten jedoch kaum familienbezogene Informationen.[127] Es liegen aber zumindest Informationen zu den Arbeitszeitwün-

127 Zwar wird in dem zugrunde liegenden Fachverfahren BewA („Bewerberangebote") der

schen der Arbeitslosen vor. Der Wunsch nach einer Teilzeitstelle kann zwar vielfältige Gründe haben, in der Regel scheinen aber in Westdeutschland familienbezogene Gesichtspunkte (Betreuung von Kindern oder pflegebedürftigen Angehörigen) dahinter zu stehen (Koch 2002: 51 ff.). Im Folgenden wird die Arbeitslosigkeit von Frauen aus Männerfächern mit Teilzeitwunsch gesondert betrachtet. Als Kontrastgruppen fungieren hier in erster Linie die Fachkolleginnen, die eine Vollzeitstelle suchen, sowie die Frauen aus anderen Fächern mit Voll- oder Teilzeitwünschen.

Fast nur Frauen suchen eine Teilzeitstelle. Fünfzehn Prozent der weiblichen, aber nur ein Prozent der männlichen Zugänge aus Männerfächern in Arbeitslosigkeit 1999 und 2000 im Westen möchten in Teilzeit arbeiten *(Abbildung 42)*. Dies entspricht genau den Arbeitszeitwünschen der Zugänge aus anderen Fächern. Informatikerinnen suchen am häufigsten eine Teilzeitstelle (23 %), Bauingenieurinnen am seltensten (13 %).

Abb. 42: Zugänge in Arbeitslosigkeit mit Teilzeitwunsch

– Westdeutschland 1999 und 2000, Uni- oder FH-Abschluss, in Prozent –

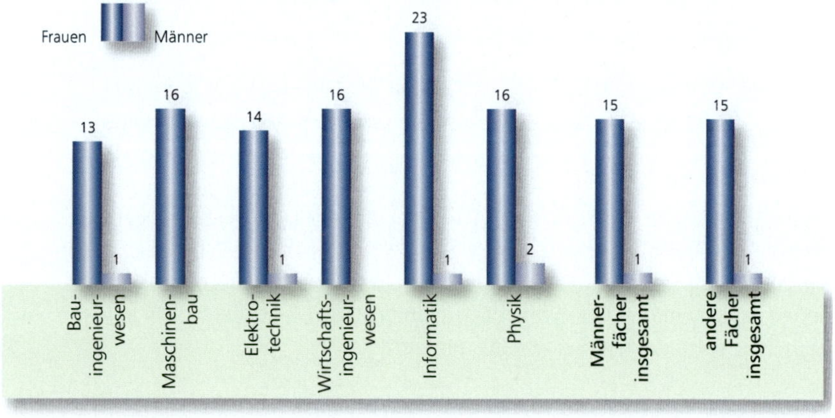

Ohne AusländerInnen.
Quelle: Arbeitslosenstatistik ST3-Zu; IAB-Datenbank FB 7. © IAB

Arbeitsverwaltung das leistungsrechtlich relevante Merkmal „Kinder unter 15 Jahre" erhoben, in den hieraus generierten Arbeitslosenstatistiken wird es aber nicht mehr ausgewiesen. Ausgewiesen wird das Merkmal „Berufsrückkehrer". Überprüfungen zeigten aber, dass dieses Merkmal zumindest für den in dieser Arbeit gewählten Beobachtungszeitraum nicht herangezogen werden kann, da es in den Arbeitsämtern sehr unterschiedlich benutzt wurde (Parsch-Haertel 1999).

Dauer
Arbeitslose Frauen aus Männerfächern, die eine Vollzeitstelle suchen, gelingt der (Wieder-)Einstieg in den ersten Arbeitsmarkt *(Kap. 7.6)* schneller als den Frauen, die Teilzeit wünschen. Erstere verbleiben im Durchschnitt viereinhalb Monate in Arbeitslosigkeit, letztere sieben *(Abbildung 43)*. Ähnliche Unterschiede finden sich fast bei allen Männerfächern. Besonders ausgeprägt sind sie bei der Informatik mit ihrem in den Beobachtungsjahren 1999 und 2000 eigentlich boomenden Arbeitsmarkt: Teilzeitorientierte Frauen suchten mit durchschnittlich gut acht Monaten doppelt so lange wie ihre vollzeitorientierten Fachkolleginnen nach einer Stelle.

Abb. 43: Durchschnittliche Dauer der Arbeitslosigkeit weiblicher Abgänge in den ersten Arbeitsmarkt nach Arbeitszeitwunsch

– Westdeutschland 1999 und 2000, Uni- oder FH-Abschluss, in Monaten –

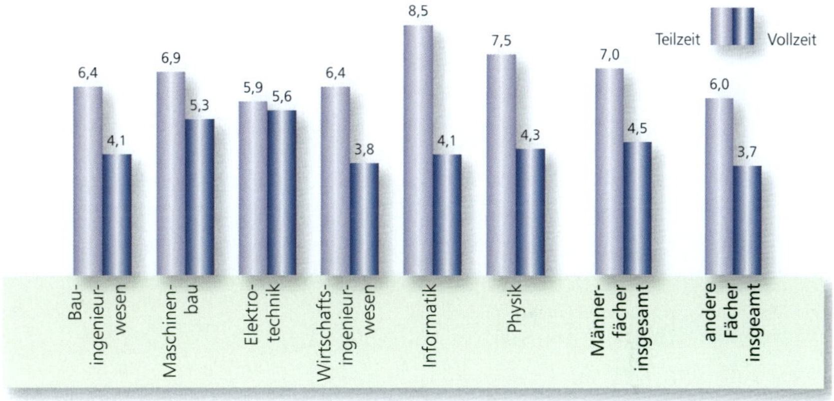

Ohne AusländerInnen.
Quelle: Arbeitslosenstatistik ST3-Ab; IAB-Datenbank FB 7.

© IAB

Die Frauen aus anderen Fächern auf der Suche nach einer Vollzeitstelle münden im Durchschnitt nach 3,7 Monaten und solche auf der Suche nach einer Teilzeitstelle nach sechs Monaten in den ersten Arbeitsmarkt ein.

Damit brauchen die arbeitslosen Frauen mit Teilzeitwunsch aus Männerfächern im Durchschnitt am längsten, bis sie eine Stelle auf dem ersten Arbeitsmarkt finden. Hier dürfte sich widerspiegeln, dass Teilzeit in stark männerdominierten Segmenten von Erwerbsarbeit immer noch fast ein Fremdwort ist *(Kap. 6.6)*.

Abgangsgründe

Die Gründe, warum Frauen aus Männerfächern in den Jahren 1999 und 2000 aus registrierter Arbeitslosigkeit ausschieden, differieren je nach gewünschter Arbeitszeit *(Abbildung 44).* Die (Wieder-)Eingliederung in das Beschäftigungssystem gelingt Frauen mit Vollzeitwunsch eher als ihren Kolleginnen, die eine Teilzeitstelle suchen.[128]

Abb. 44: Abgänge von Frauen aus Arbeitslosigkeit nach Gründen und Arbeitszeitwunsch

– Westdeutschland 1999 und 2000, Uni- oder FH-Abschluss, in Prozent –

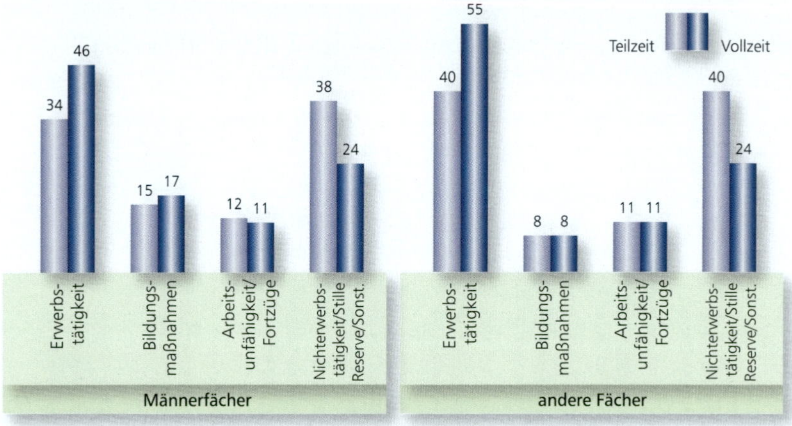

Nur Gründe ≥ 3 % in mindestens einer Zelle. Ohne AusländerInnen.
Quelle: Arbeitslosenstatistik ST3-Ab; IAB-Datenbank FB 7. © IAB

So mündet fast die Hälfte der Frauen mit Vollzeitwunsch, aber nur ein Drittel der Frauen mit Teilzeitwunsch in Erwerbstätigkeit ein. Darunter nehmen jeweils drei Prozent eine selbständige Existenz (einschließlich Mithelfende Familienangehörige) auf; der zweite Arbeitsmarkt spielt bei beiden Gruppen im Westen nur eine marginale Rolle. Während aber 41 Prozent der arbeitslosen Frauen mit Vollzeitwunsch eine Stelle im ersten Arbeitsmarkt finden, gelingt dies nur 30 Prozent der Frauen mit Teilzeitwunsch. Dieser Unterschied findet sich bei allen Männerfächern, besonders ausgeprägt ist er beim Wirtschaftsingenieurwesen: 43 Prozent der Wirtschaftsingenieurinnen auf der Suche nach einer Vollzeitstelle münden in den ersten Arbeitsmarkt ein

128 Die Arbeitslosenstatistik enthält keine Informationen darüber, ob arbeitslose Frauen mit Vollzeitwunsch tatsächlich eine Vollzeitstelle bzw. umgekehrt Frauen mit Teilzeitwunsch tatsächlich eine Teilzeitstelle gefunden haben.

im Vergleich zu nur 25 Prozent der Wirtschaftsingenieurinnen mit Wunsch nach einer Teilzeitstelle.

Den Frauen aus anderen Fächern gelingt es jeweils deutlich häufiger als denen aus Männerfächern, die Arbeitslosigkeit durch Übergang in Erwerbstätigkeit zu beenden. Damit können Frauen aus Männerfächern mit Teilzeitwunsch am seltensten (34 %) ihre Arbeitslosigkeit durch (Wieder-)Aufnahme von Erwerbsarbeit abschließen.

Frauen mit Teilzeitwunsch „verschwinden" viel häufiger als solche mit Vollzeitwunsch aus der Arbeitslosenstatistik, ohne dass genauere Informationen über ihren Verbleib vorliegen. In der, wie in *Kap. 7.7* skizziert, inhaltlich schwer interpretierbaren Kategorie „Nichterwerbstätigkeit/Stille Reserve/Sonstiges" finden sich jedenfalls rund 40 Prozent der weiblichen Abgänge aus Arbeitslosigkeit mit Teilzeitwunsch im Vergleich zu 24 Prozent der Abgänge mit Vollzeitwunsch.

In Maßnahmen der beruflichen Fort- und Weiterbildung münden anteilig ähnlich viele Frauen aus Männerfächern mit Voll- und Teilzeitwunsch ein (17 % zu 15 %). Übergänge in den Ruhestand oder in ein weiteres Studium bzw. eine berufliche Ausbildung spielen nirgendwo eine nennenswerte Rolle.

Berufliche Einmündung
Die folgenden Ausführungen beziehen sich wieder auf eine privilegierte Teilgruppe unter den Arbeitslosen, nämlich die Frauen, die nach ihrer Arbeitslosigkeit in den Jahren 1999 und 2000 in den regulären ersten Arbeitsmarkt einmünden konnten.

Die beruflichen Wünsche von arbeitslosen Frauen aus Männerfächern, die entweder eine Teilzeit- oder eine Vollzeitstelle suchen, unterscheiden sich zum Teil, zum Teil sind sie sich ähnlich *(Abbildung 45)*. So hofft nur die Hälfte der Wirtschaftsingenieurinnen mit Wunsch nach Teilzeit auf eine Stelle im Ingenieurberuf im Vergleich zu zwei Drittel ihrer arbeitslosen Kolleginnen mit Vollzeitwunsch. Gewisse Unterschiede zeigen sich auch beim Bauingenieurwesen.

Beim Maschinenbau, bei der Elektrotechnik und bei der Physik dagegen wollen anteilsmäßig ähnlich viele Frauen in die jeweiligen fachspezifischen Kernberufe *(Kap. 7.8)*. Die teilzeitinteressierten Informatikerinnen möchten sogar häufiger als ihre arbeitslosen Kolleginnen mit Vollzeitwunsch als DV-Fachfrauen arbeiten.

Abb. 45: Jeweilige Kernberufe* als Wunschberufe von arbeitslosen Frauen nach Arbeitszeitwunsch

– Westdeutschland 1999 und 2000, Uni- oder FH-Abschluss, in Prozent –

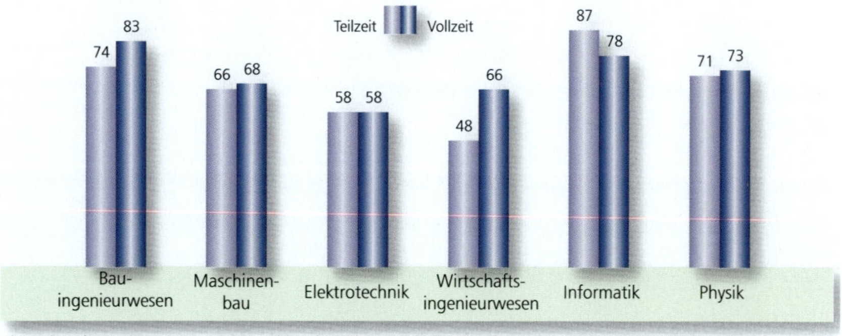

* Kernberufe: Bauingenieurwesen/Maschinenbau/Elektrotechnik/Wirtschaftsingenieurwesen: BG 60 IngenieurInnen.
Informatik: BG 77 Rechnungskaufleute/Datenverarbeitungsfachleute.
Physik: BG 61 ChemikerInnen/PhysikerInnen/MathematikerInnen.
Nur Abgänge in den ersten Arbeitsmarkt. Ohne AusländerInnen.
Quelle: Arbeitslosenstatistik ST3-Ab; IAB-Datenbank FB 7.

Die arbeitslosen Ingenieurinnen – weniger die arbeitslosen Naturwissenschaftlerinnen – rechnen sich offenbar in den Büro- und Verwaltungsberufen Chancen auf Teilzeit aus. Jedenfalls richten sich ihre Wünsche häufiger auf Berufe der Berufsgruppe 78 „Bürofach-/Bürohilfskräfte" als bei den Ingenieurinnen, die eine Vollzeitstelle suchen. So möchten 22 Prozent der Wirtschaftsingenieurinnen mit Teilzeitwunsch und 14 Prozent der Wirtschaftsingenieurinnen mit Vollzeitwunsch in diese Berufe (Elektrotechnik: 16 % zu 6 %).

Nicht nur bei den beruflichen Wünschen, sondern auch bei deren Realisierung zeigen sich Unterschiede zwischen den Frauen mit verschiedenen Arbeitszeitpräferenzen. Arbeitslosen Frauen aus Männerfächern mit Teilzeitwunsch gelingt es im Durchschnitt geringfügig seltener als solchen mit Vollzeitwunsch, ihre beruflichen Wünsche zu realisieren. So wollten ähnlich viele der arbeitslosen Maschinenbauingenieurinnen, die in den Jahren 1999 und 2000 in den ersten Arbeitsmarkt abgingen, in den Ingenieurberuf einmünden (66 % zu 68 %). Von denjenigen mit Teilzeitwunsch gelang dies 51 Prozent, von denjenigen mit Vollzeitwunsch 59 Prozent *(Abbildungen 45 und 46)*. Diese Unterschiede sind aber wenig ausgeprägt bzw. es gibt auch gegenläufige Entwicklungen. So ist der Ingenieurberuf für 48 Prozent der arbeitslosen Wirtschaftsingenieurinnen, die eine Teilzeitstelle suchen, Wunschberuf und immerhin 41 Prozent münden auch in diesen ein. Von den Fachkolleginnen,

Abb. 46: Einmündung von arbeitslosen Frauen in jeweilige Kernberufe* nach Arbeitszeitwunsch

– Westdeutschland 1999 und 2000, Uni- oder FH-Abschluss, in Prozent –

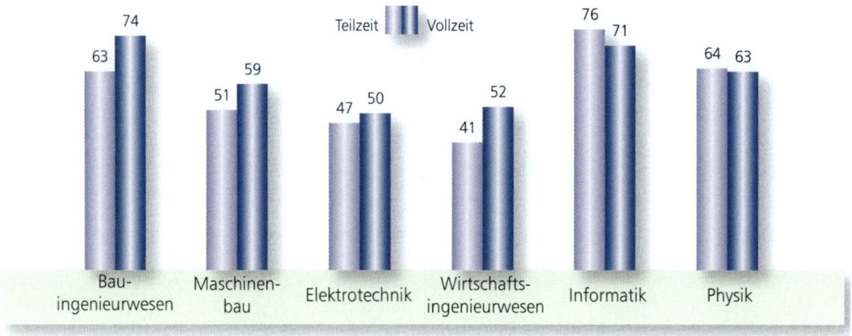

* Kernberufe: Bauingenieurwesen/Maschinenbau/Elektrotechnik/Wirtschaftsingenieurwesen: BG 60 IngenieurInnen.
Informatik: BG 77 Rechnungskaufleute/Datenverarbeitungsfachleute.
Physik: BG 61 ChemikerInnen/PhysikerInnen/MathematikerInnen.
Nur Abgänge in den ersten Arbeitsmarkt. Ohne AusländerInnen.
Quelle: Arbeitslosenstatistik ST3-Ab; IAB-Datenbank FB 7.

die eine Vollzeitbeschäftigung suchen, wünschen sich zwei Drittel diesen Beruf, aber nur gut die Hälfte mündet in diesen ein.[129]

Arbeitslose Frauen auf der Suche nach Teilzeitarbeit münden seltener in die jeweiligen Kernberufe ein als ihre Kolleginnen, die Vollzeit arbeiten möchten. Ausnahmen sind die Physik und vor allem die Informatik, wo Frauen mit Teilzeitwunsch sogar häufiger in DV-Berufe einmünden als solche mit Vollzeitwunsch (76 % zu 71 %).

In *Kap. 7.8* wurde allgemein aufgezeigt, dass Frauen aus Männerfächern nach Arbeitslosigkeit deutlich seltener in die entsprechenden Kernberufe einmünden als Männer. Dieser Unterschied verstärkt sich noch, vergleicht man die berufliche Einmündung der arbeitslosen Frauen speziell mit Teilzeitwunsch mit der der Männer, die, wie oben skizziert, fast ausschließlich Vollzeitbeschäftigung suchen.

---

129 Aus dem Bauingenieurwesen und der Physik gehen einige Frauen zudem in den Lehrerberuf, der in der Regel Möglichkeiten der Arbeitszeitreduktion bietet. Diese Frauen dürften die Angebote zum Quereinstieg genutzt haben, die seit einigen Jahren in verschiedenen Bundesländern angesichts des partiellen Mangels an Lehrkräften existieren (Bundesagentur für Arbeit 2004: 32 ff.).

Ingenieurinnen, die eine Teilzeitstelle suchen, münden nach Arbeitslosigkeit mit Abstand seltener in Ingenieurberufe ein als Ingenieure *(Abbildung 47)*. So finden 47 Prozent der in den Jahren 1999 und 2000 aus Arbeitslosigkeit in den ersten Arbeitsmarkt abgehenden Elektroingenieurinnen mit Teilzeitwunsch eine Stelle im Ingenieurberuf. Bei den Männern sind dies 78 Prozent. Diese immensen Unterschiede bei den Ingenieurfächern sind vor dem Hintergrund der hier kaum existenten Teilzeitarbeit zu sehen *(Kap. 6.6)*.

Abb. 47: Einmündung von arbeitslosen Frauen mit Teilzeitwunsch und Männern in jeweilige Kernberufe*

– Westdeutschland 1999 und 2000, Uni- oder FH-Abschluss, in Prozent –

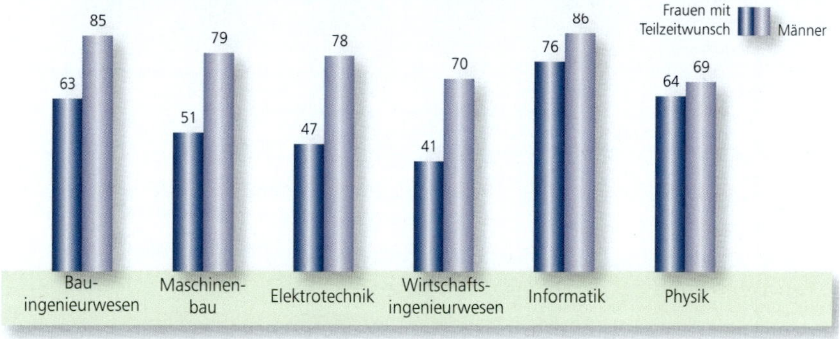

* Kernberufe: Bauingenieurwesen/Maschinenbau/Elektrotechnik/Wirtschaftsingenieurwesen: BG 60 IngenieurInnen.
Informatik: BG 77 Rechnungskaufleute/Datenverarbeitungsfachleute.
Physik: BG 61 ChemikerInnen/PhysikerInnen/MathematikerInnen.
Nur Abgänge in den ersten Arbeitsmarkt. Ohne AusländerInnen.
Quelle: Arbeitslosenstatistik ST3-Ab; IAB-Datenbank FB 7.

© IAB

Etwas verbreiteter sind zeitreduzierte Arbeitsverhältnisse bei den Naturwissenschaften (Informatik und vor allem Physik; *Kap. 6.6*). So unterscheiden sich die Einmündungsraten in die entsprechenden Kernberufe zwischen den arbeitslosen Frauen mit Teilzeitwunsch und den fast ausschließlich Vollzeitbeschäftigung suchenden Männern wesentlich weniger als bei den IngenieurInnen (Physik: 64 % zu 69 %; Informatik: 76 % zu 86 %).

7.10 Zwischenresümee

Um die Jahrhundertwende sind Frauen aus Männerfächern in der Arbeitslosigkeit anteilsmäßig doppelt so häufig vertreten wie in der Erwerbstätigkeit. So sind auch ihre Arbeitslosenquoten gut doppelt so hoch wie die ihrer Ex-Kommilitonen. Wäre die Stille Reserve mit einzubeziehen, würden die

Quoten von Männern und Frauen voraussichtlich noch stärker auseinander fallen. Geschlechterungleichheit zeigt sich also auch bei dieser insgesamt privilegierten Teilgruppe des Arbeitsmarktes. Im Zeitvergleich hat sie aber immerhin abgenommen: 1989 waren Frauen aus Männerfächern noch fast viermal so häufig arbeitslos wie Männer.

Frauen aus Männerfächern sind nicht nur häufiger arbeitslos als ihre männlichen Fachkollegen, sondern über den gesamten Untersuchungszeitraum auch etwas häufiger arbeitslos als die Frauen aus anderen Fächern. Vergleicht man für das Jahr 2000 die sechs Männerfächer speziell mit sechs frauendominierten Fächern, zeigt sich bei letzteren im Durchschnitt zwar eine etwas höhere Arbeitslosenquote. Der Unterschied ist aber gering. So liegt bei einigen frauendominierten Fächern (zum Beispiel Psychologie, Germanistik/Anglistik) die Arbeitslosenquote niedriger oder zumindest nicht höher als bei Männerfächern. Auch eine frühere Untersuchung (Schreyer 1999) ergab, dass Frauen aus männerdominierten Fächern oft höhere Arbeitslosenquoten hatten als Frauen aus „geschlechtstypischen" Fächern.

Für die Untersuchung von Binnenstrukturen der Arbeitslosigkeit von Personen aus Männerfächern und anderen Fächern in Westdeutschland konnten die Bewegungsstatistiken der Jahre 1999 und 2000 ausgewertet werden. Auch hier zeigt sich, dass arbeitslose Frauen aus Männerfächern im Vergleich zu ihren männlichen Fachkollegen sowie zu Frauen aus anderen Fächern Nachteile haben – entgegen gängiger Annahmen. So münden sie nicht nur etwas seltener in Erwerbstätigkeit bzw. speziell in den ersten Arbeitsmarkt ein. Sie benötigen auch geringfügig mehr Zeit dazu. Und selbst wenn ihnen der (Wieder-)Einstieg in den ersten Arbeitsmarkt gelingt, können sie ihre konkreten beruflichen Wünsche seltener realisieren. Arbeitslose Frauen aus Männerfächern haben somit größere Probleme der (Wieder-)Eingliederung in das Beschäftigungssystem – im Vergleich zu Männern, aber auch im Vergleich zu Frauen aus anderen Fächern.

Strukturmerkmale von Arbeitslosigkeit liefern verschiedentlich Hinweise auf mögliche Gründe der vergleichsweise hohen Arbeitslosigkeit von Frauen aus Männerfächern. So scheint Teilzeitwunsch die (Wieder-)Eingliederungschancen von Arbeitslosen in Beschäftigung gerade in männerdominierten Bereichen von Erwerbsarbeit zu schmälern. Arbeitslose Frauen aus Männerfächern sind jünger als ihre männlichen Fachkollegen. Der vermeintliche Vorteil des niedrigen Alters kann sich für Frauen in Berufsbereichen, in denen Familien- und Berufsarbeit besonders schwer zu vereinbaren sind, aber als Nachteil in Hinblick auf ihre Arbeitsmarktchancen erweisen, stehen sie doch unter dem Generalverdacht künftiger Mutterschaft („statistische Diskriminierung"; vgl. von Stebut/Kleinert/Hornung 2006: 42 f.; Heintz u. a. 1997: 50; *Kap. 8.1*). Niedriges Alter muss also nicht in Widerspruch zu den höheren Arbeitslosenquoten der Frauen stehen, sondern kann diese im Extrem sogar mit erklären.

Die untersuchten Merkmale kurz noch einmal im Einzelnen:

Alter
Arbeitslose Frauen aus Männerfächern sind in der Tendenz etwas jünger als arbeitslose Männer. Die im Vergleich zu den anderen Fächern aber fortgeschrittene Altersstruktur beider Geschlechter dürfte vor dem Hintergrund des „Jugendkults" gerade in technischen Berufen zu sehen sein.

Gesundheit
Arbeitslose Frauen aus Männerfächern haben noch etwas seltener gesundheitliche Probleme als arbeitslose Männer.

Der Anteil der arbeitslosen Frauen mit gesundheitlichen Einschränkungen ist bei den anderen Fächern identisch. Gesundheitliche Gründe können somit weder die höheren Arbeitslosenquoten von Frauen im Vergleich zu Männern aus Männerfächern noch im Vergleich zu Frauen aus anderen Fächern erklären.

Dauer
Allgemein sind Frauen aus Männerfächern etwas kürzer arbeitslos registriert als Männer. Frauen sind aber geringfügig länger arbeitslos als Männer, bis ihnen der (Wieder-)Einstieg speziell in den ersten Arbeitsmarkt gelingt. Auch sind sie etwas länger arbeitslos als die Akademikerinnen aus anderen Fächern. Dies widerspricht wiederum der gängigen Annahme besserer Arbeitsmarktchancen von Frauen aus Männerfächern.

Abgangsgründe
Frauen aus Männerfächern münden nach Arbeitslosigkeit seltener als ihre männlichen Fachkollegen und die Frauen aus anderen Fächern in Erwerbstätigkeit ein. Dies gilt auch für den Übergang speziell in den ersten Arbeitsmarkt. Frauen aus Männerfächern brauchen also nicht nur etwas länger, bis sie eine Stelle auf dem ersten Arbeitsmarkt finden, sondern ihnen gelingt dies auch seltener.

Vergleichsweise häufig münden sie in berufliche Bildungsmaßnahmen ein. Der weitere Verbleib nach der registrierten Arbeitslosigkeit bleibt bei vielen Frauen aber unklar.

Berufliche Einmündung

Arbeitslose Frauen aus Männerfächern wünschen sich seltener als Männer die jeweiligen technisch-naturwissenschaftlichen Kernberufe – hierin unterscheiden sich die Geschlechter deutlich. Demgegenüber möchten sie häufiger Verwaltungs- und Büroberufe.

Sogar für die Teilgruppe derjenigen, denen nach der Arbeitslosigkeit die Einmündung in den ersten Arbeitsmarkt gelingt, gilt: Arbeitslose Frauen aus Männerfächern können ihre beruflichen Wünsche seltener als Männer realisieren. Vor allem bezogen auf die Kernberufe ihres Berufsfelds müssen sie häufiger Abstriche in Kauf nehmen.

In der Folge bereits divergierender Berufswünsche zum einen und geringerer Realisierungschancen zum anderen münden Frauen aus Männerfächern nach Arbeitslosigkeit deutlich seltener in die jeweils fachspezifischen Kernberufe ein als Männer.

Die These eines Drehtüreffekts raus aus den fachspezifischen Kernberufen infolge von Arbeitslosigkeit ist zumindest für die (privilegierte) Teilgruppe der Abgänge in den ersten Arbeitsmarkt, die unmittelbar vor der Arbeitslosigkeit erwerbstätig war, nicht zu bestätigen. Im Gegenteil finden sich Frauen nach Arbeitslosigkeit sogar etwas häufiger in den Kernberufen wieder als vorher. Solche Befunde können jedoch nur unter Vorbehalt formuliert werden, liegen ihnen, wie in *Kap. 7.8* expliziert, doch aggregierte Querschnitts- und keine individuellen Verlaufsdaten zugrunde.

Arbeitszeitwünsche

Teilzeitstellen werden fast ausschließlich von weiblichen Arbeitslosen gesucht. Arbeitslose Frauen aus Männerfächern wünschen zu gleichen Anteilen wie arbeitslose Frauen aus anderen Fächern Teilzeit, doch sind bei ersteren die Realisierungschancen geringer.

So gelingt ihnen der (Wieder-)Einstieg in den ersten Arbeitsmarkt deutlich seltener und sie brauchen dafür auch länger als die Fachkolleginnen mit Vollzeitwunsch und die Frauen mit Teil- oder Vollzeitwunsch der anderen Fächer. Sie „verschwinden" sehr oft aus der Arbeitslosenstatistik, ohne dass verwertbare Informationen über ihren Verbleib vorliegen.

Arbeitslose Frauen aus Männerfächern mit Teilzeitwunsch möchten etwas häufiger als ihre vollzeitorientierten Kolleginnen in Verwaltungs- und Büroberufe. Dort dürften sie Chancen auf reduzierte Arbeitszeit sehen.

Die Realisierung ihrer Berufswünsche gelingt den teilzeitorientierten arbeitslosen Frauen aus Männerfächern geringfügig seltener als ihren Kolleginnen auf der Suche nach einer Vollzeitstelle. So münden sie in der Regel seltener in die fachspezifischen Kernberufe ein – nicht nur im Vergleich zu den Fachkolleginnen mit Vollzeitwunsch, sondern vor allem im Vergleich zu den arbeitslosen Männern aus Männerfächern.

Insgesamt zeigen sich bei der Arbeitslosigkeit Nachteile der Frauen aus Männerfächern nicht nur gegenüber den Männern aus Männerfächern, sondern auch gegenüber den Frauen aus anderen Fächern. Selbst im Vergleich zu den Frauen, die Fächer mit hohen Frauenanteilen studiert haben, sind die Frauen aus Männerfächern durchaus nicht immer im Vorteil. Ihre Arbeitslosigkeit ist teils sogar höher.

Damit fallen zwei Thesen, die in der öffentlichen Diskussion implizit oder explizit häufig vertreten werden. Zum einen verbindet sich mit den Empfehlungen an junge Frauen, ein geschlechtsuntypisches Fach zu studieren, häufig die Vorstellung, dieses berge ein geringeres Arbeitslosigkeitsrisiko als ein „traditionell weibliches" Fach. Aber geschlechtsuntypische Studienfachwahl schützt Frauen bislang mitnichten vor höherer Arbeitslosigkeit.

Deswegen lässt sich zum andern auch die insgesamt höhere Arbeitslosigkeit von Akademikerinnen im Vergleich zu Akademikern nicht mehr mit traditioneller Studienfachwahl begründen – und damit das Arbeitslosigkeitsrisiko von Akademikerinnen individualisieren, sind sie in dieser Sichtweise durch „falsche" Studienfachwahl doch selbst dafür verantwortlich. Denn dieses Risiko wird bislang nicht geringer, wenn sich Frauen für Fächer entscheiden, die traditionell vorwiegend von Männern studiert werden.

8 Hintergründe

Frauen aus Männerfächern sind gegenüber ihren männlichen Fachkollegen auf dem Arbeitsmarkt und in der Beschäftigung benachteiligt. Gegenüber den Akademikerinnen aus anderen Fächern haben sie neben Vorteilen durchaus auch Nachteile. Im Folgenden werden Gründe skizziert, die in der einschlägigen wissenschaftlichen Diskussion thematisiert werden. Ergänzend und illustrativ-verdeutlichend wird bisweilen empirisches Material einbezogen, das 2000/2001 im Auftrag des IAB von ForschungssachbearbeiterInnen der Bundesanstalt für Arbeit erhoben wurde. Es handelt sich um Protokolle von 35 offenen Leitfadeninterviews mit Personalverantwortlichen (vor allem VertreterInnen von Personalabteilungen bzw. bei mittelständischen Betrieben von Unternehmensleitungen). Die einbezogenen Betriebe sind vorwiegend dem Verarbeitenden Gewerbe zuzuordnen. Durch die Interviews sollten betriebliche Perspektiven auf hoch qualifizierte Frauen in männerdominierten technischen Berufen beleuchtet werden *(Kap. 4.3)*.

Die im Folgenden verschiedenen Abschnitten *(Kap. 8.1 bis Kap. 8.4)* zugeordneten Aspekte überlappen sich zum Teil bzw. fließen ineinander über.

8.1 Zeitliche Arbeitsbedingungen

Integration von Familien- und Erwerbsarbeit
„Die gegenwärtig vorherrschende betriebliche Gestaltung der Arbeitsbedingungen an IngenieurInnenarbeitsplätzen erzwingt ein bestimmtes Lebenskonzept. Das führt tendenziell zur Ausgrenzung all derer, die davon abweichen. Grundlegend ist die Orientierung an der ‚männlichen Normalbiographie'; vorausgesetzt wird eine ununterbrochene, zeitlich extensive Verfügbarkeit der IngenieurInnen" (Hengstenberg 1994: 232; vgl. auch Teubner/Hartmann 2001: 27 ff.; Haffner/Könekamp/Krais 2006: 34 ff.). Damit verbunden sind insbesondere Probleme der Integration von Familien- und Erwerbsarbeit. Diese sind in technischen Berufen besonders ausgeprägt und belasten vor allem Frauen, wird die Herstellung einer Balance zwischen diesen beiden Arbeitsbereichen gesellschaftlich wie privat doch einseitig ihnen abverlangt.

Ungleiche familiale Arbeitsteilung auf der einen Seite ist auch für Haushalte von Ingenieur- und NaturwissenschaftlerInnen nachgewiesen (Minks 2001: 17 und 71 f.; Abele/Neunzert/Tobies 2004: 75 f.). Bereits die unterschiedlichen Paarkonstellationen von Männern und Frauen aus technisch-naturwissenschaftlichen Fächern deuten auf ungleiche Be- und Entlastungen hin: 28 Prozent der in Partnerschaft lebenden Männer, aber nur vier Prozent der Frauen haben nicht berufstätige PartnerInnen. Demgegenüber leben vier von zehn Männern, aber acht von zehn Frauen mit Partnerschaft in „Doppelkarrieren" – das heißt in der Untersuchung von Könekamp/Haffner (2006 sowie 2005a und b), die Partnerin oder der Partner übt selber einen akademischen Beruf aus. In Zusammenhang mit unterschiedlichen Paarkonstellationen unterscheiden sich auch die Modi der Kinderbetreuung gravierend: „Bei Männern überwiegt ein Modell für die Organisation der Kinderbetreuung, das diese nahezu ausschließlich auf die Partnerin verlagert. (...) Bei den befragten Frauen finden sich komplexe Modelle, die von der Eigenleistung bis zur außerhäuslichen Betreuung unterschiedliche Formen der Kinderbetreuung einbeziehen – nur die Beteiligung der Lebenspartner ist selten" (Könekamp/Haffner 2006: o. S.; *Kap. 3.2.2*).

Auf der anderen Seite erschweren verschiedene Arbeitsbedingungen gerade in hoch qualifiziert-technischen Berufsbereichen die Integration von Familien- und Erwerbsarbeit. Könekamp/Haffner (2005b: 79 und 87) gehen davon aus, „dass in den Berufsfeldern von Naturwissenschaft und Technik, in denen nur wenige hoch qualifizierte Frauen etabliert sind, neue Wünsche nach Vereinbarkeit von Karriere und Partnerschaft auf geringes Interesse der Arbeitgeber stoßen, auch weil sie mit dieser Problematik aufgrund der anderen Lebenssituation der großen Mehrheit der männlichen Beschäftigten bisher kaum konfrontiert worden sind. (...) In einer Arbeitskultur, die den männlichen Kollegen als Normalfall sieht, werden diese anderen Lebensbedingungen einer kleinen weiblichen Minderheit leicht übersehen." Wie in *Kap. 6.6* skizziert, ist Teilzeit hier immer noch fast ein Fremdwort. „Volle Kapazität" wird in den o. a. Leitfadeninterviews mit Personalverantwortlichen in aller Regel gefordert, höchstens im Ausnahmefall und für einen sehr begrenzten Zeitraum sei Teilzeitarbeit denkbar. Auch die hohe Stressbelastung und Entgrenzung von Arbeitszeit vor allem in der IT-Branche (Trautwein-Kalms 2001; Henninger 2001: 101) erschwert die Balance zwischen Familien- und Erwerbsarbeit.[130] „Alle Mitarbeiter müssen flexibel mit

130 Heintz u. a. (1997: 150 und 162) sprechen hier aber auch von einem „Überstundenmythos", der in informationstechnischen Berufsfeldern auch dann symbolischen Bestand hat, wenn reale Arbeitszeiterfahrungen dem entgegenstehen.

ihrer Arbeitszeit umgehen können. Feste Arbeitszeiten gibt es nicht" – so im o.a. Leitfadeninterview die Personalleiterin eines am Neuen Markt notierten New Media-Unternehmens; im Notfall, etwa wenn der Kindergarten geschlossen hat, können Eltern ihr Kind aber auch mal mit in den Betrieb nehmen. Der Drei-Schicht-Betrieb in der Fertigung oder die Nachtarbeit in der Entwicklung habe Ingenieurinnen mit Kindern schon wiederholt zu einer Kündigung veranlasst, berichtet der Personalleiter eines elektrotechnischen Großunternehmens. Betriebliche InterviewpartnerInnen verweisen wiederholt auch darauf, dass Außendienst weder attraktiv noch geeignet für Frauen sei. Die vielen Geschäftsreisen erforderten regelmäßig längere Abwesenheitszeiten, die mit Familienpflichten kaum vereinbar seien; darüber hinaus gäbe es bei manchen KundInnen Akzeptanzprobleme, wenn sie von einer Frau betreut würden.

Anders als in jüngeren Werbekampagnen behauptet *(Kap. 1)*, ist Telearbeit – (gleichstellungs-)politisch ohnehin umstritten – in Deutschland derzeit und wohl auch mittelfristig nur für sehr wenige Beschäftigte Wirklichkeit. So gaben im Mikrozensus 2000 nur zwei Prozent aller männlichen bzw. weiblichen, mit PCs arbeitenden Angestellten an, ihrer Erwerbstätigkeit überwiegend zu Hause nachzugehen (Statistisches Bundesamt 2002a: 42). Ähnlich selten geben Frauen und Männer aus Männerfächern an, mindestens die Hälfte ihrer Arbeitstage zu Hause zu arbeiten – dies zeigen Auswertungen des Mikrozensus 2000 durch die Autorin.[131] In den o.a. Leitfadeninterviews wurde nur ein einziger Fall von realisierter Telearbeit benannt; eine im Controlling beschäftigte Ingenieurin führte ihre Vollzeitarbeit nach dem Mutterschutz überwiegend in Telearbeit weiter.

Ein Wiedereinstieg zumindest nach einer längeren Familienphase wird von Betrieben aufgrund des schnellen technologischen Wandels bei hoch qualifizierten Berufen als besonders problematisch gewertet. Längere Ausfälle seien ferner zumindest in Zeiten von Hochkonjunktur schwer zu kompensieren, lassen sich für einen zeitlich befristeten Einsatz doch kaum qualifizierte technische Fachkräfte gewinnen – so Aussagen in den o.a. Leitfadeninterviews mit Personalverantwortlichen.[132]

---

131 Der Frage „Haben Sie Ihre Erwerbstätigkeit in der Zeit von Februar bis April 2000 hauptsächlich, manchmal oder nie zu Hause ausgeübt?" liegt im Übrigen nur eine 0,45 %-Unterstichprobe des Mikrozensus zugrunde.

132 In dem Betrieb, den Heintz u.a. (1997: 150f.) in Bezug auf die informationstechnischen Berufe untersuchten, wurden Anträge auf eine längere Erwerbsunterbrechung nicht nur wegen Mutterschaft, sondern auch wegen Weltreisen sowie nichtinformatischer Weiterbildungen eingereicht. Trotz objektiv identischer Folgen für die Arbeitsorganisation

Die Vorwegnahme von Problemen der Vereinbarkeit von Familie und Beruf seitens der Betriebe und möglicherweise auch seitens der Frauen mit Kinderwunsch mag bereits den Berufseinstieg prägen bzw. erschweren. Immer wieder findet sich in der Literatur die Vermutung, viele Betriebe griffen lieber auf Männer zurück, um sich vor mutterschaftsbedingten Ausfallzeiten zu schützen (Mooraj 2002: 119; Kay 2001: 163).[133] „Das muss man schon bei Bewerbungen im Hinterkopf haben" – sagt im o.a. Leitfadeninterview der Personalleiter eines Großunternehmens der Automobilzulieferindustrie in Bezug auf potentielle Ausfälle durch Kindererziehungszeiten. Rechtlich sind bei Einstellungsverfahren „Fragen nach einer bestehenden Schwangerschaft, dem Familienstand, einem zukünftigen Heirats- oder Kinderwunsch und der Zahl bereits vorhandener Kinder (...) in aller Regel unzulässig, weil sie zum einen keinen inhaltlichen Zusammenhang mit einem zu besetzenden Arbeitsplatz aufweisen und zum anderen zur unmittelbaren bzw. mittelbaren Diskriminierung von Frauen führen können" (Kay 2001: 157). Vor diesem Hintergrund erstaunt, wie offen – wenn auch nur sehr wenige – Personal- oder Betriebsleiter in den o.a. Interviews angaben, entsprechende Fragen beim Bewerbungsgespräch zu formulieren und bei aus ihrer Sicht unbefriedigenden Antworten von der Einstellung der Bewerberin abzusehen.

Frauen münden bereits nach dem Examen seltener als Männer in das Produzierende Gewerbe, häufiger aber in Handel und Dienstleistung ein. Auch üben gerade ausgebildete Ingenieurinnen den Ingenieurberuf seltener aus als ihre männlichen Fachkollegen und sind häufiger in Verwaltungsberufen tätig. Möglicherweise ist dies mit darin begründet, dass Frauen in diesen Branchen und Berufen größere Chancen der Vereinbarkeit von Familienarbeit bzw. Privatleben und Erwerbsarbeit sehen (*Kap. 6.8* und *Kap. 6.10;*

---

werden Unterbrechungen je nach Anlass betrieblich unterschiedlich interpretiert. Bei Müttern wird abnehmendes, bei ReiserückkehrerInnen zunehmendes berufliches Engagement unterstellt.

133 Generell wirken sich „die Aspekte Familienstand, vorhandene und geplante Kinder (...) unterschiedlich auf die Einstellungschancen von Frauen und Männern aus, insbesondere wenn es um die Besetzung von höherqualifizierten Positionen durch Personen jüngeren und mittleren Alters geht. Mit diesen Kriterien verknüpft sich die Angst, die Mitarbeiterin verursache zusätzliche Kosten und/oder bliebe dem Betrieb nicht ausreichend lange erhalten. Dass gut qualifizierte Arbeitnehmerinnen ein Unternehmen häufiger verlassen als gut qualifizierte Arbeitnehmer, lässt sich empirisch nicht nachweisen. Auch die aus Schwanger- und Mutterschaft resultierenden Kosten sind im Normalfall von einem Unternehmen verkraftbar; kleine Unternehmen mit nicht mehr als 20 Beschäftigten werden über eine Entgeltfortzahlungsversicherung entlastet. Die noch immer verbreiteten Ängste von Personalverantwortlichen sind großteils nicht berechtigt" (Kay 2001: 163; vgl. auch: Minks 2001: IV).

Minks 1996: 65; vgl. auch: European Commission 2003: 78). Auch wenn die Motive für die Wahl oder den Wechsel einer Stelle bei Männern und Frauen aus technisch-naturwissenschaftlichen Fächern großteils identisch sind, ist ferner eine Tendenz erkennbar, dass Frauen – und hier nicht nur die Mütter – „ihre eigenen beruflichen Ambitionen zugunsten der Partnerbeziehung häufiger nachrangig behandeln als Männer" (Minks 2001: 29). Auch in Bezug auf räumliche Mobilität orientieren sich Frauen eher an ihren Partnern als umgekehrt, was die beruflichen Chancen der ersteren einschränken kann.

Aber gerade hoch qualifizierte Frauen haben zunehmend häufig keine Kinder (Abele 2003: 176 f.). Analysen des Mikrozensus zeigen für Westdeutschland, dass 1997 rund 43 Prozent der 35- bis 39-jährigen Akademikerinnen (noch) ohne Kinder waren (Wirth/Dümmler 2004: 2).[134] Im Durchschnitt hatten 28 Prozent der westdeutschen Frauen aller Qualifikationsebenen und dieser Altersgruppe 1997 keine Kinder. Zugleich zeigt sich gerade bei den Akademikerinnen ein Kohorteneffekt, das heißt, dass der Anteil von Kinderlosen bei jüngeren Altersjahrgängen steigt.

In den neuen Bundesländern lag 2001 der Anteil Kinderloser unter den 35- bis 40-jährigen Frauen aller Qualifikationsgruppen bei 17 Prozent. Von den ostdeutschen Akademikerinnen dieser Altersgruppe waren ebenfalls 17 Prozent ohne Kinder, anders als im Westen waren sie im Osten also nicht überdurchschnittlich häufig kinderlos. In jüngerer Zeit deutet sich aber auch in den neuen Bundesländern ein Anstieg an (Institut der deutschen Wirtschaft 2003: 8).

Nun scheinen Frauen – unabhängig von ihrem individuellen Lebensentwurf – häufig generell unter „Mutterschaftsverdacht" gestellt zu werden, einem auf Gruppenstereotypen aufbauenden und als „statistische Diskriminierung" bekannten Effekt (Allmendinger/Wimbauer 2003; von Stebut/Kleinert/Hornung 2006: 42 f.; Heintz u. a. 1997: 50). Der hohe Anteil Kinderloser gerade bei den hoch qualifizierten Frauen weist aber bereits darauf hin, dass Gründe für Benachteiligung – entgegen vieler öffentlicher Diskussionen – keineswegs nur in Problemen der Vereinbarkeit von Familien- und Erwerbsarbeit gesehen werden dürfen (vgl. hierzu auch: Abele 2002: 60 f.; Könekamp/Haffner 2006).

---

134 Der Mikrozensus enthält allerdings im strengen Sinn keine Informationen zu den von einer Frau insgesamt geborenen Kindern, sondern erfasst ausschließlich die zum jeweiligen Erhebungszeitpunkt im Haushalt lebenden Kinder (Wirth/Dümmler 2004: 1; *Kap. 6.3*).

8.2 Betriebliche Personalpolitiken

Mittelbare und unmittelbare Diskriminierung

Im vorherigen Abschnitt *(Kap. 8.1)* wurden im Kontext von (potentieller) Mutterschaft bereits einzelne Aspekte betrieblicher Personalpolitik thematisiert. Ein weiteres Instrument der Personalpolitik der Privaten Wirtschaft und zunehmend auch des Öffentlichen Dienstes sind Leistungsbeurteilungen. Sie sind Grundlage für den Zugang zu Positionen, den Erwerb von Status und leistungsabhängigen Lohnbestandteilen und gelten als wichtiger Motivationsfaktor. Krell (2001) analysiert einschlägige Studien der empirischen Personalforschung in den USA, Großbritannien und Deutschland. Diese beziehen sich zum einen auf die geschlechtsspezifische Verteilung der Ergebnisse von Leistungsbeurteilungen, zum andern auf Mitarbeiterbefragungen zur wahrgenommenen Fairness von Beurteilungen. Es zeigt sich, dass in Leistungsbeurteilungen von Fach- und Führungskräften vielfach Geschlechterstereotype einfließen und zwar insbesondere dann, wenn nicht quantitative (zum Beispiel Zahl der Vorträge), sondern qualitative Beurteilungskriterien (zum Beispiel Belastbarkeit und „natürliche Autorität") verwendet werden. Weibliche Führungskräfte werden schlechter beurteilt „als äquivalente männliche Führungskräfte. Dieser Effekt wird noch verstärkt, wenn die Beurteilenden Männer sind und wenn die beurteilten Frauen in Berufen oder Bereichen tätig sind, die als typisch männlich gelten" (Krell 2001: 38). Neben Frauen in männerdominierten Berufsfeldern und Beschäftigten beiderlei Geschlechts in frauendominierten Berufsfeldern werden insbesondere Teilzeitbeschäftigte als potentiell diskriminierte Gruppen identifiziert.

Teilzeitbeschäftigte gelten nicht nur in männerdominierten Berufsfeldern, sondern nahezu allgemein[135] als „Prototyp" mittelbar Diskriminierter. Mittelbare Diskriminierung differenziert nicht unmittelbar „nach dem Geschlecht, sondern unterscheidet nach Merkmalen, die bei Männern und Frauen jeweils vorliegen können. Tatsächlich ist ihre Verteilung auf die Geschlechter jedoch ungleich, so dass sich die Unterscheidung im Ergebnis deutlich zum Nachteil eines Geschlechts auswirkt, ohne dass sie durch objektive Erfordernisse gerechtfertigt ist" (Schlachter zitiert in Kay 2001: 156). Die überwiegend weiblichen Teilzeitbeschäftigten sind nicht nur in Bezug auf Leistungsbe-

---

135 Heintz u.a. (1997: 218 f.) differenzieren hier zwischen unterschiedlich vergeschlechtlichten Berufsbereichen. Während substanzielle Arbeitszeitreduktion im Männerberuf InformatikerIn und im integrierten Beruf VersicherungssachbearbeiterIn schleichende Dequalifizierung nach sich ziehe und Aufstiegschancen vernichte, sind die negativen Folgen von Teilzeitarbeit in der frauendominierten Krankenpflege wesentlich abgeschwächter.

urteilungen benachteiligt, sondern auch bei weiteren „Instrumenten der betrieblichen Personalpolitik, zum Beispiel den Zugang zur Weiterbildung oder zur betrieblichen Altersversorgung" (Krell 2001: 39). Auch Chancen auf beruflichen Aufstieg und Erfolg sind bei Teilzeitarbeit verringert (Heintz u. a. 1997: 218 f.; Könekamp/Haffner 2006: o. S.).

In Bezug auf die in verschiedenen Studien diagnostizierte *(Kap. 3.2.2)*, in der Regel eklatante Einkommensbenachteiligung auch von vollzeitbeschäftigten Frauen aus technisch-naturwissenschaftlichen Fächern ist noch einmal auf Minks (2001: VI) zu verweisen: Da sich die Einkommensdifferenzen zwischen Frauen und Männern „innerhalb aller Gruppen mit jeweils gleichem beruflichen Status, gleichem Lebensalter, gleichem Hochschulabschluss und gleicher Adäquanz der Tätigkeit reproduzieren, können die wesentlichen Ursachen nur in einer schlechteren Marktposition der Absolventinnen aufgrund ihres Geschlechts gesucht werden." Unklar bleibt, ob in dieser Studie die unterschiedliche Einmündung der Geschlechter in Branchen mit verschiedenen Gehaltsniveaus berücksichtigt wurde (zum Beispiel niedrigere Gehaltsstruktur im Öffentlichen Dienst im Vergleich zur Privatwirtschaft).[136]

Die Gehälter von Hochqualifizierten bewegen sich vielfach im übertariflichen Bereich. Denkbar, wenn auch empirisch nicht abgesichert, wäre beispielsweise, dass in Gehaltsverhandlungen Frauen auf der einen Seite weniger offensiv Gehalt für sich einfordern als vergleichbar qualifizierte Männer sowie betrieblich Verantwortliche auf der anderen Seite bewusst oder unbewusst Frauen einen geringeren Gehaltsanspruch zuschreiben als etwa dem männlichen „Familienernährer". Bei einem der o. a. Leitfadeninterviews mit Personalverantwortlichen wurde angedeutet, dass die einzige Ingenieurin im Betrieb auch deswegen eingestellt wurde, weil sie im Vorstellungsgespräch weniger Gehalt einforderte als ihre männlichen Mitbewerber. In einem anderen Interview berichtet eine Personalreferentin eines Großbetriebs, dass Ingenieure bei Vorstellungsgesprächen eher feste Gehaltsansprüche formulieren, während Ingenieurinnen hier zurückhaltend agieren.

Denkbar, aber m. W. empirisch ebenfalls nicht abgesichert, wäre ferner, dass betrieblich Verantwortliche Schlüsselqualifikationen wie etwa Team- und

136 In einer 1988/89 durchgeführten Untersuchung zur beruflichen Situation und zum Einkommen von WirtschaftswissenschaftlerInnen vier bis fünf Jahre nach Studienabschluss wurden die beschäftigenden Branchen kontrolliert. Aber auch hier zeigt sich, dass „Ökonominnen weniger als ihre männlichen Kollegen mit gleichen Arbeitszeiten, Positionen und Sektoren der Beschäftigung verdienen" (Schomburg 1992: 33).

Kommunikationsfähigkeit Frauen eher als biologische Stärke denn als erlernte Fähigkeit zurechnen, die es entsprechend zu gratifizieren gilt.

Betriebe sind auch von daher zurückhaltend bei der Einstellung hoch qualifizierter Frauen im technischen Feld, weil sie Probleme der Akzeptanz insbesondere durch männliche Kollegen befürchten – so eine weitere These in der einschlägigen Diskussion. Frauen können in traditionellen Männerdomänen wie dem Ingenieurbereich als „kulturelle Störfaktoren" wahrgenommen werden (vgl. zum Beispiel Mooraj 2002: 120). Zwar können unter anderem aufgrund der geringen Zahl der o.a. Leitfadeninterviews keine verallgemeinernden Aussagen getroffen werden. Ferner ist bei diesem auch politisch sensiblen Themenbereich allgemein zu fragen, inwieweit sich die interviewten betrieblichen RepräsentantInnen offen äußerten. Insbesondere bei größeren Betrieben haben Personalabteilungen ggf. nur begrenzten Einblick in den Arbeitsalltag von Fachabteilungen. Trotz dieser und anderer Einschränkungen sei zumindest darauf hingewiesen, dass die Antworten auf die Frage nach der betrieblichen Akzeptanz unterschiedlich akzentuiert waren. Zwar wurde in einigen der Interviews auf Akzeptanzprobleme hingewiesen, die aber – bedingt durch das Engagement, die Kompetenz und die Durchsetzungsfähigkeit der neuen Kollegin(nen) – bereits überwunden seien. Vielfach unter Rückgriff auf Geschlechterstereotype wurde aber von vielen auch die Bereicherung betont, die Frauen für das Arbeitsklima bedeuteten. Unter anderem deren hohe soziale Kompetenz, Zielstrebigkeit und Zähigkeit und deren oft „ausgleichendes Wesen" verändere den Kommunikationsstil zum Positiven („der Ton ist weniger rau").

Gerade in eher anwendungsorientierten Einsatzbereichen etwa in der Fertigung äußern Personalverantwortliche, dass vor oder neben dem Studium erworbene Berufspraxis bei BewerberInnen geschätzt wird. Hier sind Fachhochschulabsolventen gegenüber ihren Ex-Kommilitoninnen im Vorteil, verfügen sie doch häufiger zusätzlich über eine abgeschlossene und einschlägige Berufsausbildung *(Kap. 5.1)*.

8.3 Historisch-kulturelle Faktoren

Historisch-gesellschaftlicher Rahmen, Berufskultur und Technikbegriff
In *Kap. 3.1* wurden soziologische Theorieansätze zu den Geschlechterverhältnissen in der Erwerbsarbeit allgemein bzw. speziell im technischen Feld dargestellt. Wie skizziert, betont Mooraj (2002) die Konnotation zwischen Weiblichkeit und Technikdistanz und im Gegenzug enge Verknüpfung von

Männlichkeit und Technikkompetenz in frühindustrialisierten Gesellschaften. Unter Rückgriff auf die Theorie des Habitus von Pierre Bourdieu und sozialhistorische Arbeiten bestimmt sie die hohe Affinität von männlichem Habitus und technischer Kultur als wesentlichen Grund für die Marginalisierung von Frauen in hoch qualifizierten technischen Berufen. In einigen der o.a. Leitfadeninterviews kommt dies auch zum Ausdruck, etwa wenn der Inhaber eines mittelständischen Maschinenbauunternehmens Männern explizit und generell ein ausgeprägteres technisches Verständnis zuschreibt, weswegen er auch männliche Bewerber bevorzuge. Viele mittelständische Unternehmer würden so denken wie er. Der Werksleiter eines mittelständischen kunststoffverarbeitenden Betriebs gibt an, ein – realiter noch nicht durchgeführtes – Bewerbungsgespräch mit einer Maschinenbau- oder Elektroingenieurin würde anders verlaufen als das mit einem Maschinenbau- oder Elektroingenieur. In einem notwendigerweise intensiveren Gespräch mit einer Bewerberin müsste insbesondere die Motivation einer Frau für einen solchen Ingenieurberuf abgeklärt werden.[137] „Als Frau wird man kritischer beurteilt" – so die Personalleiterin eines kunststoffverarbeitenden Großbetriebs.

In der Bundesrepublik besteht nach Mooraj (2002: 125 ff.) ein besonders konservatives Verhältnis der Konzepte Männlichkeit, Weiblichkeit und Technik. Wie die hohe Präsenz von Frauen in technischen Assistenzberufen sowie in Un- und Angelerntenpositionen etwa in der Elektroindustrie zeigt (Teubner 2000: 3; Paul-Kohlhoff 1996: 7; Statistisches Bundesamt 2002b: 141), verläuft die Trennung zwischen Männer- und Frauenarbeit dabei weniger entlang der Linie technisch/nicht-technisch, sondern vor allem entlang der Linie anordnend einerseits und zuarbeitend/ausführend andererseits. Aber nicht in allen Ländern seien hoch qualifizierte Frauen aus Männerfächern derart marginalisiert. Mooraj stellt die These auf, dass – neben sozialistischen Ländern – in Ländern, die nicht frühindustrialisiert waren und in denen Technik für die gesellschaftliche Entwicklung traditionell weniger zentral ist, hoch qualifizierte Technikfrauen teils weniger ausgegrenzt würden. Als Beispiele führt sie Griechenland und Portugal mit ihren vergleichsweise hohen Frauenanteilen im Ingenieurstudium an (zur Mathematik vgl. Abele/Neunzert/Tobies 2004: 147 ff.). Sie zitiert Molvaer/Stein, in deren Studie Deutschland und Griechenland verglichen werden und wonach griechische Ingenieurinnen „weder die Erfahrungen ihrer westdeutschen Kolleginnen

137 Hohe Bedeutung scheint den „Pionierinnen" zuzukommen. Mehrere Personalverantwortliche, die ihren Betrieb als mittlerweile aufgeschlossen in Hinblick auf die Beschäftigung von Ingenieurinnen beschreiben, weisen darauf hin, dass eine erfolgreiche erste Ingenieurin den Weg weiterer Fachkolleginnen in das jeweilige Unternehmen geebnet habe.

in Bezug auf die ‚Exotinnenrolle' und den ‚ewigen Anfängerstatus' (teilen), noch ihr Problem, nur als ‚Ingenieur' oder ‚Frau' akzeptiert zu werden. Dagegen fühlen sie sich eher fachlich akzeptiert" (Molvaer/Stein zitiert in Mooraj 2002: 127).[138]

Auch scheinen überkommene Identitäten im Ingenieurberuf in Deutschland eine Integration von Frauen zu behindern. Molvaer/Stein (1994: 48 f.) weisen jedenfalls darauf hin, dass griechische Ingenieure ihren Beruf im Unterschied zu ihren westdeutschen Kollegen „eher als profane Gelderwerbsquelle und weniger als eine Berufung, die einen ganzen Mann und ständige Bereitschaft fordert" betrachten. Diese pragmatische Einstellung trage dazu bei, dass Griechinnen in solchen Berufen weniger ausgegrenzt werden.[139]

Die Berufskultur in der historisch noch jungen Informatik unterscheidet sich von der im tradierten Ingenieurwesen. Sie lässt sich umschreiben mit Begriffen wie „‚jung, unkompliziert, innovativ, individualistisch und kreativ' (...). Jugendlichkeit und Unkompliziertheit prägen das äußere Erscheinungsbild des Arbeitsplatzes. Lockere Kleiderregeln, die sich entweder in einer betonten Vernachlässigung der äußeren Erscheinung oder aber in einer gepflegten Lockerheit niederschlagen, werden als Ausdruck von Individualität und einer Konzentration auf das Fachliche dargestellt. Eine ähnliche Funktion besitzt das Duzen: Neben der Annäherung an angelsächsische Ausdrucks- und Umgangsformen wird dadurch auch die grundsätzliche ‚egalité' der Berufsmitglieder betont" (Heintz u. a. 1997: 134). Pragmatisch-instrumentell ist jedoch auch die Berufskultur in der Informatik nicht. Heintz u.a. (1997: 238 und 142) beobachten auch hier bei Männern eine „symbolische Inszenierung von unbedingtem beruflichem Engagement (...). Wenn etwa (im Kontext von Krisenintervention, A.S.) von einer plötzlichen Rückkehr aus Kursen, vom Verlassen von Familienfesten oder von nächtlichen Notrufen erzählt wird, erinnern die Berichte an den Kontext der Notfallmedizin. Solche Geschichten sind sowohl Symbol für das eigene Hyperengagement als auch Inszenierung der eigenen Unverzichtbarkeit innerhalb des Betriebs. Sie wurden allerdings ausschließlich von Männern erzählt, Frauen erwähnten sie nur in einem ironischen Kontext."

---

138 Molvaer/Stein verweisen jedoch auch auf die auch in Griechenland relativ hohe Arbeitslosigkeit der Maschinenbauingenieurinnen (1994: 34 f.; *Kap. 7.3*).

139 Nicht untersucht ist m. W. die Frage, inwieweit Männer aus informellen Aktivitäten etwa in Studentenverbindungen berufliche Vorteile für sich ziehen und inwieweit die verschiedenen Netzwerke von Ingenieurinnen und Naturwissenschaftlerinnen hierzu ein Gegengewicht bilden können (Informationen über Frauennetzwerke finden sich unter www.kompetenzz.de).

Ferner wird der dominante Technikbegriff bzw. das technische Leitbild als Grund für die Ausgrenzung von Frauen in der Bundesrepublik diskutiert. So stellt Minks (2000: 3) einem „tradierten, in der Tat von Männern beherrschten Leitbild der Industriegesellschaft des 19. und frühen 20. Jahrhunderts (...) (ein) modernes, vielleicht noch in einem embryonalen Zustand befindliches Leitbild der nachindustriellen Epoche (gegenüber), in dem ein gleichberechtigter und gleichrangiger Platz für Frauen und Männer selbstverständlich sein wird." Das tradierte Leitbild zeichnet sich durch eine einseitige, von sozialen Bezügen losgelöste Fokussierung auf Technik an und für sich und auf „physikalische Höchstleistungen" aus; die Technikwissenschaften zerfallen in „zersplitterte, voneinander und von anderen Wissenschaften abgeschottete Teildisziplinen" (Minks 2000: 11 und 2). Im sich in Umrissen abzeichnenden neuen Leitbild wird Technik dagegen stärker in den Kontext von konkreter Nutzanwendung und Problemlösung eingebettet; auch die Frage nach dem eigentlichen sozialen Sinn von Technik erhalte höhere Bedeutung.

Während das alte Leitbild mit seinem Technikfetischismus zur Ausgrenzung von Frauen beitrage, fördere das sich entwickelnde neue Leitbild deren Integration und zwar insofern, als es dem breiteren Fähigkeits- und Interessenprofil technikinteressierter junger Frauen viel eher entspräche als das tradierte. Auswertungen einer Befragung 1996 von Studienberechtigten ca. zwei Jahre nach ihrem Schulabgang zeigen jedenfalls: „Weibliche Studienberechtigte, die ein Ingenieurstudium gewählt haben, die dem Ingenieurstudium nahestehen und die ihm indifferent gegenüber stehen, unterscheiden sich von den entsprechenden männlichen Studienberechtigten durch ein deutlich geringeres Vorkommen einseitig technisch-praktischer Stärken und ein deutlich häufigeres vielseitiges Befähigungsprofil. Derartige Profile werden seit dem Beginn des Strukturwandels und der Modernisierung der Betriebe von den Unternehmen zunehmend eingefordert und böten für diese Frauen eine hervorragende Grundlage, sich zu Ingenieurinnen heranzubilden, die einem modernen beruflichen Anforderungsprofil nahe kommen" (Minks 2000: 8; vgl. auch Bessenrodt-Weberpals 2003: 78).

8.4 Wert- und Leistungsorientierungen

Berufliche Werte und Leistungsorientierungen

Implizit oder explizit wird in der öffentlichen Diskussion immer wieder postuliert, dass die unterschiedlichen Arbeitsmarkt- und Beschäftigungschancen auch auf unterschiedliche berufliche Orientierungen und Leistungsvoraussetzungen der Geschlechter zurückzuführen seien; so wird Frauen bisweilen geringerer beruflicher Ehrgeiz zugeschrieben (Bessenrodt-Weberpals 2003: 79). Solche Thesen entbehren zumindest für die Zeit nach Beendigung des Studiums der empirischen Grundlage. Jedenfalls weisen sozialpsychologische Untersuchungen an der Universität Erlangen-Nürnberg nach (Abele/Schute/Andrä 1999), dass sich die beruflichen Werthaltungen von Absolventinnen und Absolventen desselben Studienfachs kaum voneinander unterscheiden und das Geschlecht hier „hinter die Fachkultur zurücktritt" (Krais 2001: 333).[140] So bestehen bei den beruflichen Orientierungen zwischen den Fächern (zum Beispiel Lehramt im Vergleich zu Jura) „Unterschiede, während innerhalb der Fächer nur minimale Geschlechtseffekte zu beobachten sind. Gefolgert wird, dass (a) Fachunterschiede in beruflichen Werthaltungen bedeutsamer sind als Geschlechtsunterschiede sowie dass (b) innerhalb von Fächern die nach dem Examen bestehenden beruflichen Werthaltungen *kein* Prädiktor für potentiell geschlechtsdifferente Berufsverläufe sind" (Abele/Schute/Andrä 1999: 84). Für die Absolventen wie Absolventinnen technisch-naturwissenschaftlicher Fächer wird festgestellt, dass „die berufliche Werthaltung der Fortschritts- und Leistungsorientierung besonders ausgeprägt" ist (Abele/Schute/Andrä 1999: 96).

Ebenso waren Studiendauer und Noten bei den Absolventen und Absolventinnen der Technischen Fakultät gleich – ein ähnliches Ergebnis in Bezug auf Noten bei Abitur und Vordiplom zeigten im Übrigen auch die in *Kap. 5.1* skizzierten Auswertungen der Konstanzer Studierendensurveys. Auch die bei den Frauen im Durchschnitt etwas niedrigere Einschätzung der eigenen beruflichen Leistungsfähigkeit erklärt Ungleichheiten beim Berufseinstieg nicht. Denn sechs Monate nach dem Examen haben „selbst bei gleich hohen Selbsteffizienzerwartungen Frauen seltener eine Stelle" (Abele/Andrä/Schute 1999: 100).

Ein Unterschied zwischen Absolventen und Absolventinnen technisch-naturwissenschaftlicher Fächer besteht allerdings im Bewerbungsverhalten:

---

140 Solche und andere Forschungsergebnisse weisen allgemein darauf hin, dass „,Geschlecht' zwar möglicherweise omnipräsent, aber keineswegs immer in gleicher Weise relevant" ist. Es kann so „nicht von vornherein in allen sozialen Kontexten und Bereichen als sozial dominantes Strukturierungsmerkmal festgeschrieben werden." Vielmehr wäre jeweils genau zu untersuchen, „welche Rolle ,Geschlecht' in einem spezifischen Kontext, in einer bestimmten sozialen Beziehung spielt, wie es zum Tragen kommt, in welcher Weise es soziale Beziehungen ,einfärbt'. ,Geschlecht' wird dann als Modus der Generierung von Unterscheidungen und Unterschieden in Relation zu anderen Merkmalen des sozialen Feldes gesehen, in dem es seinen spezifischen sozialen Sinn bekommt" (Krais 2001: 333 f.; ähnlich: Heintz u. a. 1997: 13 ff.).

Absolventinnen beginnen in der Regel später als Absolventen mit der Suche nach einer Stelle, häufiger auch erst nach dem Examen (Minks 1996: 53 f.; *Kap. 3.2.2*). Dies ist ein „nicht zu unterschätzendes Handicap von Absolventinnen technisch-naturwissenschaftlicher Studiengänge" (Minks 1996: 53), das anders als die meisten der in diesem Kapitel *(Kap. 8)* genannten Probleme von den Frauen allein und relativ einfach zu beheben ist.

9 Exkurs zu den neuen Bundesländern

9.1 Rückblick: Ingenieurinnen in der DDR

In der Deutschen Demokratischen Republik (DDR) wurden ab Mitte der 60er Jahre Bemühungen verstärkt, Frauen „von den Werkbänken weg auf die Hörsaalbänke zu locken" (Budde 2002: 150). Mit Erfolg: Ende der 80er Jahre war jede/r zweite Studierende eine Frau (Schenk 1992: 41; Bathke/Minks 1993: 4).

Entsprechend des gesellschaftlich-ökonomischen Leitbildes einer „wissenschaftlich-technischen Revolution" (Budde 2002: 164) wurden in der DDR viele IngenieurInnen ausgebildet; nahezu jede/r dritte AbsolventIn einer Hochschule/Fachschule hatte Ingenieurwissenschaften studiert (Volprich 1991: 197; Bathke/Minks 1993: 3). Der Frauenanteil in den Ingenieurwissenschaften lag im internationalen Vergleich hoch; gleichwohl waren diese auch in der DDR männlich geprägt. Ende der 80er Jahre waren 27 Prozent der Studierenden der „Technischen Wissenschaften" Frauen (Schenk 1992: 41). Ähnlich wie im Westen waren Studentinnen in den einzelnen Ingenieurwissenschaften unterschiedlich vertreten: Bei der Verfahrens- und Verarbeitungstechnik etwa stellten sie 1984 60 Prozent, beim Bauwesen 36 Prozent, beim Maschinenbau 19 Prozent und bei der Elektrotechnik 14 Prozent der Studierenden (Bathke/Minks 1993: 5).

Junge Männer, vor allem aber junge Frauen in der DDR mündeten nicht immer aus Neigung in technische Fächer ein, sondern wurden vielfach in so genannten „Umlenkungsgesprächen" an den Hochschulen diesen zugewiesen. Bathke/Minks (1993: 6), die Anfang der 90er Jahre rund 1.300 IngenieurInnen der Abschlussjahrgänge 1985 bis 1991 befragten[141], stellen fest, dass „23 % der Ingenieurinnen und 21 % der Ingenieure unserer Untersuchung (...) in ihr studiertes Ingenieurfach umgelenkt (wurden), d.h. sie hatten auf ihre eigentliche Bewerbung keine Zulassung erhalten und

141 Befragt wurden fast ausschließlich IngenieurInnen der Fachrichtungen Maschinenbau/Maschinenwesen, Elektrotechnik/Elektronik, Verarbeitungs- und Verfahrenstechnik, Bauwesen und Verkehr.

wurden in so genannten Umlenkungsgesprächen an den Hochschulen auf freie Studienplätze verwiesen. (...) Von den befragten umgelenkten Ingenieurabsolventinnen hatten sich 40 % in ein sie nicht interessierendes Fach lenken lassen, Ingenieure nur zu 14 %."

Unabhängig von dieser offiziellen Umlenkung hatten sich ein Drittel der Ingenieure und 46 Prozent der Ingenieurinnen schon vorher bei ihrer Studienbewerbung nicht für ihr Lieblingsfach entschieden. Zu einem ähnlichen Ergebnis mangelnder Fachverbundenheit insbesondere der weiblichen Technikstudierenden kommt auch Volprich (1991: 199) auf Basis der seit 1970 regelmäßig durchgeführten Studierendenbefragungen des Zentralinstituts für Jugendforschung Leipzig: „Während fast alle männlichen Studenten (92 %) der untersuchten Population ein starkes Technikinteresse artikulieren, sind es nur zwei Drittel der weiblichen Technikstudenten, und davon artikulieren nur 12 Prozent ein sehr starkes Interesse (männliche Studenten 49 %)." Hier nicht geklärt werden kann die Frage, inwieweit die diagnostizierte Technikdistanz der Studentinnen mit einem in den Befragungen ggf. verwendeten, männlich geprägten Technikbegriff *(Kap. 3.1.2* und *Kap. 8.3)* korrespondiert.

Ähnlich wie im Westen *(Kap. 5.1)* entstammten Technikstudentinnen in der DDR häufiger Elternhäusern mit höherer Qualifikation als ihre männlichen Kommilitonen und hatten vergleichsweise bessere Abiturnoten (Volprich 1991: 200). Diesen Vorsprung konnten sie – ähnlich wie ihre westdeutschen Kommilitoninnen – im Studium aber nicht halten. Dies begründet sich möglicherweise auch darin, dass sie im Vergleich zu ihren männlichen Kommilitonen weniger in die Forschung einbezogen oder als Hilfsassistentinnen eingesetzt wurden und seltener Kontakte zu den auch in der DDR in der Regel männlichen Hochschullehrkräften hatten. Ferner verfügten sie über geringere Erfahrungen im aktiven Umgang mit Technik vor dem Studium. Technikstudentinnen in der DDR äußerten sich „bei Vorhandensein von gleichen Fähigkeiten, Fertigkeiten und Begabungen (...) zurückhaltender als ihre männlichen Kollegen zur beruflichen Karriere (...). Bezüglich weltanschaulicher und politischer Einstellungen gibt es kaum Unterschiede, weibliche Technikstudenten artikulieren aber ein kritischeres und stärker problemorientiertes Umweltbewusstein" (Volprich 1991: 200).

1989 waren in der DDR rund 90 Prozent aller Frauen im erwerbsfähigen Alter berufstätig – ein Stand, der zum Beispiel in den damaligen EG-Ländern nur von Männern erreicht wurde (Nickel 1992: 12; Engelbrech 1992: 21). Unterstützt wurde diese generell hohe Erwerbsbeteiligung von Frauen durch ein elaboriertes Netz an öffentlichen Kinderbetreuungsangeboten (Notz 1992: 55). Dennoch bestand auch in der DDR eine geschlechtshierarchische Arbeitsteilung in den Familien in Form einer weitgehend unhinterfragten Allein-Zuständigkeit der Frauen für private Reproduktionsarbeit (Nickel 1992: 12 f.; Schenk 1992: 43 f.).

Die Erwerbsbeteiligung speziell von Ingenieurinnen dürfte ähnlich hoch gewesen sein. Dabei wurde der Absolventeneinsatz nach Beendigung des Studiums – wie bereits die Zulassung zum Studium – im Rahmen der staatlichen Beschäftigungsgarantie vielfach über staatliche Stellen geregelt (Bathke/Minks 1993: 8). Schon unter DDR-Bedingungen war „kritisch erkannt worden, dass der Ingenieurberuf – dies betraf Ingenieurinnen stärker als Ingenieure – wegen der großen Diskrepanz zwischen der erworbenen Qualifikation und dem nicht selten unangemessen unterqualifiziertem Berufseinsatz der Ingenieure in seinem Ansehen sehr gelitten hatte" (Bathke/Minks 1993: 1). Ausbildungsinadäquanz von Beschäftigung scheint somit bereits in der DDR existiert zu haben. Damit in Zusammenhang stand auch der besonders häufige Einsatz von IngenieurInnen in der unmittelbaren materiellen Produktion – bei den Frauen überwiegend in der Leichtindustrie – und der ausgesprochen geringe in Forschung und Entwicklung. Vielfach war auch die technische Ausstattung der Arbeitsplätze unzureichend (Bathke/Minks 1993: 3 f.).

Im Folgenden wird skizziert, wie sich Studium, Erwerbstätigkeit und Arbeitslosigkeit von Frauen aus technisch-naturwissenschaftlichen Fächern nach der „Wende" unter nun kapitalistischen Bedingungen entwickelt haben.

9.2 Studium: Strukturen und Entwicklungen

Studierende

Zwar sind Frauen unter den Studierenden der neuen Bundesländer immer noch stärker repräsentiert als im Westen. Die Geschlechterverhältnisse in den einzelnen Studienfächern ähneln sich um die Jahrtausendwende in West und Ost aber sehr *(Tabellen A-1, A-2, A-31 und A-32 im Internet unter www.campus.de/isbn/9783593386126).*

So sind auch die Männerfächer in West und Ost weitgehend identisch. In *Kap. 4.2* wurden diejenigen Studienfächer als Männerfächer definiert, bei denen der Frauenanteil an den Studierenden unter 25 Prozent liegt. Übertragen auf die neuen Bundesländer – wobei hier die Eckjahre 1992, 1995 und 2000 herangezogen werden können[142] – trifft diese Definition an den Unis auf die Fächer Maschinenbau, Elektrotechnik, Physik und Informatik zu. An den Fachhochschulen liegen die Frauenanteile bei den Fächern Maschinenbau, Elektrotechnik sowie Informatik in allen Beobachtungsjahren unter 25 Prozent.

Bei den Fächern Bau- und Wirtschaftsingenieurwesen sind die Frauenanteile bisweilen höher als ein Viertel. Da sie aber nur geringfügig darüber liegen, die Werte vor allem im ersten Beobachtungsjahr 1992 höher sind und dann eher sinken sowie aufgrund der Vergleichbarkeit mit dem Westen werden diese Fächer im Folgenden ebenfalls als Männerfächer definiert und in die Beobachtung einbezogen.

Abgesehen von Informatik (Uni) und Physik sind Studentinnen in Männerfächern um die Jahrtausendwende in den neuen Bundesländern etwas stärker repräsentiert als in den alten. Anders als im Westen sind die Frauenanteile in den Männerfächern an Universitäten und Fachhochschulen mit jeweils 15 Prozent im Jahr 2000 identisch *(Abbildungen 48 und 49)*.

Abb. 48: Frauenanteil bei Studierenden an Universitäten

– West- bzw. Ostdeutschland 2000, in Prozent –

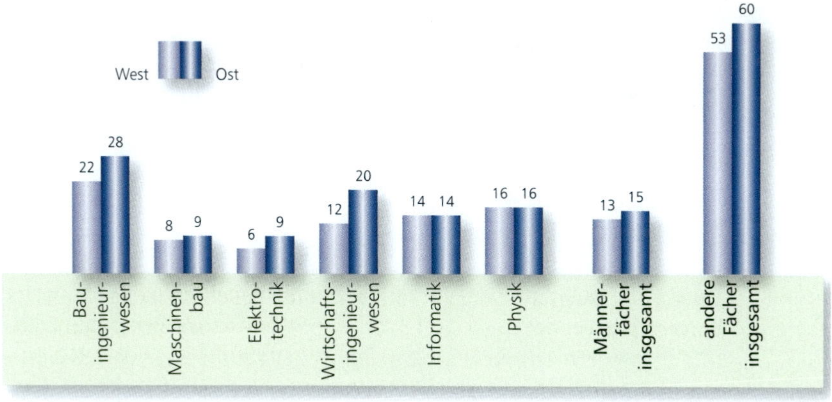

Wintersemester 2000/01. Ohne ausländische Studierende.
Männerfächer: Ohne Lehramtsstudierende.
Quelle: Hochschulstatistik; IAB-Datenbank FB 7.

© IAB

142 Die Hochschulstatistik weist nach Fächern tief aggregierte Daten zu den neuen Bundesländern erst seit dem Wintersemester 1992/93 aus.

Abb. 49: Frauenanteil bei Studierenden an Fachhochschulen

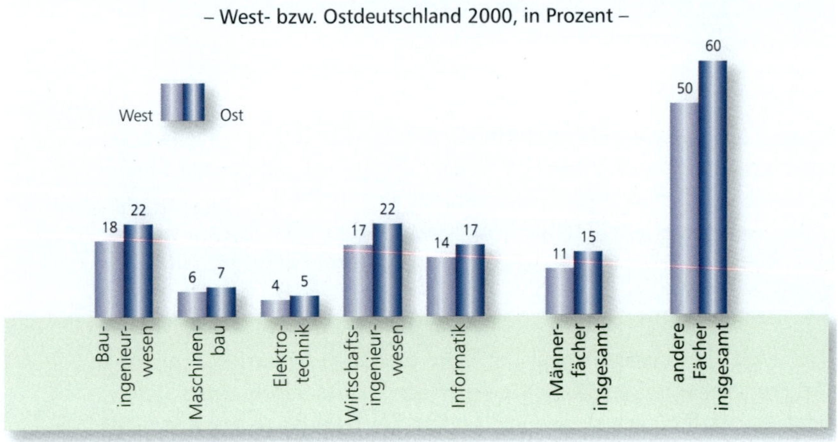

Wintersemester 2000/01. Ohne ausländische Studierende.
Quelle: Hochschulstatistik; IAB-Datenbank FB 7.

StudienanfängerInnen
Wenn auch gebrochener und verhaltener, so zeigt sich im Beobachtungszeitraum 1993 bis 2000 doch auch in den neuen Bundesländern eine Tendenz zur Normalisierung der Geschlechterverhältnisse. So stieg der Frauenanteil bei den Männerfächern an den Unis leicht von 16 Prozent auf 18 Prozent, an den Fachhochschulen von 15 Prozent auf 17 Prozent *(Abbildungen 50 und 51).* Auch absolut lag die Frauenrepräsentanz im Jahr 2000 höher als 1993. Abgesehen von Maschinenbau (Uni) und Bauingenieurwesen (FH) stiegen die Frauenanteile bei allen Männerfächern leicht, trotz zeitweilig gegenläufiger Entwicklungen.

Um die Jahrtausendwende sind die Frauenanteile an den StudienanfängerInnen von Männerfächern in West und Ost recht ähnlich: An den Universitäten sind sie jeweils mit 18 Prozent vertreten, an den Fachhochschulen im Westen mit 14 Prozent, im Osten mit 17 Prozent.

Diese Angleichung bedeutet für Ostdeutschland aber einen Rückschritt *(Kap. 9.1):* Waren in der DDR 1982 zum Beispiel 21 Prozent der Neuimmatrikulierten im Maschinenbau weiblich (Bathke/Minks 1993: 5), so sind es unter veränderten gesellschaftlichen Bedingungen im Jahr 2000 nur mehr 10 Prozent an den Unis und 8 Prozent an den Fachhochschulen. Auch in der

Abb. 50: Frauenanteil bei StudienanfängerInnen an Universitäten 1993 bis 2000 – Ostdeutschland, in Prozent

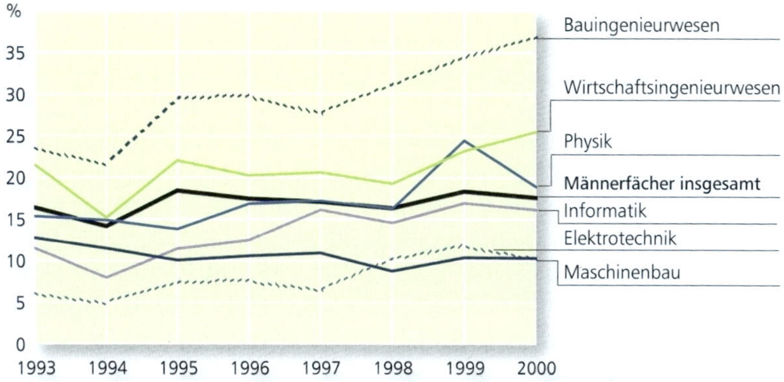

Jeweils Sommer- und folgendes Wintersemester. Ohne Lehramtsstudierende und ausländische Studierende.
StudienanfängerInnen = 1. Fachsemester.
Quelle: Hochschulstatistik; IAB-Datenbank FB 7.

Abb. 51: Frauenanteil bei StudienanfängerInnen an Fachhochschulen 1993 bis 2000 – Ostdeutschland, in Prozent

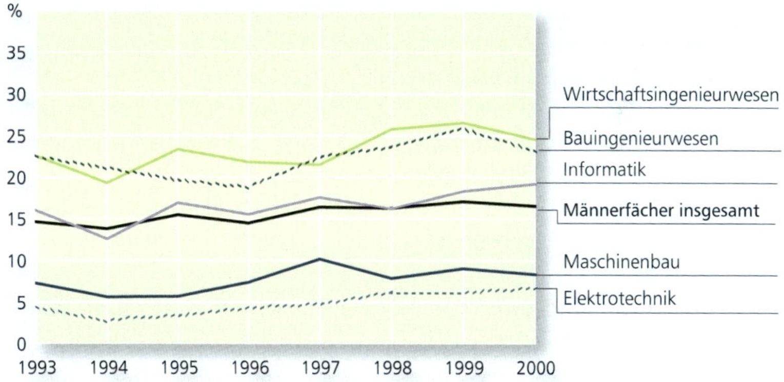

Jeweils Sommer- und folgendes Wintersemester. Ohne ausländische Studierende.
StudienanfängerInnen = 1. Fachsemester.
Quelle: Hochschulstatistik; IAB-Datenbank FB 7.

Elektrotechnik ist das Geschlechterverhältnis 2000 mit einem Frauenanteil von elf Prozent (Uni) bzw. sieben Prozent (FH) asymmetrischer als Anfang der 80er Jahre mit 15 Prozent. Im „Bauwesen" lag der Frauenanteil an den Neuimmatrikulierten 1982 bei 37 Prozent. Dieser Wert wurde 2000 beim Bauingenieurwesen an den ostdeutschen Unis nach Rückgängen wieder erreicht, an den Fachhochschulen beträgt er aber nur 23 Prozent.[143]

Das Studienwahlverhalten junger Frauen dürfte durch die hohen Arbeitsmarktschwierigkeiten von Ingenieurinnen nach der Wiedervereinigung beeinflusst worden sein. Den Werbungen um mehr Frauenrepräsentanz in den Ingenieurwissenschaften zum Trotz wurden einschlägig ausgebildete Frauen vielfach aus qualifizierter Erwerbsarbeit verdrängt *(Kap. 9.3* und *Kap. 9.4)*. Auch ist bei den gesunkenen Frauenanteilen zu bedenken, dass, wie in *Kap. 9.1* beschrieben, junge Frauen in der DDR nicht immer „freiwillig" bzw. aus Neigung in technische Fächer eingemündet sind.

9.3 Erwerbstätigkeit: Strukturen und Entwicklungen

Entwicklung

Wie in *Kap. 9.1* dargelegt, waren die „Technischen Wissenschaften" auch in der DDR männlich dominiert, die Frauenrepräsentanz war aber im Vergleich zu Westdeutschland und im internationalen Vergleich hoch. Diese spezifische Historie wirkt nach. Frauen sind unter den Erwerbstätigen mit Abschlüssen in Männerfächern im Osten bei weitem nicht so selten wie im Westen: Im Jahr 2000 ist fast jede/r Fünfte dort eine Frau, im Westen ist es nur jede/r Vierzehnte *(Abbildung 52)*.[144] Am höchsten ist der Frauenanteil unter den ausgebildeten InformatikerInnen (28 %), am niedrigsten unter den ElektroingenieurInnen. Doch selbst bei der Elektrotechnik als ausgeprägteste Männerdomäne liegt er mit elf Prozent fast viermal so hoch wie im Westen.

143 Die Rückgänge sind somit beachtlich, auch wenn die konkrete Definition der Aggregate „Maschinenbau", „Elektrotechnik" und „Bauwesen" in der amtlichen Statistik der DDR mit der in dieser Arbeit vorgenommenen Definition vermutlich nicht im Detail übereinstimmt.

144 Wie im Westen *(Kap. 6.2)* sind auch in den neuen Bundesländern jeweils rund 82 Prozent der Frauen mit Abschluss in einem Männerfach oder anderem Fach erwerbstätig. Entsprechend der hohen Erwerbsorientierung der Frauen in den neuen Ländern ist aber der Anteil der Nichterwerbspersonen – also derjenigen, die weder erwerbstätig noch erwerbslos sind (Emmerling/Riede 1997: 168 f.) – kleiner: Beträgt er im Westen im Jahr 2000 14 Prozent bei den Frauen aus Männerfächern und 15 Prozent bei den Frauen aus anderen Fächern, so liegt er in den neuen Bundesländern bei acht Prozent bzw. elf Prozent.

Abb. 52: Frauenanteil bei Erwerbstätigen

– West- bzw. Ostdeutschland 2000, Uni- oder FH-Abschluss, in Prozent –

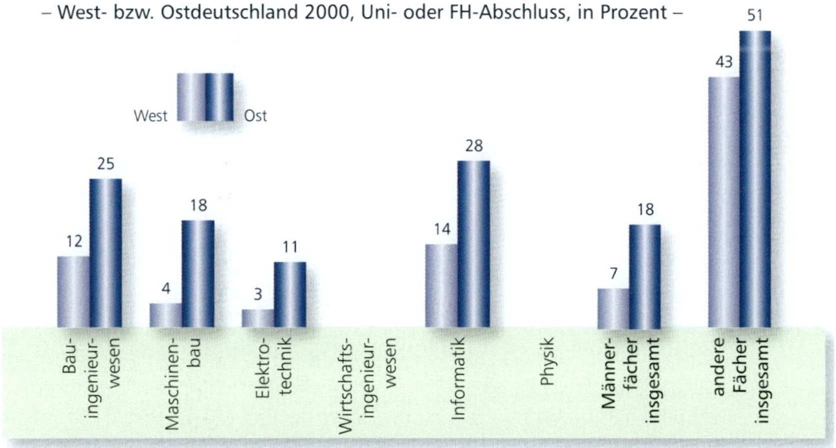

Ohne AusländerInnen. Einschließlich geringfügig Beschäftigte. Männerfächer: Ohne LehramtsabsolventInnen.
Leerfelder sind auf zu geringe Datenbasis zurückzuführen.
Quelle: Mikrozensus; IAB-Datenbank FB 7.

© IAB

Abb. 53: Frauenanteil bei Erwerbstätigen

– Ostdeutschland 1991 bis 2000, Uni- oder FH-Abschluss, in Prozent –

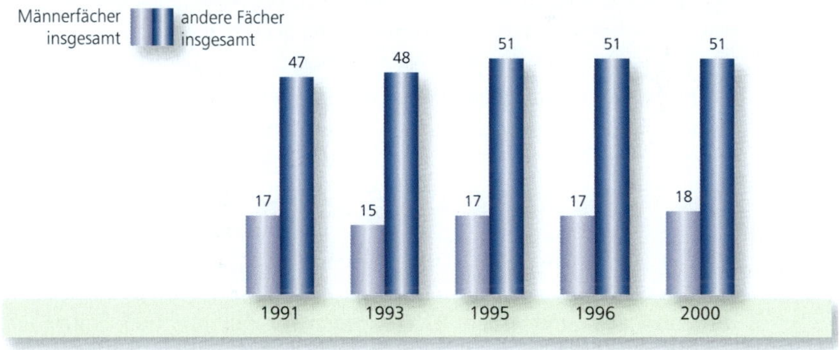

Ohne AusländerInnen. Einschließlich geringfügig Beschäftigte.
Quelle: Mikrozensus; IAB-Datenbank FB 7.

© IAB

Der im Vergleich zum Westen relativ hohe Frauenanteil an den Erwerbstätigen aus Männerfächern blieb zwischen 1991 und 2000 mehr oder weniger konstant, auch wenn die Absolutzahlen stiegen *(Abbildung 53; Tabelle A-34 im Internet unter www.campus.de/isbn/9783593386126).*

Soziodemografische Eckdaten
Im Westen gleicht die Altersstruktur der erwerbstätigen Frauen aus Männerfächern einer Pyramide – höhere Altersgruppen sind abnehmend vertreten. In den neuen Ländern ähnelt sie eher einer Zwiebel: Jüngere und vor allem Ältere sind im Jahr 2000 wenig, mittlere Altersgruppen dagegen stark repräsentiert *(Tabellen A-12 und A-35 im Internet unter www.campus.de/isbn/9783593386126).*

So sind drei Viertel der erwerbstätigen Frauen aus Männerfächern in Ostdeutschland zwischen 35 und 54 Jahre alt. Jünger ist nur knapp jede Fünfte, während dies im Westen fast für die Hälfte der Frauen gilt. Hierin kommt die jeweils spezifische Tradition von hoch qualifizierter technischer Frauenarbeit zum Ausdruck: quasi historisches Novum mit steigenden Frauenanteilen in Studium und Erwerbstätigkeit im Westen auf der einen Seite *(Kap. 5* und *Kap. 6),* vergleichsweise hohe Frauenrepräsentanz in den Technikwissenschaften der DDR und sinkende Frauenanteile im Studium nach der Wende auf der anderen Seite *(Kap. 9.1* und *Kap. 9.2).*

Erwerbstätige Frauen aus Männerfächern sind auch in den neuen Ländern tendenziell etwas jünger als ihre männlichen Fachkollegen. Die – statistisch wiederum signifikanten – Unterschiede sind aber geringer als im Westen.

Anders als im Westen *(Kap. 6.3)* zeigen sich im Osten beim Familienstand keine Unterschiede zwischen den Geschlechtern. Jeweils drei Viertel der erwerbstätigen Frauen und Männer aus Männerfächern sind im Jahr 2000 verheiratet, analog ist jeweils ein Viertel ledig bzw. geschieden/verwitwet.

Im Westen leben im Alter bis maximal 44 Jahre 65 Prozent der Frauen und 55 Prozent der Männer aus Männerfächern ohne Kinder im Haushalt. In den neuen Ländern sind im Jahr 2000 dagegen nur 29 Prozent der Frauen und 42 Prozent der Männer in diesem Sinne *(Kap. 6.3)* kinderlos. Frauen dieses Alters haben im Mittel 1,1 Kinder, Männer 0,9. Im Westen lag die durchschnittliche Kinderzahl bei den Frauen niedriger als bei den männlichen Fachkollegen (0,5 zu 0,8).

Im Folgenden werden, ähnlich wie in den *Kap. 6.4* bis *Kap. 6.11* für den Westen, Strukturen der Erwerbstätigkeit in den neuen Bundesländern skizziert – in der Regel jeweils in folgender Reihenfolge:

- Strukturen der Erwerbstätigkeit bei Männerfächern im Vergleich zwischen den neuen und alten Bundesländern (Vergleich zwischen Landesteilen)
- Nur neue Bundesländer: Strukturen der Erwerbstätigkeit von Frauen aus Männerfächern im Vergleich zu Männern aus Männerfächern (Vergleich zwischen den Geschlechtern aus denselben Studienfächern)
- Nur neue Bundesländer: Strukturen der Erwerbstätigkeit von Frauen aus Männerfächern im Vergleich zu Frauen aus anderen Fächern (Vergleich zwischen Frauen aus unterschiedlichen Studienfächern).

Geringfügige Beschäftigung
Ähnlich wie in den alten Ländern *(Kap. 6.4)* sind auch in den neuen nur wenige AkademikerInnen in geringfügiger Beschäftigung als Hauptbeschäftigung. Im Jahr 2000 arbeiten vier Prozent der Frauen und ein Prozent der Männer aus Männerfächern geringfügig (andere Fächer: 1 % zu 2 %).

1991 war diese Erwerbsform bei Männerfächern und anderen Fächern fast nicht existent (Anteile jeweils unter ein Prozent).

Aus den folgenden Auswertungen wird geringfügige Beschäftigung wiederum ausgeblendet.

Befristete Beschäftigung
Angestellte Frauen aus Männerfächern in den neuen Ländern haben sogar geringfügig häufiger einen unbefristeten Vertrag als ihre Fachkolleginnen in den alten Ländern (93 % zu 90 %). Anders als im Westen *(Kap. 6.5)* bestehen im Osten bei der Befristung von Verträgen keine Geschlechterunterschiede. Dies gilt sowohl für Männerfächer als auch für andere Fächer.

Aber ähnlich wie im Westen sind die Frauen aus Männerfächern im Vergleich zu den Frauen aus anderen Fächern im Vorteil: Von ersteren haben im Jahr 2000 93 Prozent einen unbefristeten Arbeitsvertrag in der Tasche, von letzteren 86 Prozent. Auch wenn gerade in den neuen Bundesländern Arbeitsplätze trotz unbefristeter Verträge nicht unbedingt sicher sind, bedeutet dies doch etwas höhere Planungssicherheit.

Arbeitszeit

Von allen Erwerbstätigen mit Hochschulabschlüssen in Männerfächern arbeiten auch im Osten nur verschwindend wenige in Teilzeit (3 %). Bei den anderen Fächern liegt dieser Wert laut Mikrozensus 2000 bei neun Prozent.

Teilzeitarbeit ist auch in den neuen Ländern weitgehend weiblich: Frauen arbeiten anteilsmäßig deutlich häufiger in Teilzeit als Männer (Männerfächer: ca. 8 % zu ca. 1 %; andere Fächer: 13 % zu 4 %).

Hinzuweisen ist auf allgemeine Befunde, wonach „Teilzeitbeschäftigung in Ostdeutschland häufiger unfreiwillig ist als in Westdeutschland" (Koch 2002: 63). Dies zeigt sich auch in dieser Arbeit: Fast jede/r zweite AkademikerIn aus anderen Fächern begründet seine/ihre Teilzeitarbeit damit, dass eine eigentlich gewünschte Vollzeittätigkeit nicht zu finden war. In den alten Bundesländern wird diese Begründung weitaus seltener gewählt (Frauen: 9 %; Männer: 17 %). Bei den Männerfächern deutet sich ähnliches an; zu geringe Fallzahlen erlauben hier jedoch keine Quantifizierung.

Status

Auch in den neuen Ländern dominiert gerade bei Männerfächern der Angestelltenstatus: 83 Prozent der Frauen und 78 Prozent der Männer haben diesen (2000).

Selbständige Existenzformen haben seit 1991 um ein Vielfaches zugenommen und sind im Jahr 2000 verbreiteter als in den alten Bundesländern *(Tabellen A-15 und A-37 im Internet unter www.campus.de/isbn/9783593386126).* Zwölf Prozent der ostdeutschen Frauen im Vergleich zu 17 Prozent der Männer aus Männerfächern arbeiten als Selbständige.

Die betriebliche Stellung vor allem der Frauen, abgeschwächt aber auch der Männer aus Männerfächern ist in den neuen Ländern etwas niedriger als im Westen. Fünfundfünfzig Prozent der westdeutschen im Vergleich zu nur 43 Prozent der ostdeutschen angestellten Frauen arbeiten in verantwortlich-qualifizierten Positionen. Im Zeitvergleich zwischen 1991 und 2000 deutet sich, wiederum vor allem bei den Frauen, ein downgrading der betrieblichen Positionierung an: 1991 schrieben sich immerhin noch 64 Prozent der ostdeutschen Frauen verantwortlich-qualifizierte Positionen zu. Allerdings wurde die entsprechende Frage zwischen den Mikrozensen 1991 und 2000 umformuliert[145];

---

145 Mit dem Mikrozensus 1996 wurden die Antwortausprägungen der Frage nach der betrieblichen Stellung entlang der beruflichen Statusgruppen (BeamtInnen, Angestellte,

das geänderte Antwortverhalten kann zumindest teilweise auch daraus resultieren.

Vergleicht man die betriebliche Stellung der Geschlechter in Ostdeutschland, zeigt sich ein ähnliches Bild wie in Westdeutschland: Frauen arbeiten häufiger als Männer auf einfachen und mittleren Positionen, seltener auf höheren. So weisen sich mehr als die Hälfte der weiblichen im Vergleich zu 28 Prozent der männlichen Angestellten aus Männerfächern im Mikrozensus 2000 nur einfache und mittlere Positionen zu *(Abbildung 54).* In verantwortlich-qualifizierten Positionen sehen sich Frauen seltener als Männer (43 % zu 60 %). Zwölf Prozent der Männer, aber nur ca. vier Prozent der Frauen haben umfassende Führungspositionen inne.

Abb. 54: Angestellte nach betrieblicher Position

– Ostdeutschland 2000, Uni- oder FH-Abschluss, in Prozent –

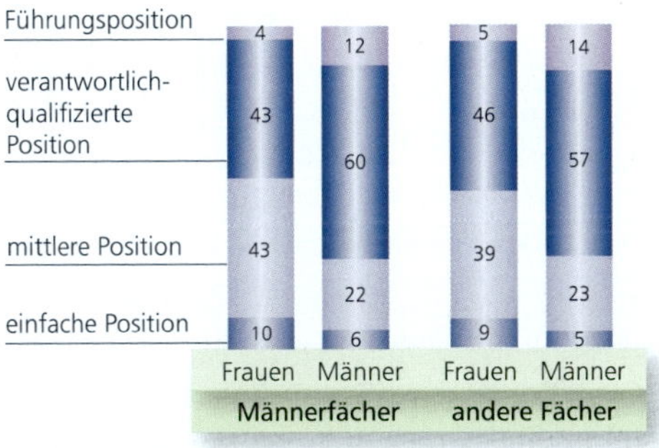

Ohne AusländerInnen und geringfügig Beschäftigte.
Frauen aus Männerfächern: Anteile von Führungs- und einfachen Positionen basieren auf geringen Fallzahlen.
Differenz zu 100 % durch Rundung bzw. Fälle ohne Angabe.
Quelle: Mikrozensus; IAB-Datenbank FB 7.

Die Frauen aus anderen Fächern verteilen sich relativ ähnlich auf die unterschiedlichen Ebenen betrieblicher Hierarchien. In einfachen und mittleren Positionen scheinen sie sogar etwas seltener zu arbeiten als ihre Kolleginnen aus Männerfächern. Ähnlich wie im Westen haben Frauen aus Männerfächern also auch im Osten bei der betrieblichen Stellung gegenüber den Akademikerinnen aus anderen Fächern keine Vorteile.

ArbeiterInnen, Mithelfende Familienangehörige) stärker ausdifferenziert.

Berufe

In den neuen Ländern arbeiten ingenieurwissenschaftlich Ausgebildete ungleich seltener im Ingenieurberuf als im Westen. Dies gilt für Frauen wie Männer. Bei ersteren sind es im Jahr 2000 29 Prozent im Vergleich zu 53 Prozent, bei letzteren 40 Prozent im Vergleich zu 63 Prozent *(Abbildung 55).*

Abb. 55: Erwerbstätige aus ingenieurwissenschaftlichen Männerfächern nach Beruf

– West- und Ostdeutschland 2000, Uni- oder FH-Abschluss, in Prozent –

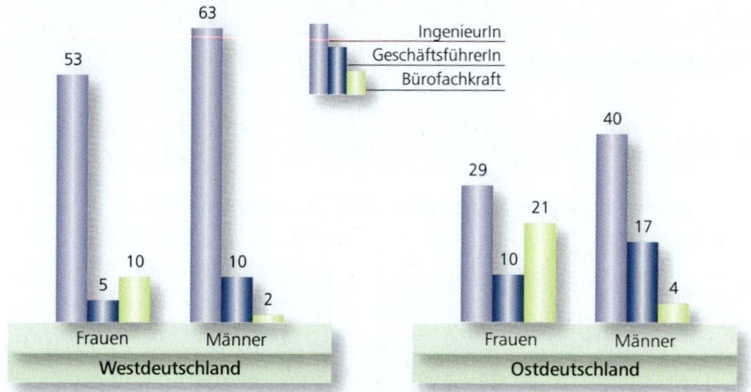

Nur Berufe ≥ 10 % in mindestens einer Zelle. Ohne AusländerInnen und geringfügig Beschäftigte.
Frauen: Anteile der GeschäftsführerInnen und Bürofachkräfte (West) basieren auf geringen Fallzahlen.
Quelle: Mikrozensus; IAB-Datenbank FB 7.

© IAB

Damit arbeitet noch nicht einmal ein Drittel der ostdeutschen Frauen aus ingenieurwissenschaftlichen Männerfächern im Ingenieurberuf. Dagegen ist jede fünfte im Mikrozensus Befragte der Berufsgruppe (BG) 78 „Büroberufe, Kaufmännische Angestellte" zugeordnet (Statistisches Bundesamt 1992: 330 ff.). In diesem Aggregat sind Berufe wie beispielsweise Verwaltungsfachkraft im mittleren Öffentlichen Dienst, SekretärIn, Personalkaufmann/-frau oder SachbearbeiterIn zusammengefasst. Auch wenn etwa die Sachbearbeitung insbesondere für Fachhochschulabsolventinnen nicht zwingend ausbildungsinadäquat sein muss, deutet dieser Befund doch auf „unterwertigen" Einsatz von Ingenieurinnen in der Verwaltung hin (ähnlich: Minks 2001: 46; Tischer 1999: 3498 f.). Gegenüber 1993 ist der Anteil der in Büroberufen arbeitenden Ingenieurinnen fast gleich geblieben. Neben den Bürofachkräften sind ausgebildete Ingenieurinnen vereinzelt auch in anderen kaufmännischen und verwaltenden Berufen tätig (zum Beispiel BG 68 „Warenkaufleute/VertreterInnen" oder BG 70 „MaklerInnen/Werbefachleute").

Das heißt: Zeitgleich zu den Umwerbungen junger Frauen, ein ingenieurwissenschaftliches Studium aufzunehmen, gibt es in den neuen Bundesländern zahlreiche einschlägig ausgebildete Frauen, deren Potenzial wohl nicht adäquat technisch genutzt und gefördert wird. Vielmehr scheinen – den Werbungen um mehr Frauenrepräsentanz in den Ingenieurwissenschaften zum Trotz – einschlägig ausgebildete Frauen nach der Wiedervereinigung vielfach aus qualifizierter Erwerbsarbeit in vor allem inadäquate Beschäftigung verdrängt worden zu sein. So ergab eine Befragung von ingenieurwissenschaftlichen AbsolventInnen überwiegend der Abschlussjahrgänge 1986 bis 1989, dass die Ingenieure „nach der Wende – unabhängig von der Fachrichtung – häufiger ihrem Studium entsprechende berufliche Einsatzfelder gefunden (haben) als ihre ehemaligen Kommilitoninnen" (Bathke/Minks 1993: 14).

In der Folgezeit scheinen sich laut Mikrozensus Verdrängungsprozesse eher noch verstärkt zu haben: 1993 arbeiteten immerhin noch 35 Prozent der Frauen aus ingenieurwissenschaftlichen Männerfächern im Ingenieurberuf. Im Unterschied hierzu stieg bei den Männern der Anteil der im Ingenieurberuf Tätigen geringfügig – von 38 Prozent im Jahr 1993 auf 40 Prozent im Jahr 2000. In Büroberufen arbeiteten jeweils nur vier bis fünf Prozent der Ingenieure, also anteilsmäßig ungleich weniger als bei den Ingenieurinnen.

Auch die ausgebildeten Informatiker und Informatikerinnen verteilen sich in den neuen Ländern auf ein breiteres Spektrum an Berufen als in den alten. Im Kernberuf „Rechnungskaufleute, InformatikerInnen" (BG 77) arbeiten im Osten im Jahr 2000 46 Prozent der Männer und ca. 38 Prozent der Frauen – im Vergleich zu 68 Prozent bzw. 65 Prozent im Westen. Und ähnlich wie ihre Ingenieurskolleginnen arbeitet ungefähr ein Viertel der ostdeutschen Informatikerinnen in Berufen der Berufsgruppe 78 „Büroberufe, Kaufmännische Angestellte", die bei männlichen Informatikern sowie bei westdeutschen Informatikerinnen so gut wie keine Rolle spielt.

Tätigkeiten

Wie bei den Berufen drückt sich auch bei den überwiegend ausgeübten Tätigkeiten der Erwerbstätigen die im Osten im Vergleich zum Westen schwierigere Arbeitsmarktlage aus. Der anspruchsvollen Tätigkeitsgruppe „Forschen, Entwerfen, Konstruieren, Gestalten von Produkten, Plänen, Programmen" ordnet sich im Westen fast jede/r Zweite, im Osten nur jede Fünfte und jeder Vierte aus Männerfächern zu *(Abbildung 56)*.

Fast jede dritte Frau – und nur jeder zehnte Mann – aus Männerfächern in Ostdeutschland gibt dagegen an, weniger anspruchsvolle Tätigkeiten der Tä-

Abb. 56: Erwerbstätige aus Männerfächern nach überwiegender Tätigkeit

– West- und Ostdeutschland 2000, Uni- oder FH-Abschluss, in Prozent –

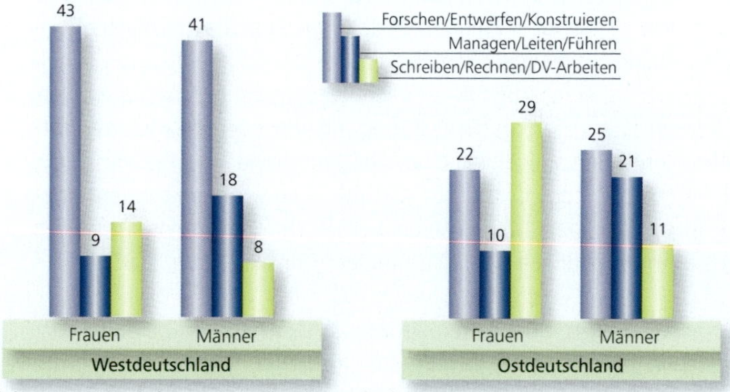

Nur Tätigkeiten ≥ 10 % in mindestens einer Zelle. Ohne AusländerInnen und geringfügig Beschäftigte.
Frauen: Anteile der Tätigkeit Managen/Leiten/Führen (West) basieren auf geringen Fallzahlen.
Quelle: Mikrozensus; IAB-Datenbank FB 7.

tigkeitsgruppe „Ausführen von Schreib-, Rechen- und DV-Arbeiten/Buchen, Erstellen von Zeichnungen" auszuführen. Gegenüber 1996 hat sich hier wenig geändert. Insgesamt deuten Auswertungen auch zu den überwiegend ausgeübten Tätigkeiten darauf hin, dass gerade in den neuen Bundesländern einschlägig ausgebildetes weibliches Potenzial vielfach nicht adäquat technisch genutzt wird.

Branchen

AkademikerInnen aus Männerfächern sind in den neuen Bundesländern weit weniger auf das Verarbeitende Gewerbe konzentriert als in den alten *(Kap. 6.10).* So arbeiten dort im Jahr 2000 mit 14 Prozent anteilsmäßig nur halb soviel Frauen wie im Westen (27 %). Bei den Männern sind dies 26 Prozent (Ost) im Vergleich zu 43 Prozent (West).

Damit ist das Verarbeitende Gewerbe dennoch Hauptbeschäftiger der ostdeutschen Männer aus Männerfächern. Bei den Frauen dominiert dagegen die Öffentliche Verwaltung/Verteidigung: Fast jede vierte Befragte ordnet sich diesen Bereichen zu, gefolgt von den Unternehmensorientierten Dienstleistungen (unter anderem Unternehmensberatungen und Architektur-/Ingenieurbüros; 14 %) und dem Baugewerbe (13 %). Insgesamt deutet sich auch in den neuen Bundesländern eine stärkere Präsenz der Frauen in

Dienstleistungssparten und der Männer im Verarbeitenden Gewerbe an (vgl. auch Minks 2001: 44 f.; Tischer 1999: 3500).

Betriebliche Abteilung

Abgesehen von der geringen Repräsentanz von Frauen in den Geschäftsleitungen fiel im Westen auf, dass Frauen und Männer in den unterschiedlichen betrieblichen Funktionsbereichen um die Jahrtausendwende anteilig recht ähnlich vertreten sind. Hervorzuheben ist hier insbesondere die ähnliche Präsenz der Geschlechter in Forschung, Konstruktion und Entwicklung (*Kap. 6.11;* Frauen: 37 %; Männer: 39 %).

Mit Ausnahme von Produktion und Arbeitsvorbereitung (Frauen 29 %; Männer 30 %) ist die Verteilung der Geschlechter auf die unterschiedlichen betrieblichen Funktionsbereiche in Ostdeutschland ungleicher: So sind nur ca. neun Prozent der Frauen, aber ein Viertel der Männer aus Männerfächern in Forschung, Konstruktion und Entwicklung tätig. Demgegenüber arbeiten fast ein Drittel der Frauen, aber nur neun Prozent der Männer im Finanz- und Rechnungswesen *(Abbildung 57).* Im Vergleich zu 1991 fällt vor allem auf, dass damals mit 29 Prozent noch wesentlich mehr Frauen in Forschung und Entwicklung beschäftigt waren. Auch hier deutet sich also wieder eine Verschlechterung der Beschäftigungssituation technisch-naturwissenschaftlich ausgebildeter Frauen in den 90er Jahren an.

Abb. 57: Erwerbstätige* aus Männerfächern nach betrieblicher Abteilung

– Ostdeutschland 1991 und 2000, in Prozent –

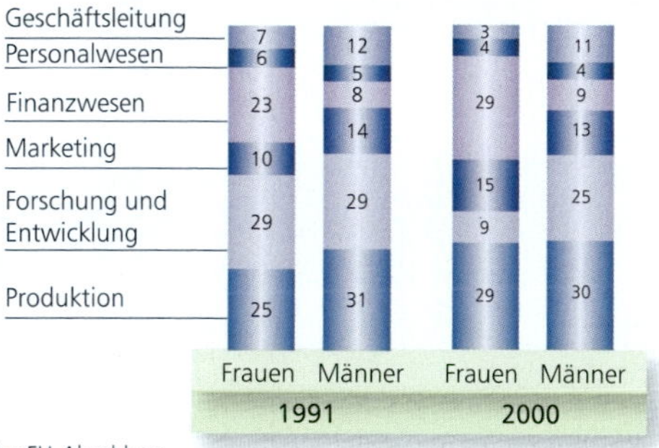

*) Mit Uni- oder FH-Abschluss.
Frauen: Anteile der Abteilungen Forschung und Entwicklung (2000), Marketing, Personalwesen und Geschäftsleitung basieren auf geringen Fallzahlen.
Ohne AusländerInnen und geringfügig Beschäftigte. Differenz zu 100 % durch Rundung bzw. Fälle ohne Angabe.
Quelle: Mikrozensus; IAB-Datenbank FB 7. © IAB

9.4 Arbeitslosigkeit: Strukturen und Entwicklungen

Arbeitslosenquoten

Im Westen waren Frauen aus Männerfächern im Jahr 2000 in der Arbeitslosigkeit doppelt so häufig vertreten wie in der Erwerbstätigkeit: Sie stellten 14 Prozent der Arbeitslosen, aber nur sieben Prozent der Erwerbstätigen *(Kap. 7.2)*. Hier zeigt sich bereits ein erster Unterschied zu den neuen Bundesländern: Die Frauenrepräsentanz ist hier zwar nicht gleich, aber zumindest ausgewogener. So stellten die Frauen zwar 23 Prozent der Arbeitslosen, aber immerhin auch 18 Prozent der Erwerbstätigen mit Hochschulabschlüssen in Männerfächern *(Tabellen A-34 und A-41 im Internet unter www.campus.de/isbn/9783593386126)*.

In der Folge unterscheiden sich in Ostdeutschland die Arbeitslosenquoten der Geschlechter aus Männerfächern weniger als im Westen: Im Jahr 2000 lag die Quote der Frauen mit 6,7 Prozent knapp anderthalbmal höher als die der Männer mit 5,1 Prozent *(Abbildung 58)*, während sie im Westen doppelt so hoch war *(Kap. 7.3)*. Der Befund gilt mehr oder weniger für alle zu betrachtenden Männerfächer. Er bedeutet aber nur, dass die entsprechende Geschlechterungleichheit in den neuen Ländern geringer ist als in den alten. Die Bedrohung durch Arbeitslosigkeit ist dort entsprechend der deutlich

Abb. 58: Arbeitslosenquoten

– Ostdeutschland 2000, Uni- oder FH-Abschluss, in Prozent –

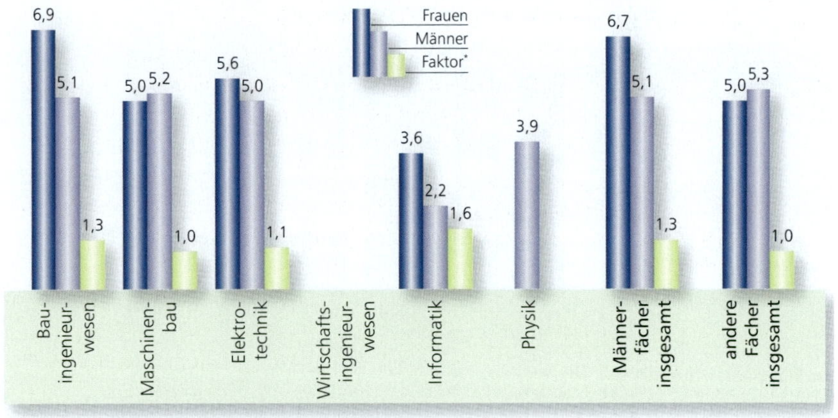

*Faktor: Quote der Frauen dividiert durch Quote der Männer.
Ohne AusländerInnen. Leerfelder sind auf zu geringe Datenbasis zurückzuführen.
Quelle: Mikrozensus; Arbeitslosenstatistik ST4 (September); IAB-Datenbank FB 7.

schwierigeren Arbeitsmarktsituation größer und die Arbeitslosigkeit höher als im Westen – für Frauen wie für Männer.

Auch für die neuen Bundesländer gilt der Befund, dass – entgegen gängiger Annahmen – Frauen aus einem Männerfach etwas häufiger arbeitslos sind als Frauen, die ein anderes Fach studiert haben.[146] Im Jahr 2000 lag die Quote bei Ersteren bei 6,7 Prozent im Vergleich zu fünf Prozent bei Letzteren. Bei den anderen Fächern fällt zudem auf, dass hier die Frauen etwas seltener arbeitslos sind als die Männer (5 % im Vergleich zu 5,3 %).

Für die neuen Bundesländer stehen gesicherte Daten der Arbeitslosenstatistik in der hier benötigten tiefen Differenzierung nach Ausbildungsberufen/Studienfächern erst ab 1996 zur Verfügung. Arbeitslosenquoten können für die neuen Bundesländer also nur für zwei Zeitpunkte berechnet werden (1996 und 2000; *Tabelle A-42 im Internet unter www.campus.de/isbn/9783593386126*), weil der dazu benötigte Mikrozensus nur für diese beiden Jahre das Merkmal Studienfach enthält. Bei den Arbeitslosenquoten zeigen sich hier kaum Unterschiede; die oben für 2000 getroffenen Aussagen treffen mit geringen Abweichungen auch für 1996 zu.

Im Folgenden sollen, ähnlich wie für den Westen in den *Kap. 7.4* bis *Kap. 7.9*, Strukturmerkmale von Arbeitslosigkeit untersucht werden. Hierdurch sollen, soweit möglich, Hinweise auf Gründe der vergleichsweise hohen Arbeitslosenquoten der Frauen aus Männerfächern auch im Osten gewonnen werden. Auch sollen Vor- und Nachteile dieser arbeitslosen Frauen im Vergleich zu Fachkollegen bzw. den Frauen aus anderen Fächern herausgearbeitet werden.

Aus den in *Kap. 7.1* skizzierten Gründen werden wiederum die Zu- und Abgangsstatistiken der Jahre 1999 und 2000 ausgewertet. Sofern dies inhaltlich sinnvoll erscheint, werden wieder kurz folgende Vergleiche gezogen:

- Strukturen der Arbeitslosigkeit bei Männerfächern im Vergleich zwischen den neuen und alten Bundesländern (Vergleich zwischen Landesteilen)

146 Nicht nur für die alten, sondern auch für die neuen Bundesländer reproduziert sich die Grundstruktur dieser Ergebnisse, werden nicht Arbeitslosenquoten, sondern – ausschließlich auf Basis des Mikrozensus – Erwerbslosenquoten berechnet *(Kap. 7.3)*. Für das Jahr 2000 und Ostdeutschland beträgt die Erwerbslosenquote der Frauen aus Männerfächern 10,4 Prozent. Sie ist damit nicht nur höher als bei den Männern aus Männerfächern (9,1 %), sondern auch höher als bei den Frauen aus anderen Fächern (7,2 %).

- Nur neue Bundesländer: Strukturen der Arbeitslosigkeit von Frauen aus Männerfächern im Vergleich zu Männern aus Männerfächern (Vergleich zwischen den Geschlechtern aus denselben Studienfächern)
- Nur neue Bundesländer: Strukturen der Arbeitslosigkeit von Frauen aus Männerfächern im Vergleich zu den Frauen aus anderen Fächern (Vergleich zwischen Frauen aus unterschiedlichen Studienfächern).

Alter

Arbeitslose aus Männerfächern sind in den neuen Bundesländern allgemein eher älter als ihre FachkollegInnen aus dem Westen *(Kap. 7.4)*. Dies dürfte mit der hohen „Ingenieursdichte" in der ehemaligen DDR *(Kap. 9.1)* und der mangelnden Akzeptanz der in der DDR ausgebildeten IngenieurInnen auf dem Arbeitsmarkt nach der Wende zu tun haben (Bathke/Minks 1993: 1).

Aber ähnlich wie im Westen sind arbeitslose Frauen aus Männerfächern auch im Osten in der Regel etwas jünger als Männer *(Abbildung 59)*. Dies zeigt sich sowohl bei den Zugängen in als auch bei den Abgängen aus Arbeitslosigkeit der Jahre 1999 und 2000. 57 Prozent der weiblichen Zugänge waren maximal 44 Jahre alt im Vergleich zu 37 Prozent bei den Männern.[147]

Abb. 59: Zugänge in Arbeitslosigkeit nach Altersgruppen

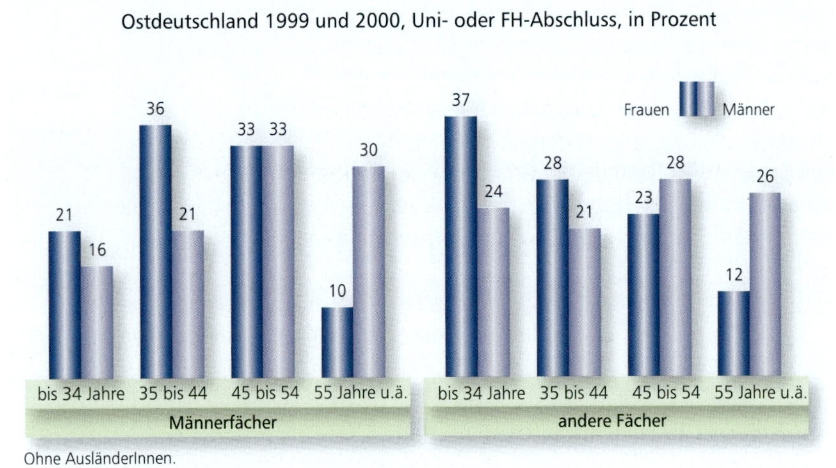

Ohne AusländerInnen.
Quelle: Arbeitslosenstatistik ST3-Zu; IAB-Datenbank FB 7.

© IAB

[147] Auffallend ist, dass anteilsmäßig die Altersgruppe der 45- bis 54-Jährigen bei den arbeitslosen Frauen ähnlich stark besetzt ist wie bei den Männern. In der höchsten Alters-

Jüngeres Alter gilt in Hinblick auf die (Wieder-)Eingliederung in die Beschäftigung generell als vorteilhaft (Koller/Bach/Brixy 2003: 24). Wie in *Kap. 7.4* skizziert, kann sich junges Alter bei Frauen und gerade in Berufsfeldern, die sich aufgrund der existierenden Arbeitsbedingungen schwer mit Familienarbeit vereinbaren lassen, als Nachteil erweisen. Vergleichsweise junges Alter kann so die höheren Arbeitslosenquoten der Frauen sogar mit begründen.

Dauer

Die durchschnittliche Dauer der Arbeitslosigkeit von Frauen aus Männerfächern, die in den Jahren 1999 und 2000 die registrierte Arbeitslosigkeit verließen, war mit jeweils 7,2 Monaten in West und Ost identisch *(Kap. 7.6)*. Männer aus Männerfächern im Osten waren mit 7,9 Monaten sogar etwas kürzer arbeitslos als ihre Fachkollegen in den alten Ländern mit 9,5 Monaten.

Aber auch in den neuen Ländern sind Frauen aus Männerfächern etwas kürzer arbeitslos als Männer. Allerdings ist der Unterschied mit 7,2 Monaten im Vergleich zu 7,9 Monaten nur marginal.

Vor dem Hintergrund der in *Kap. 7.6* skizzierten methodischen Probleme der Arbeitslosenstatistiken[148] soll auch hier wieder speziell die Gruppe ehemaliger Arbeitsloser betrachtet werden, denen der (Wieder-)Einstieg in den ersten Arbeitsmarkt gelang. Wie noch deutlich werden wird, bildet diese auch in den neuen Bundesländern die größte Gruppe unter den Abgängen.

Auch im Osten brauchen Frauen aus Männerfächern geringfügig mehr Zeit als ihre männlichen Fachkollegen bis ihnen der Übergang in den ersten Arbeitsmarkt gelingt. Der Unterschied ist aber auch hier nur marginal (4,6 Monate im Vergleich zu 4,2 Monaten; *Abbildung 60*). Wirtschaftsingenieurinnen verblieben im Durchschnitt 5,3 Monate in Arbeitslosigkeit im Vergleich zu 4,1 Monaten bei den Wirtschaftsingenieuren. Lediglich Physikerinnen brauchten geringfügig weniger Zeit als Physiker (4,4 Monate im Vergleich zu 4,6 Monaten).

---

gruppe brechen die Anteile bei den Frauen dagegen deutlich ab. Möglicherweise kommen hier die erst in den 60er Jahren einsetzenden Bemühungen in der DDR zum Ausdruck, viele Frauen (ingenieur-)wissenschaftlich zu qualifizieren *(Kap. 9.1)*.

148 Arbeitslose werden unter anderem aufgrund versicherungsrechtlicher Vorgaben trotz faktisch weiter bestehender Arbeitslosigkeit als Abgang codiert, etwa wenn sie die Erneuerung ihrer Arbeitslosmeldung versäumen oder für mehr als sechs Wochen erkranken *(Kap. 7.6)*.

Abb. 60: Durchschnittliche Dauer der Arbeitslosigkeit bei Abgängen in den ersten Arbeitsmarkt

– Ostdeutschland 1999 und 2000, Uni- oder FH-Abschluss, in Monaten –

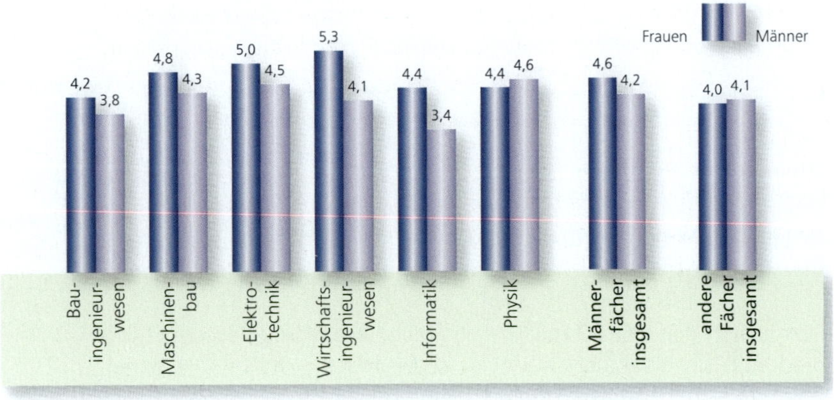

Ohne AusländerInnen.
Quelle: Arbeitslosenstatistik ST3-Ab; IAB-Datenbank FB 7.

Frauen aus anderen Fächern münden nach durchschnittlich vier Monaten Arbeitslosigkeit in den ersten Arbeitsmarkt ein, Frauen aus Männerfächern nach 4,6 Monaten. Auch hier zeigt sich also wiederum keine privilegierte Position der letzteren.

Mit Ausnahme der Informatik findet sich Langzeitarbeitslosigkeit – also Arbeitslosigkeit, die ein Jahr und länger dauert (Karr 1997) – auch in den neuen Ländern häufiger bei Männern (24 % zu 19 %). Die Aussagekraft dieses Befundes ist aber durch den in *Kap. 7.6* genauer beschriebenen leistungsrechtlichen Rahmen zumindest zu hinterfragen: Frauen werden bei faktischer Langzeitarbeitslosigkeit seltener als Männer bei der Arbeitsverwaltung registriert sein, weil sie aufgrund der Anrechnung von Partnereinkommen häufiger keinen Leistungsanspruch auf Lohnersatzleistungen (mehr) besitzen. Dieser Effekt dürfte in den neuen Bundesländern aber schwächer sein als im Westen. Aufgrund der nach wie vor hohen Erwerbsorientierung der ostdeutschen Frauen (Fuchs/Weber 2004) dürfte zum einen auch bei arbeitslosen Männern häufig Partnereinkommen angerechnet werden. Zum andern gibt es, wie weiter unten noch skizziert wird, Hinweise darauf, dass ostdeutschen Arbeitslosen ihre offizielle Registrierung wichtiger ist als westdeutschen.

Aber selbst falls weibliche Langzeitarbeitslose auch im Osten seltener bei der Arbeitsverwaltung gemeldet sind: Dies dürfte auch für die Frauen aus anderen Fächern gelten. Insofern ist der Befund aufschlussreich, dass Frauen aus Männerfächern ähnlich häufig langzeitarbeitslos registriert sind wie die Frauen aus anderen Fächern (19 % zu 18 %). Er widerspricht wiederum der häufigen Annahme von Arbeitsmarktvorteilen von Ingenieur- und Naturwissenschaftlerinnen gegenüber den Akademikerinnen aus anderen Fächern.

Abgangsgründe

Frauen aus Männerfächern mündeten in den Jahren 1999 und 2000 im Osten nach Arbeitslosigkeit zu höheren Anteilen in Erwerbstätigkeit ein als ihre Fachkolleginnen aus dem Westen (50 % zu 44 %; *Kap. 7.7*). Zu sehen ist dies jedoch vor dem Hintergrund der hohen Bedeutung des zweiten Arbeitsmarktes (im Beobachtungszeitraum insbesondere Arbeitsbeschaffungs- und Strukturanpassungsmaßnahmen) in den neuen Ländern. Während dieser im Westen kaum eine Rolle spielt (2 %), mündeten von den arbeitslosen Frauen aus Männerfächern im Osten 14 Prozent in den zweiten Arbeitsmarkt ein *(Abbildung 61)*. Speziell in den ersten Arbeitsmarkt *(Kap. 7.6)* konnten die Frauen im Westen aber etwas häufiger eintreten als die Frauen im Osten (39 % zu 32 %).

Abb. 61: Abgänge aus Arbeitslosigkeit in Erwerbstätigkeit

– Ostdeutschland 1999 und 2000, Uni- oder FH-Abschluss, in Prozent –

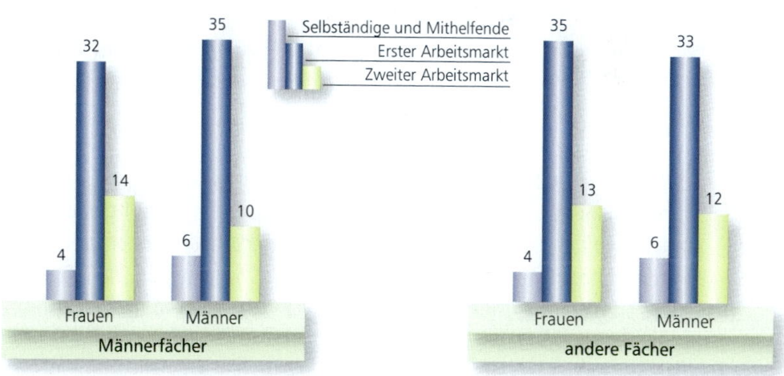

Ohne AusländerInnen.
Quelle: Arbeitslosenstatistik ST3-Ab; IAB-Datenbank FB 7.

Aufgrund der formalen Abgangsgründe „Arbeitsunfähigkeit/Fortzüge"[149] werden Frauen aus Männerfächern im Osten häufiger aus Arbeitslosigkeit abgemeldet als im Westen (19 % zu 11 %). Zum einen dürften ostdeutsche Arbeitslose wegen ihres höheren Alters häufiger erkranken. Zum andern dürften die anhaltenden Arbeitsmarktschwierigkeiten in den neuen Ländern arbeitslose Frauen häufiger zwingen, etwa in den Westen abzuwandern.

Wie in *Kap. 7.7* skizziert, bezieht sich die inhaltlich schwer zu interpretierende Kategorie „Nichterwerbstätigkeit/Stille Reserve/Sonstiges" in erster Linie auf Personen, die ihre Arbeitslosigkeitsmeldung bei der Arbeitsverwaltung nicht erneuern, zum Beispiel weil sie keinen Leistungsanspruch auf Lohnersatzleistungen (mehr) besitzen oder weil sie sich von der Arbeitsverwaltung keine Unterstützung bei ihrer Arbeitssuche erhoffen. Dies trifft im Westen auf rund jede vierte Frau zu, im Osten nur auf jede zehnte. Vermutlich führt die nach wie vor hohe Erwerbsorientierung ostdeutscher Frauen (Fuchs/Weber 2004), die schwierige Arbeitsmarktsituation sowie das relativ breite arbeitsmarktpolitische Angebot (zum Beispiel Arbeitsbeschaffungs- oder Strukturanpassungsmaßnahmen) in den Beobachtungsjahren 1999 und 2000 dazu, dass Ostdeutschen die Aufrechterhaltung ihrer Arbeitslosigkeitsmeldung wichtiger ist.

In den neuen Ländern münden anteilsmäßig fast gleich viele Männer und Frauen aus Männerfächern nach Arbeitslosigkeit in Erwerbstätigkeit ein (51 % zu 50 %). Dennoch zeigen sich auch hier, allerdings nur leichte, Vorteile der Männer. So gelingt der Sprung auf den ersten Arbeitsmarkt Männern geringfügig öfter (35 % zu 32 %). Selbständige Existenzen gründen sie etwas häufiger (6 % zu 4 %), in den hauptsächlich durch Mittel der Arbeitsverwaltung finanzierten zweiten Arbeitsmarkt münden sie mit zehn Prozent aber eher seltener als Frauen (14 %).

Auch in den neuen Bundesländern fällt auf, dass arbeitslose Frauen aus Männerfächern vergleichsweise häufig in berufliche Bildungsmaßnahmen einmünden (19 %). Dies dürfte nicht nur vor dem Hintergrund des schnellen Kompetenzverlustes in technischen Fächern etwa infolge familienbedingter Erwerbsunterbrechungen zu sehen sein, sondern auch vor dem Hintergrund

---

149 Zieht ein Arbeitsloser in einen anderen Arbeitsamtsbezirk um, so wird er im Herkunftsarbeitsamt als Abgang und im Zuzugsarbeitsamt als Zugang codiert. Ähnliches gilt aufgrund versicherungsrechtlicher Vorgaben für eine längere Erkrankung *(Kap. 7.6* und *Kap. 7.7)*.

der Umbruchsituation in den neuen Ländern mit sich verändernden Qualifikationsanforderungen (Bathke/Minks 1993: 36).[150]

Wiederum entgegen Annahmen besserer Arbeitsmarktchancen von Frauen aus Männerfächern gelingt diesen zumindest 1999 und 2000 der Übergang in den ersten Arbeitsmarkt nicht häufiger, sondern sogar geringfügig seltener als ihren Geschlechtsgenossinnen aus anderen Fächern (32 % zu 35 %).

Berufliche Einmündung
Unterscheiden sich auch in den neuen Bundesländern die beruflichen Wünsche von arbeitslosen Frauen und Männern? Und in welche Berufe münden sie nach ihrer Arbeitslosigkeit ein? Zur Beantwortung dieser Fragen werden speziell diejenigen Arbeitslosen betrachtet, die nach Beendigung ihrer Arbeitslosigkeit in den Jahren 1999 und 2000 in den ersten Arbeitsmarkt einmünden konnten – wiederum mit den in *Kap. 7.8* dargelegten methodischen Einschränkungen.[151]

Zumindest die Arbeitslosen der Fächer Wirtschaftsingenieurwesen, Informatik und Physik wünschen sich im Osten etwas seltener, in den jeweiligen fachspezifischen Kernberuf einzumünden, als im Westen – vielleicht, weil sie hier eher geringere Realisierungschancen sehen *(Abbildungen 39 und 62)*. Wie in *Kap. 7.8* skizziert, werden in dieser Arbeit als „Kernberufe" für die ingenieurwissenschaftlichen Fächer Berufe der Berufsgruppe (BG) 60 „IngenieurInnen", für die Informatik Berufe der BG 77 „Rechnungskaufleute/Datenverarbeitungskaufleute" sowie für die Physik Berufe der BG 61 „ChemikerInnen/PhysikerInnen/MathematikerInnen" definiert (vgl. auch *Kap. 6.8*). Die beruflichen Wünsche der ehedem Arbeitslosen unterscheiden sich in den beiden Landesteilen insgesamt aber nur wenig.

Zwar wollen auch in den neuen Ländern Frauen zu geringeren Anteilen in die jeweils fachspezifischen Kernberufe einmünden als Männer. Die Unterschiede sind hier aber weniger ausgeprägt. Am stärksten ist er noch bei der Elektrotechnik: 61 Prozent der arbeitslosen Frauen im Vergleich zu 79 Prozent der arbeitslosen Männer suchen eine Stelle im Ingenieurberuf.

---

150 Immer wieder diskutiert, m.W. aber nicht genauer untersucht sind Fragen, inwieweit Umschulungen und berufliche Qualifizierungen nach der Wende selbst mit dazu beigetragen haben, Ingenieurinnen aus qualifizierter und fachadäquater Erwerbsarbeit zu drängen (Bathke/Minks 1993: 49 ff.).

151 Bei den Bewegungsstatistiken handelt es sich nicht um auf Individuen bezogene Verlaufsdaten, sondern um aggregierte Querschnittsdaten (ausführlicher vgl. *Kap. 7.8*).

Abb. 62: Jeweilige Kernberufe* als Wunschberufe von Arbeitslosen

– Ostdeutschland 1999 und 2000, Uni- oder FH-Abschluss, in Prozent –

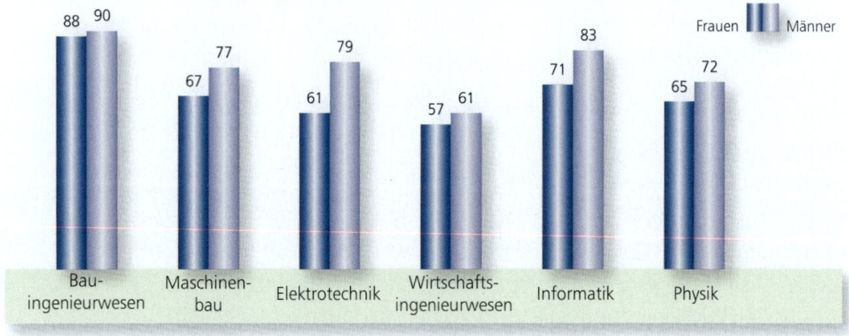

* Kernberufe: Bauingenieurwesen/Maschinenbau/Elektrotechnik/Wirtschaftsingenieurwesen: BG 60 IngenieurInnen.
Informatik: BG 77 Rechnungskaufleute/Datenverarbeitungsfachleute.
Physik: BG 61 ChemikerInnen/PhysikerInnen/MathematikerInnen.
Nur Abgänge in den ersten Arbeitsmarkt. Ohne AusländerInnen.
Quelle: Arbeitslosenstatistik ST3-Ab; IAB-Datenbank FB 7.

Dafür möchten Frauen aller Männerfächer ungleich häufiger einen Beruf, der in der amtlichen Berufssystematik der BG 78 „Bürofach-/Bürohilfskräfte" zugeordnet wird. Unter dieser Berufsgruppe finden sich beispielsweise Berufe wie Verwaltungsfachkraft im mittleren Öffentlichen Dienst, Sekretärin, Personalkaufmann/-frau oder SachbearbeiterIn (Bundesanstalt für Arbeit 1988). Sieben Prozent der arbeitslosen Frauen – aber nur ein Prozent der arbeitslosen Männer – mit Hochschulabschluss in einem Männerfach möchten solche Berufe ergreifen.

Arbeitslose Frauen können auch in den neuen Ländern ihre beruflichen Wünsche seltener realisieren als Männer. So hatten sich 57 Prozent der Wirtschaftsingenieurinnen eine Stelle im Ingenieurberuf gewünscht, aber nur 42 Prozent mündeten in diesen ein. Von den arbeitslosen Wirtschaftsingenieuren hatten sich 61 Prozent eine solche Stelle erhofft und immerhin 53 Prozent konnten dies auch realisieren. Auch bei der Informatik sind die Realisierungschancen beruflicher Wünsche zwischen den Geschlechtern recht ungleich verteilt *(Abbildungen 62 und 63).*

Frauen aus Männerfächern münden also nach Arbeitslosigkeit deutlich seltener in die jeweiligen Kernberufe ein als Männer. Ungleich häufiger finden sie sich in Büro- und Verwaltungsberufen wieder. Dies gilt besonders für das Wirtschaftsingenieurwesen und für die Informatik: Rund jede vierte Ar-

Abb. 63: Einmündung von Arbeitslosen in jeweilige Kernberufe*

– Ostdeutschland 1999 und 2000, Uni- oder FH-Abschluss, in Prozent –

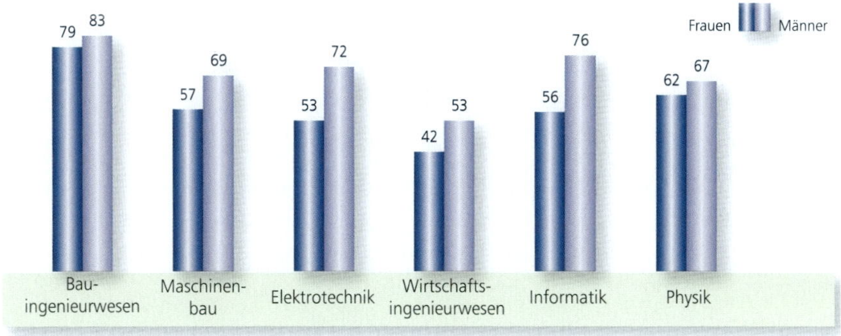

* Kernberufe: Bauingenieurwesen/Maschinenbau/Elektrotechnik/Wirtschaftsingenieurwesen: BG 60 IngenieurInnen.
Informatik: BG 77 Rechnungskaufleute/Datenverarbeitungsfachleute.
Physik: BG 61 ChemikerInnen/PhysikerInnen/MathematikerInnen.
Nur Abgänge in den ersten Arbeitsmarkt. Ohne AusländerInnen.
Quelle: Arbeitslosenstatistik ST3-Ab; IAB-Datenbank FB 7.

beitslose, die in den Jahren 1999 und 2000 aus Arbeitslosigkeit in den ersten Arbeitsmarkt abging, mündete in diese Berufe ein. Oft wohl aufgrund von Marktzwängen und nicht aufgrund eigener Interessen: Gewünscht hatte sich einen Büro- oder Verwaltungsberuf nur jede Siebte. Von den arbeitslosen Wirtschaftsingenieuren ging dagegen nur jeder Siebzehnte in diese Berufe, von den arbeitslosen Informatikern sogar nur jeder Fünfundzwanzigste.

Arbeitszeitwünsche

Im Westen suchten fünfzehn Prozent der weiblichen und ein Prozent der männlichen Zugänge in Arbeitslosigkeit der Jahre 1999 und 2000 eine Teilzeitstelle *(Kap. 7.9)*. Im Osten ist Teilzeitwunsch dagegen so gut wie nicht existent. Jedenfalls geben kaum ein Mann und lediglich zwei Prozent der arbeitslosen Frauen aus Männerfächern bei der Arbeitsverwaltung an, eine Teilzeitbeschäftigung zu suchen.

Die Männerfächer sind hier keine Ausnahme; auch bei den Arbeitslosen aus den anderen Fächern spielt Teilzeitwunsch kaum eine Rolle – weswegen hier anders als in *Kap. 7.9* auf differenziertere Auswertungen verzichtet wird. Hintergrund des kaum existenten Teilzeitwunsches dürfte unter anderem die ausgeprägte Tradition von Frauenerwerbsarbeit in der DDR sein (Nickel 1992: 12; Engelbrech 1992: 21). Auch sind die in den neuen Bundesländern schwierigeren ökonomischen Rahmenbedingungen mit ihren „materielle(n)

Zwänge(n) zur (Vollzeit-)Erwerbstätigkeit beider Partner" zu berücksichtigen (Koch 2002: 63).

9.5 Zwischenresümee

Die Ingenieurwissenschaften waren auch in der DDR männlich dominiert. Die Frauenrepräsentanz war aber im Vergleich mit Westdeutschland bzw. im internationalen Vergleich hoch. In den einzelnen Ingenieurwissenschaften waren Studentinnen ähnlich wie im Westen unterschiedlich vertreten. Ebenfalls ähnlich wie im Westen entstammten Technikstudentinnen in der DDR öfter als ihre männlichen Kommilitonen Elternhäusern mit höherer Qualifikation.

Die Erwerbsbeteiligung der Frauen war in der DDR im internationalen Vergleich allgemein sehr hoch. Möglich war dies auch durch ein dichtes Netz an Angeboten öffentlicher Kinderbetreuung. In den Familien hatte eine geschlechtshierarchische Arbeitsteilung zugunsten von Männern aber Bestand.

Zwar liegt der Frauenanteil an den Studierenden in den neuen Bundesländern um die Jahrtausendwende immer noch etwas höher als im Westen. Die Geschlechterverhältnisse in den einzelnen Studienfächern haben sich aber nach der Wende schnell angenähert. So sind auch die Männerfächer im Osten weitgehend identisch mit denen im Westen, auch wenn dort die Frauenanteile meist etwas höher sind.

Die Frauenanteile an den StudienanfängerInnen in Männerfächern sind zwischen 1993 und 2000 in der Regel etwas gestiegen und haben sich westdeutschem Niveau angeglichen. Diese Angleichung bedeutet für Ostdeutschland aber einen zumindest quantitativen Rückschritt, waren Frauen in diesen Fächern in den 80er Jahren in der DDR doch besser repräsentiert.

Unter den Erwerbstätigen aus Männerfächern sind in den neuen Ländern deutlich häufiger Frauen als in den alten (2000: 18 % zu 7 %). Sogar gut jede/r zehnte erwerbstätige ElektroingenieurIn ist dort eine Frau; im Westen ist dies nur jede/r Dreiunddreißigste. Traditionen aus der DDR scheinen hier nachzuwirken.

In den 90er Jahren hat die Frauenrepräsentanz in der fachspezifischen Erwerbstätigkeit absolut, kaum aber relativ zugenommen.

Frauen (und Männer) aus Männerfächern sind in den neuen Ländern mit weitaus größeren Arbeitsmarktschwierigkeiten konfrontiert, was sich in verschiedenen Strukturen der Erwerbstätigkeit ausdrückt. So ist ihre Positionierung in der betrieblichen Hierarchie in Ostdeutschland tendenziell niedriger als in Westdeutschland, viel weniger arbeiten in den fachspezifischen Kernberufen, in der Forschung und Entwicklung oder im Verarbeitenden Gewerbe. Unbefristete Verträge haben ostdeutsche Angestellte aber sogar etwas häufiger als westdeutsche.

Frauen aus Männerfächern haben noch etwas ungünstigere Bedingungen als Männer. Sie arbeiten tendenziell auf niedrigeren Stufen der betrieblichen Hierarchie als ihre männlichen Fachkollegen. Vor allem aber deuten verschiedene Indikatoren auf ein Abdrängen gerade der Frauen aus qualifizierter, einschlägiger Erwerbsarbeit hin. So arbeitet nicht einmal mehr jede dritte ausgebildete Ingenieurin im Ingenieurberuf. Jede Fünfte arbeitet dagegen in vielfach wohl nicht adäquaten Büroberufen und Verwaltungstätigkeiten. Den zeitgleichen Werbungen um mehr Frauenrepräsentanz in technischen Berufen zum Trotz wurde bereits vorhandenes technisches Potenzial von Frauen in den neuen Ländern offensichtlich nicht ausreichend genutzt und gefördert.

Wie im Westen zeichnet sich auch im Osten beim Vergleich zwischen den Frauen aus Männerfächern und den Frauen aus anderen Fächern ein gebrochenes Bild ab: Unbefristete Verträge haben erstere häufiger – ein Vorteil beispielsweise bei der Lebensplanung. Bei der Verteilung auf die unterschiedlichen Ebenen betrieblicher Hierarchien sind die Frauen aus Männerfächern gegenüber Frauen aus anderen Fächern eher im Nachteil, zumindest aber nicht im Vorteil, wie die in *Kap. 1* skizzierte Werberhetorik eigentlich erwarten ließe.

Arbeitslosigkeit trifft Frauen wie Männer aus Männerfächern im Osten häufiger als im Westen. Geschlechterungleichheit zugunsten von Männern zeigt sich auch hier, ist aber weniger ausgeprägt als in der alten Bundesrepublik. Ähnlich wie im Westen sind Frauen aus Männerfächern etwas öfter arbeitslos als Frauen, die andere Fächer studiert haben.

Doch nicht nur bei den Quoten, sondern auch bei den Strukturen von Arbeitslosigkeit zeigen sich Nachteile von Frauen aus Männerfächern gegenüber ihren männlichen Fachkollegen sowie den Frauen aus anderen Fächern. Ähnlich wie bei den Arbeitslosenquoten sind sie im Osten aber meist geringer ausgeprägt. So gelingt Frauen aus Männerfächern der (Wieder-)Einstieg in den regulären ersten Arbeitsmarkt geringfügig seltener und sie brauchen etwas mehr Zeit dazu. Langzeitarbeitslos sind sie ähnlich häufig wie die Frauen aus anderen Fächern.

Arbeitslose Frauen aus Männerfächern suchen etwas seltener als Männer eine Stelle im jeweiligen fachspezifischen Kernberuf. Diese Unterschiede sind aber nicht so hoch wie im Westen. Die Chancen, ihre beruflichen Wünsche zu realisieren, sind bei Frauen geringer als bei Männern, selbst wenn der Übergang in den ersten Arbeitsmarkt gelingt. Frauen münden nach Arbeitslosigkeit seltener in die Kernberufe ein als Männer. Wesentlich häufiger als diese und ungleich häufiger, als sie es sich wünschen, finden sie sich nach Arbeitslosigkeit in Büro- und Verwaltungsberufen wieder.

Insgesamt sehen sich Frauen und Männer aus Männerfächern angesichts der schwierigen Arbeitsmarktlage im Osten mit größeren Arbeitsmarktproblemen konfrontiert als im Westen. Aber zumindest die Ungleichheit zwischen den Geschlechtern scheint in vielem abgemilderter. Möglicherweise wirken hier positive Traditionen aus der DDR nach. Dennoch deutet vieles auf ein Vergeuden von vor allem weiblichem technischen Potenzial nach der Wende hin. Den gleichzeitig laufenden Werbekampagnen um mehr Frauen in Technik und Naturwissenschaften zum Trotz wurden einschlägig ausgebildete Frauen in unterqualifizierte Arbeit oder Arbeitslosigkeit abgedrängt.

10 Resümee

Nein – um die eingangs *(Kap. 1)* aufgeworfene Frage gleich zu beantworten – Geschlechtergleichheit ist im technischen Feld nicht ausgebrochen. Vielmehr ist auch in dieses die Geschlechterhierarchie als „grundlegendes gesellschaftliches Strukturprinzip (...) in vielfältiger Weise eingelagert" (Krais 2005: 14).

Im Folgenden werden zentrale empirische Ergebnisse dieser Studie für West- und Ostdeutschland skizziert *(Kap. 10.1)* und in einer allgemeineren, auch theoretischen Perspektive diskutiert und interpretiert *(Kap. 10.2)*.

10.1 Empirische Ergebnisse

Studium

Die Frauenanteile unter den StudienanfängerInnen in Männerfächern stiegen zwar im späten 20. Jahrhundert in den *alten Bundesländern (Kap. 5)*. Die Fächer Bauingenieurwesen, Maschinenbau, Elektrotechnik, Wirtschaftsingenieurwesen, Informatik und Physik (ohne Lehramt) sind aber nach wie vor stark männlich dominiert und in jüngeren Jahren sank die Frauenrepräsentanz teils sogar wieder. Es gibt also eine Tendenz hin zu einer gewissen „Normalisierung der Geschlechterverhältnisse" (Minks 2001: 83) im Studium, diese wird jedoch immer wieder gebrochen.

Frauen scheinen bislang bei der Studienfachwahl tradierte Geschlechtergrenzen in der Regel nur dann zu überwinden, wenn sie über relativ gute, „überschüssige" und privilegierte Voraussetzungen bzw. – in der Terminologie Bourdieus *(Kap. 3.1.2)* – über vergleichsweise hohes kulturelles, soziales und ggf. ökonomisches Kapital verfügen. Dies gilt zum Beispiel für die Art der Hochschulreife, Noten und soziale Herkunft.

Frauen aus unterprivilegierten, hochschulfernen Schichten fordert das Studium eines Männerfachs nicht nur das Überschreiten von Milieu-, sondern zusätzlich auch von Geschlechtergrenzen ab. Ein technisches Studium ermöglicht Frauen den Bildungsaufstieg so seltener als Männern, die ggf. „nur" eine Grenze, nämlich die des Milieus, überwinden müssen.

In den *neuen Bundesländern* glichen sich in den 90er Jahren die Frauenanteile an den StudienanfängerInnen in Männerfächern westdeutschem Niveau an *(Kap. 9.1* und *Kap. 9.2).* Diese Angleichung bedeutet aber Rückschritt: Auch wenn die „Technischen Wissenschaften" selbst in der DDR männlich dominiert waren, war die Frauenrepräsentanz im Vergleich mit Westdeutschland bzw. im internationalen Vergleich damals hoch. Hintergrund waren die ab Mitte der 60er Jahre verstärkten Bemühungen der DDR, Frauen „von den Werkbänken weg auf die Hörsaalbänke zu locken", gepaart mit dem gesellschaftlich-ökonomischen Leitbild einer „wissenschaftlich-technischen Revolution" (Budde 2002: 150 und 164). Junge Frauen mündeten in der DDR aber nicht immer freiwillig bzw. aus Neigung in technische Fächer ein, sondern wurden diesen im Rahmen von so genannten Umlenkungsgesprächen an den Hochschulen teils auch zugewiesen.

Im Mittelpunkt der vorliegenden Untersuchung standen aber nicht Strukturen und Entwicklungen beim Studium, sondern bei der Erwerbstätigkeit *(Kap. 6* und *Kap. 9.3)* und Arbeitslosigkeit *(Kap. 7* und *Kap. 9.4).*

Erwerbstätigkeit

Gestiegen ist im *Westdeutschland* des späten 20. Jahrhunderts auch die Repräsentanz der Frauen unter den Erwerbstätigen mit Hochschulabschluss in Männerfächern. Um die Jahrtausendwende ist aber trotzdem nur jede/r Vierzehnte eine Frau. Mit einem Frauenanteil von gleich bleibend drei Prozent ist die Elektrotechnik am weitesten von quantitativ ausgewogenen Geschlechterverhältnissen entfernt.

Berufsverläufe lassen sich nur mit Verlaufsdaten nachzeichnen, die für diese Studie zur Verfügung stehenden Datenbasen sind jedoch Querschnittsdaten. Doch selbst diese deuten auf ein Eintreten in und Austreten aus Männerdomänen zugleich hin – in der wissenschaftlichen Diskussion als „Drehtüreffekt" bezeichnet: „Die Tür zu den Männerberufen hat sich für Frauen zwar tatsächlich geöffnet, doch bei genauem Hinsehen erweist sie sich als eine Drehtür – der Prozentsatz der Frauen, die sich für einen Männerberuf entscheiden, ist kaum größer als jener, die ihn wieder verlässt. Obschon Frauen häufiger als früher einen Männerberuf ergreifen, ist das Ausmaß der geschlechtlichen Segregation davon kaum betroffen: Der Drehtüreneffekt verhindert, dass sich der Mut zu einer atypischen Berufswahl auch in einem signifikanten Rückgang der Segregation niederschlägt" (Heintz u.a. 1997: 33 f.).

Ähnliches zeichnet sich in dieser Studie ab: Immer mehr Frauen verlassen das Bildungssystem mit einem Hochschulabschluss in Männerfächern *(Kap. 5.3)* und betreten das Erwerbssystem. Zumindest bei den ingenieurwissenschaftlichen Männerfächern sind weibliche Erwerbstätige aber deutlich seltener im Ingenieurberuf als Kernberuf tätig als Männer. So arbeiten um die Jahrtausendwende nur gut jede zweite ausgebildete Ingenieurin, aber fast zwei Drittel der ausgebildeten Ingenieure als IngenieurInnen. Gegenüber 1993 hat sich dieser Unterschied beim ausgeübten Beruf sogar vergrößert statt verkleinert. Ausgebildete IngenieurInnen verteilen sich über eine breite Palette von Berufen. Vergleichsweise häufig (ca. 10 %; 2000) arbeiten sie in Büroberufen, die nicht immer ausbildungsadäquat sein dürften.

Bei den Branchen zeigt sich Ähnliches: Mehr als vierzig Prozent der Männer, aber nur gut ein Viertel der Frauen aus Männerfächern arbeiten im Verarbeitenden oder Produzierenden Gewerbe. Andere Studien verweisen auf Akzeptanzprobleme von Ingenieurinnen und Naturwissenschaftlerinnen gerade in diesen Branchen, die traditionell für Technikentwicklung zentral sind *(Kap. 3.2)*. Frauen arbeiten häufiger in Dienstleistungssparten wie Handel, Öffentlicher Dienst oder Verbände. Insbesondere die zeitlichen Arbeitsbedingungen, aber auch ihre ggf. höhere Akzeptanz dort dürften für Frauen (mit Kindern) attraktiver sein als in der Industrie (Könekamp/Haffner 2006).

Neben Drehtüreffekten zeichnet sich aber auch ein Eindringen von Frauen in Zentren der Technikentwicklung ab. So geben anteilsmäßig ähnlich viele Frauen wie Männer aus Männerfächern an, in Forschung und Entwicklung tätig zu sein – die auch außerhalb des Ingenieurberufs bzw. des Verarbeitenden oder Produzierenden Gewerbes betrieben werden kann, etwa in öffentlichen oder privaten Forschungseinrichtungen. Trotzdem können Frauen aus Männerfächern das männliche Erscheinungsbild von Forschung und Entwicklung nur bedingt aufbrechen, bilden sie im Westen quantitativ doch nur eine kleine Gruppe.

Das männliche Erscheinungsbild bzw. die Männerzentriertheit der fachspezifischen Erwerbstätigkeit wird auch am Arbeitszeitregime deutlich. Teilzeit ist fast ein Fremdwort – vor allem bei den ingenieurwissenschaftlichen Männerfächern, wo sie mit zwei bis vier Prozent im Jahr 2000 kaum existiert. Existiert Teilzeit, so wird sie erwartungsgemäß weit überwiegend von Frauen ausgeübt. Nun ist Teilzeitarbeit nicht zuletzt gleichstellungspolitisch umstritten *(Kap. 8.2)*; vor dem Hintergrund ungleicher Verteilung privater Reproduktionsarbeit und unzureichender öffentlicher Kinderbetreuung ermöglicht sie aber etlichen Frauen, Erwerbs- und Familienarbeit zu integrieren.

Die Männerzentriertheit der fachspezifischen Erwerbstätigkeit zeigt sich auch in Ungleichheiten zuungunsten von Frauen. So haben angestellte Akademiker aus Männerfächern etwas öfter einen unbefristeten Arbeitsvertrag als angestellte Akademikerinnen, auch in jüngeren Altersgruppen.

Ausgeprägte Unterschiede zeigen sich beim betrieblichen Status. Frauen aus Männerfächern arbeiten häufiger als ihre männlichen Fachkollegen auf einfachen und mittleren Positionen, seltener auf höheren. Auch diese Ungleichheiten reproduzieren sich bei jüngeren und mittleren Altersgruppen, sind also nicht auf das tendenziell geringere Alter der weiblichen Ingenieur- und Naturwissenschaftler zurückzuführen.[152]

Infolge einer anderen Tradition hoch qualifizierter technischer Frauenarbeit in der DDR sind in den *neuen Bundesländern* wesentlich mehr Erwerbstätige aus Männerfächern weiblich: Fast jede/r Fünfte ist eine Frau, und selbst unter den Erwerbstätigen mit Abschluss in der Elektrotechnik ist jede/r Zehnte weiblich (2000).

Frauen (und Männer) aus Männerfächern haben in den neuen Ländern weitaus größere Beschäftigungsschwierigkeiten als in den alten. So ist ihre Positionierung in der betrieblichen Hierarchie in Ostdeutschland generell niedriger als in Westdeutschland, viel weniger arbeiten in den fachspezifischen Kernberufen, in Forschung, Konstruktion und Entwicklung oder im Verarbeitenden Gewerbe.

Frauen aus Männerfächern haben dabei noch etwas ungünstigere Bedingungen als Männer. Sie arbeiten auf niedrigeren Ebenen der betrieblichen Hierarchie. Vor allem aber weisen verschiedene Indikatoren auf ein Abdrän-

152 Wie in *Kap. 6.11* (Fußnote) skizziert, wurde in dieser Studie auf Einkommensanalysen auf Basis der Mikrozensen verzichtet. Alle Studien im Umfeld des interessierenden Themas sprechen hier eine übereinstimmende und deutliche Sprache *(Kap. 3.2.2):* Frauen sind beim Einkommen zum Teil eklatant im Nachteil. Erinnert sei insbesondere an die Ergebnisse von Minks (2001): Mit Ausnahme der Fächer Informatik und Mathematik mit ihrem zum Zeitpunkt der Befragung (1998) sehr guten Arbeitsmarkt erzielen Ingenieurinnen und Naturwissenschaftlerinnen deutlich niedrigere Einkommen als ihre männlichen Ex-Kommilitonen: 70 Prozent der vollzeitbeschäftigten Männer im Vergleich zu 49 Prozent der vollzeitbeschäftigten Frauen verfügen fünf Jahre nach dem Examen über Brutto-Jahreseinkommen von 70.000 DM und mehr. Einkommensdifferenzen zwischen Frauen und Männern reproduzieren sich innerhalb aller Gruppen mit jeweils gleichem beruflichen Status, gleichem Lebensalter, gleichem Hochschulabschluss und gleicher Adäquanz der Tätigkeit und scheinen so wesentlich durch das Geschlecht bestimmt zu sein (Minks 2001: VI).

gen gerade der Frauen aus qualifizierter, einschlägiger Erwerbsarbeit hin. So arbeitet nicht einmal mehr jede dritte ausgebildete Ingenieurin im Ingenieurberuf. Jede Fünfte ist in häufig wohl nicht qualifikationsadäquaten Büro- und Verwaltungsberufen tätig.

Frauen aus Männerfächern sind gegenüber ihren Fachkollegen in *West wie Ost* also im Nachteil, wie auch andere Studien im Umfeld des Themas belegen *(Kap. 3.2)*. Gebrochener wird das Bild, wenn man – und dies ist in der vorliegenden Untersuchung möglich – Arbeitsbedingungen der Frauen aus Männerfächern mit Arbeitsbedingungen der Frauen vergleicht, die andere Fächer studiert haben.

So zeigt sich bei der Art des Arbeitsvertrags ein – im Westen deutliches – Plus der Ersteren: Angestellte Frauen aus Männerfächern haben häufiger unbefristete Verträge in der Tasche als Akademikerinnen aus anderen Fächern – ein Vorteil unter anderem für die Lebensplanung.

Anders bei der betrieblichen Positionierung: Frauen aus Männerfächern und anderen Fächern verteilen sich ausgesprochen ähnlich auf die verschiedenen Ebenen betrieblicher Hierarchien, unabhängig vom Alter. Es ist ein weitgehend deckungsgleiches Bild bei diesen beiden Gruppen von Frauen. Frauen aus Männerfächern haben beim betrieblichen Status also keine Nachteile – aber auch keine Vorteile, wie es die Werberhetorik im einschlägigen Diskurs *(Kap. 1)* erwarten ließe.

Arbeitslosigkeit

Im *Westen* sind um die Jahrtausendwende Frauen aus Männerfächern in der Arbeitslosigkeit anteilsmäßig doppelt so häufig vertreten wie in der Erwerbstätigkeit. Ihre Arbeitslosenquoten sind gut doppelt so hoch wie die ihrer Ex-Kommilitonen (2000: 4,5 % zu 2,1 %). Wäre die Stille Reserve mit einzubeziehen, würden die Quoten von Männern und Frauen voraussichtlich noch mehr auseinander fallen. Geschlechterungleichheit existiert also auch bei dieser insgesamt privilegierten Teilgruppe des Arbeitsmarktes. Im Zeitvergleich hat sie aber abgenommen: 1989 waren Frauen aus Männerfächern noch fast viermal so oft arbeitslos wie Männer (9,3 % zu 2,6 %).

Arbeitslosigkeit trifft Frauen (und Männer) aus Männerfächern im *Osten* häufiger als im Westen. Geschlechterungleichheit zugunsten von Männern zeigt sich auch hier, ist aber weniger ausgeprägt als in der alten Bundesrepublik: Die Arbeitslosenquote der Frauen lag im Jahr 2000 mit 6,7 Prozent nur knapp anderthalbmal höher als die der Männer mit 5,1 Prozent.

Anders als bei der Erwerbstätigkeit zeigt sich bei der Arbeitslosigkeit ein eindeutiges Bild, vergleicht man Frauen aus Männerfächern mit Frauen aus anderen Fächern: Erstere sind gegenüber Letzteren in *West wie Ost* im Nachteil. Ihre Arbeitslosenquoten sind über den gesamten Beobachtungszeitraum deutlich höher, zeitweise sind sie doppelt so hoch (zum Beispiel 1993, West: 10,9 % zu 5,4 %). Im Vergleich der sechs Männerfächer speziell mit sechs frauendominierten Fächern zeigt sich für das Jahr 2000 und den Westen bei letzteren im Durchschnitt zwar eine etwas höhere Arbeitslosenquote. Der Unterschied ist aber gering. Bei einigen frauendominierten Fächern (zum Beispiel Psychologie, Germanistik/Anglistik) liegt die Arbeitslosenquote der Frauen niedriger oder zumindest nicht höher als bei Männerfächern. Auch in einer früheren Untersuchung (Schreyer 1999) wurde nachgewiesen, dass Frauen aus männerdominierten Fächern teils häufiger arbeitslos waren als Frauen aus „geschlechtstypischen" Fächern – gänzlich entgegen verbreiteter Annahmen.

Bei den Strukturen von Arbeitslosigkeit zeigen sich weitere Nachteile von Frauen aus Männerfächern nicht nur gegenüber ihren männlichen Fachkollegen, sondern auch gegenüber den Frauen aus anderen Fächern. Ähnlich wie bei den Arbeitslosenquoten sind ihre Nachteile im Osten meist geringer ausgeprägt. Auch wenn in dieser Studie Querschnitts- und nicht Verlaufsdaten ausgewertet wurden, deutet sich an, dass arbeitslose Frauen aus Männerfächern im Vergleich zu beiden genannten Gruppen nicht nur etwas seltener in Erwerbstätigkeit bzw. speziell in den ersten Arbeitsmarkt einmünden. Sie benötigen auch geringfügig mehr Zeit dazu. Und selbst wenn ihnen der (Wieder-)Einstieg in den ersten Arbeitsmarkt gelingt, können sie ihre konkreten beruflichen Wünsche seltener realisieren. Dies gilt für die Frauen aus den alten, besonders aber für die Frauen aus den neuen Bundesländern. Sie münden nach Arbeitslosigkeit seltener in die fachspezifischen Kernberufe ein als Männer. Wesentlich häufiger als diese und ungleich häufiger, als sie es sich wünschen, finden sie sich nach Arbeitslosigkeit in Büro- und Verwaltungsberufen wieder, die vielfach nicht ausbildungsadäquat sein dürften.

Strukturmerkmale von Arbeitslosigkeit liefern verschiedentlich Hinweise auf mögliche Gründe der vergleichsweise hohen Arbeitslosigkeit von Frauen aus Männerfächern. So scheint der fast ausschließlich weibliche Teilzeitwunsch die (Wieder-)Eingliederungschancen von Arbeitslosen in Beschäftigung gerade in männerdominierten Erwerbsbereichen zu schmälern – wobei fast nur westdeutsche Arbeitslose Teilzeitstellen suchen.

Arbeitslose Frauen aus Männerfächern sind in West und Ost jünger als ihre männlichen Fachkollegen. Der vermeintliche Vorteil geringeren Alters kann sich für Frauen in Berufsbereichen, in denen Familien- und Erwerbsarbeit besonders schwer zu integrieren sind *(Kap. 8.1)*, aber als Nachteil in Hinblick auf ihre Arbeitsmarktchancen erweisen, stehen sie doch unter dem Generalverdacht potentieller Mutterschaft („statistische Diskriminierung"; vgl. von Stebut/Kleinert/Hornung 2006: 42 f.; Heintz u. a. 1997: 50). Niedriges Alter muss also nicht in Widerspruch zu den höheren Arbeitslosenquoten der Frauen stehen, sondern kann diese im Extrem sogar mit erklären.

10.2 Diskussion und Interpretation

Mit ihrer Ausrichtung auf Erwerbstätigkeit und Arbeitslosigkeit betritt diese Untersuchung – gemeinsam mit anderen mittlerweile vorliegenden Studien *(Kap. 3.2)* – im einschlägigen wissenschaftlichen und öffentlichen Diskurs Neuland. Zwar gibt es bereits seit den 70er Jahren politische Bemühungen, die geschlechtshierarchische Aufteilung des Arbeitsmarktes zu verändern und junge Mädchen stärker zur Aufnahme technischer Berufe zu motivieren – wobei zunächst technisch-gewerbliche Berufe und erst seit Ende der 80er Jahre technisch-naturwissenschaftliche Studiengänge im Fokus standen. Die Bemühungen konzentrierten sich aber auf die Zielgruppe Mädchen und junge Frauen und deren Förderung zum Einstieg in technische Ausbildungen. Die Auseinandersetzung mit ihrer späteren Situation in technischer Arbeit wurde demgegenüber vernachlässigt (Buhr 2004: 27). Die Sozialwissenschaften vollzogen diese Konzentration auf die Frauen bzw. Fragen von Bildung, Sozialisation und Motivation nach und blendeten das Beschäftigungssystem lange aus.

Die vorliegende Studie richtet sich auf diesen blinden Fleck, indem sie den Fokus – nach einem Blick auf die Geschlechterverhältnisse im Studium – auf das Erwerbssystem lenkt. Unter Konzentration auf hoch qualifizierte Frauen aus technisch-naturwissenschaftlichen Männerfächern wird ein Beitrag zur Erweiterung der wissenschaftlichen und öffentlichen Diskussion geleistet. Als „Männerfächer" werden die Fächer Bauingenieurwesen, Maschinenbau, Elektrotechnik, Wirtschaftsingenieurwesen, Informatik und Physik (ohne Lehramt) identifiziert.

Dabei zeigt sich für das späte 20. Jahrhundert und für den *Westen*, dass Frauen in der fachspezifischen Erwerbstätigkeit sowohl absolut als auch relativ zunehmend vertreten sind. Aber bei fast allen Arbeitsmarkt- und

Beschäftigungsindikatoren sind Frauen aus Männerfächern gegenüber ihren männlichen Ex-Kommilitonen im Nachteil. Dies ist kein Spezifikum des technischen Feldes, sondern typisch für akademische Arbeitsmärkte generell – mit Ausnahme vor allem der Arbeitslosigkeit, wo sich in der Tat Besonderes zeigt: Gänzlich entgegen verbreiteter Annahmen sind Frauen häufiger arbeitslos als Männer, gerade wenn sie ein Männerfach studiert haben. Die unterschiedliche Betroffenheit der Geschlechter durch Arbeitslosigkeit verringerte sich in den 90er Jahren aber immerhin.

Neben dem Geschlechtervergleich ist in dieser Studie der Vergleich zwischen den Frauen aus Männerfächern und den Frauen aus anderen Fächern wesentlich. Hier zeichnet sich ein differenziertes Bild ab: Es reicht von Vorteilen der Frauen aus Männerfächern (unbefristete Verträge) über Gleichstand (betriebliche Positionierung) bis hin zu Nachteilen: Frauen aus Männerfächern sind nicht nur häufiger arbeitslos als ihre männlichen Fachkollegen, sondern auch häufiger arbeitslos als Frauen aus anderen Fächern. Aber auch zwischen den Frauen nahmen die Unterschiede in den 90er Jahren ab.

Diese zentralen Befunde gelten für die *neuen Bundesländer* in ähnlicher Weise. Es gibt jedoch Unterschiede. Zwar stieg in den 90er Jahren auch hier die absolute Zahl der erwerbstätigen Frauen aus Männerfächern, ihr Anteil blieb aber fast gleich. Frauen und Männer aus Männerfächern sind im Osten mit größeren Arbeitsmarktproblemen konfrontiert als im Westen. Aber zumindest die Ungleichheit zwischen den Geschlechtern ist in vielem abgemildert. Möglicherweise wirken hier positive Traditionen (technischer) Frauenerwerbsarbeit aus der DDR nach. Dennoch deutet Vieles auf ein Vergeuden von vor allem weiblichem technischem Potenzial im Transformationsprozess hin. Den gleichzeitig laufenden Werbekampagnen für mehr Frauen in Technik und Naturwissenschaften zum Trotz wurden einschlägig bereits ausgebildete Frauen in unterqualifizierte Arbeit oder Arbeitslosigkeit abgedrängt. Während im späten 20. Jahrhundert in den alten Bundesländern Ungleichheiten zwischen den Geschlechtern aus Männerfächern tendenziell eher kleiner wurden, wurden sie in den neuen Bundesländern eher größer.

Wie sind diese und die weiter oben skizzierten Befunde zu deuten? Welche Folgerungen für den wissenschaftlichen und öffentlich-politischen Diskurs sind aus ihnen zu ziehen?

– Wurde Geschlechtersegregation im Erwerbssystem lange humankapitaltheoretisch im vorberuflichen Raum – nämlich unter anderem mit geringerer schulischer und beruflicher Qualifikation der Frauen[153] – begründet, ist diesem Legitimationsversuch durch die enormen qualifikatorischen Erfolge der Frauen in den letzten Jahrzehnten allgemein schon längst der Boden entzogen (von Stebut/Kleinert/Hornung 2006: 32ff.; Heintz u. a. 1997: 25 ff.; Teubner 2001: 298).

Die Nicht-Adäquanz humankapitaltheoretischer Erklärungsversuche für Geschlechtersegregation speziell im technischen Feld liegt durch Befunde der vorliegenden und anderer Studien *(Kap. 3.2)* nicht nur mehr als auf der Hand. Im Gegenteil: Dass Frauen aus Männerfächern gegenüber Männern im Erwerbssystem im Nachteil sind, obwohl sie mit besseren qualifikatorischen Voraussetzungen in Hinblick auf Art der Hochschulbefähigung und Noten im Zeugnis der Hochschulreife ins Studium eintreten und dieses zumindest mit gleich guten Noten und mehr oder weniger identischen Berufs- und Leistungsorientierungen verlassen *(Kap. 5.1* und *Kap. 8.4)*, untergräbt nicht nur die Plausibilität von humankapitaltheoretischen Ansätzen, sondern unterstreicht vielmehr die offensichtliche Wucht ungleichheitserzeugender Mechanismen im Erwerbssystem selber. Nicht einmal die gegenüber Männern tendenziell „höhere" soziale Herkunft der Frauen aus Männerfächern kann ihre spätere Ungleichheit am Arbeitsmarkt nivellieren.

– Wie Humankapitaltheorien führen auch Sozialisationstheorien – zumindest dann, wenn sie monokausal argumentieren – „berufliche Segregation auf individuelle Merkmale sowie auf Konstellationen zurück, die außerhalb der Arbeitswelt selbst liegen bzw. der beruflichen Kanalisierung zeitlich vorgeschaltet sind. Theoretischer Ausgangspunkt ist in beiden Fällen die geschlechtliche Arbeitsteilung, die Frauen auf die Familie verpflichtet und, so die Annahme, bei Männern und Frauen zu unterschiedlichen Dispositionen und Verhaltensweisen führt. (...) Sozialisationstheorien verorten die Hauptursache der beruflichen Segregation in der Primärsozialisation, die aus ursprünglich Gleichen Wesen mit deutlich differenten Präferenzen und Verhaltensstilen macht. (...) Die Berufswahl erfolgt konform zu den im Verlauf der Primärsozialisation internalisierten Geschlechterstereotypen: Mädchen und Knaben wählen jene Berufe, die mit den gesellschaftlichen Geschlech-

---

153 Humankapitaltheoretische Ansätze gehen davon aus, dass die geschlechtliche Arbeitsteilung verschiedene Orientierungen und Verhaltensweisen von Männern und Frauen nach sich zieht. Auf die Familie verpflichtet, wählen Frauen im Rahmen eines rationalen Kosten-Nutzen-Kalküls solche Berufe, die „relativ wenige schulische Investitionen erfordern, schon zu Beginn ein relativ hohes Einkommen garantieren, Teilzeitarbeit zulassen und einen problemlosen Wiedereinstieg erlauben" (Heintz u. a. 1997: 28; vgl. auch Teubner 2000: 4 f.).

terprogrammen am besten übereinstimmen" (Heintz u.a. 1997: 25; vgl. auch von Stebut/Kleinert/Hornung 2006: 39 ff.). Wenn auch nicht immer expliziert, verortet sich der bisherige Schwerpunkt des einschlägigen wissenschaftlichen Diskurses mit seiner Konzentration auf Bildung, Sozialisation und Motivation innerhalb mikrosoziologischer, sozialisationstheoretischer Ansätze.

Die vorliegende Studie zu Arbeitsmarkt und Beschäftigung ist in erster Linie empirisch und untersucht vor allem anhand amtlicher Daten Ungleichheit als gewissermaßen statistischen Sachverhalt. Aussagen, wie diese Ungleichheit produziert und reproduziert wird, werden vorsichtig im Wesentlichen über die Integration entsprechender Literatur *(Kap. 8)* formuliert; der makrosoziologisch orientierte Ansatz von Mooraj (2002; *Kap. 3.1.2*) bietet hier einen wichtigen Rahmen.

Trotz dieser Ausrichtung der Studie deutet sich, wie oben skizziert, auch hier an, dass die „Institution Arbeitsmarkt" (Krüger 2001: 80) bzw. das Erwerbssystem selbst Ungleichheit erzeugt: „Berufe als Institutionen lassen sich (...) als Medien einer Geschlechterordnung bezeichnen, einer Ordnung allerdings, die Differenz in Hierarchie umsetzt als auch Hierarchie in Differenzierungsnormen transformiert" (Teubner 2001: 300). Ungleichheitserzeugende Strukturen im Erwerbssystem selbst sollten mit Bezug auf das technische Feld noch näher erforscht werden. Sofern sie monokausal argumentieren, greifen mikrosoziologische, sozialisationstheoretische Ansätze auf der einen Seite und makrosoziologische, gesellschaftstheoretische Ansätze auf der anderen Seite zur Erklärung von Geschlechtersegregation auf dem Arbeitsmarkt jedenfalls jeweils zu kurz. Sie müssten idealiter kombiniert und um Ansätze, die auf der „Meso-Ebene sozialer Institutionen" (Wetterer 1999a: 27) angesiedelt sind, ergänzt werden. Letztere scheinen nicht nur in Bezug auf das technische Feld bislang eher ein Schattendasein in der Soziologie zu führen: „Ursachen für eine mangelnde Integration von Frauen werden häufig nur auf der Mikroebene, als Ergebnis individueller Dispositionen gesehen, oder auf der Makroebene, als Ergebnis der gesellschaftlichen Arbeitsteilung zwischen den Geschlechtern. (...) Die Strukturen auf der Mesoebene, die der vermittelnden Instanzen, geraten dabei aus dem Blick. Entsprechend zielen Lösungsvorschläge häufig darauf, das Verhalten der Betroffenen zu ändern, oder sie verweisen auf gesamtgesellschaftliche Ursachen, die sich der Kontrolle einzelner Personen oder Organisationen entziehen" (Allmendinger u.a. 1999: 198; ähnlich: Heintz u.a. 1997: 18). Forschung zur Mesoebene müsste aber empirisch wie theoretisch gestärkt werden.

– Der weiter oben angesprochene und in *Kap. 5.1* ausgeführte Befund einer tendenziell ungleichen sozialen Herkunft von Frauen und Männern in Männerfächern lenkt Aufmerksamkeit unter anderem darauf, dass das technische Feld nicht nur durch geschlechtliche, sondern auch durch andere Dimensionen sozialer Ungleichheit geprägt ist – was in einschlägigen Forschungen nach Möglichkeit stärker in den Blick genommen werden sollte. Das gilt auch für den in dieser Arbeit prominent herangezogenen theoretischen Ansatz von Mooraj (2002). Wie in *Kap. 3.1.2* dargelegt, fasst sie unter Rückgriff auf die Theorie des Habitus von Bourdieu und sozialhistorische Arbeiten die Kongruenz von historisch gewordenem männlichen Habitus und historisch gewordenem technischen Feld in westlichen Gesellschaften als zentralen Grund für die Marginalisierung von Frauen in den Technikwissenschaften. Bestimmend für ihre Argumentation ist die Geschlechterhierarchie. Neben dieser sollte aber mindestens noch soziale Schichtung als weitere Dimension sozialer Ungleichheit einbezogen werden.

Das interessierende Feld ist jedenfalls nicht nur „technisch", sondern auch akademisch-wissenschaftlich geprägt. Die Stellung der AkteurInnen in diesem Feld ist mehrdimensional und nicht nur geschlechtlich bestimmt. Männliche Bildungsaufsteiger profitieren zwar von der Übereinstimmung von männlichem Habitus und Habitus des technischen Feldes. Die akademisch-wissenschaftlichen Anteile des Felds mit ihren Spielregeln sind ihnen biografisch aber fremd, unter anderem können ihnen ihre Herkunftsfamilien kaum entsprechendes soziales Kapital bieten. Frauen wird zwar ausgehend von historisch konstruierten Weiblichkeitsvorstellungen Technikdistanz zugeschrieben. Aufgrund ihrer tendenziell höheren sozialen Herkunft ist ihnen aber das akademisch-wissenschaftliche Milieu vertrauter als ihren (Ex-)Kommilitonen aus ggf. hochschulfernen sozialen Schichten. Zudem profitieren die wenigen, bisher in technischen Fächern ausgebildeten Frauen davon, dass sie zum Teil aus Elternhäusern mit „technischem" Hintergrund kommen. Und dennoch sind sie im Vergleich zu Männern im Erwerbssystem im Nachteil.

– Die „Inklusion der Frauen in das gesellschaftliche Erwerbssystem (erfolgt) (...) unter Orientierung an einer hierarchischen Geschlechterordnung" (Teubner 2001: 305). Wird ein ehemaliger Männerberuf zu einem Mischberuf, „lässt sich das bekannte Muster von Integration durch Segmentation nachweisen. Frauen und Männer arbeiten im selben Beruf in unterschiedlichen Segmenten. Die Segmentbildung verläuft zum einen über die formalisierten, vertikalen Hierarchien des Berufsfeldes oder aber anhand der Zuweisung in unterschiedliche Aufgabenbereiche, die wiederum entsprechend gewichtet und bewertet werden. Sind also Frauen und Männer in einem Beruf präsent, dann finden wir besonders häufig die Aufspaltung von Männer- und Frauenarbeit anhand der Gegenüberstellungen von selbständig versus ausführend, flexibel versus standardisiert oder ganzheitlich versus partiell oder aber sachbezogen versus personen- und klientenbezogen" (Teubner 2000: 7).

Inwieweit – im Detail – innerhalb formal gleicher Tätigkeitsbereiche ungleiche Arbeitsteilung zwischen den Geschlechtern besteht, lässt sich mit quantitativer Sozialforschung nur in Grenzen untersuchen. Erforderlich wäre hier (zusätzliche) qualitativ-explorative Forschung (vgl. Heintz u.a. 1997; Henninger 2001; *Kap. 6.9*). Auf jeden Fall lässt sich aber festhalten: Muster einer „Integration durch Segmentation" zeichnen sich auch in der vorliegenden Studie ab. Beispielsweise *(Kap. 6* und *Kap. 9.3)* arbeiten Frauen aus Männerfächern häufiger als Männer auf einfachen und mittleren Ebenen der betrieblichen Hierarchie, seltener auf höheren. Seltener als Männer sind sie in den fachspezifischen Kernberufen und Kernbranchen tätig. Einkommensunterschiede zugunsten von Männern – dies zeigen Untersuchungen im Umfeld des Themas *(Kap. 3.2.2)* – scheinen eklatant zu sein, usw.

Die Befunde der Studie gehen aber nicht im skizzierten Muster der Integration durch Segmentation auf, sondern verweisen darüber hinaus auf Momente zunehmender Inklusion bzw. immerhin abnehmender Exklusion von Frauen – zumindest in der alten Bundesrepublik. So fallen die Arbeitslosenquoten der Geschlechter zwar zuungunsten der Frauen immer noch auseinander, sie nähern sich im Zeitablauf aber seit langen Jahren an. Frauen mit einschlägigen technisch-naturwissenschaftlichen Fächern dringen zunehmend ins Bildungs- und Erwerbssystem ein; ihre Anteile in Studium und Erwerbstätigkeit steigen – wie langsam und gebrochen auch immer. Der hohe Anteil von Frauen in Forschung, Konstruktion und Entwicklung scheint ein Eindringen von Frauen in Zentren der Technikentwicklung zu markieren, obwohl sie dort – zum Teil – auf niedrigeren betrieblichen Positionen arbeiten. Denn auch wenn Frauen und Männer „trotz gleicher Qualifikation (...) unterschiedliche Positionen" einnehmen (Teubner 2001: 297), beschreibt dies nur einen Ausschnitt der Geschlechterverhältnisse in Forschung und Entwicklung. Es gibt daneben Schnittflächen, wo sich die Geschlechter als relativ „Gleiche" (Heintz u.a. 1997) zu begegnen scheinen – soweit quantitative Daten dies erfassen können.

Dies gilt etwa für die Frauen und Männer aus Männerfächern, die im betrieblichen Funktionsbereich Forschung, Konstruktion und Entwicklung in „verantwortlich-qualifizierten Positionen" arbeiten – im Jahr 2000 trifft dies auf drei von vier Männern, aber immerhin auch auf gut jede zweite Frau in diesem Funktionsbereich zu *(Kap. 6)*. Ausgebildete Ingenieurinnen arbeiten zwar seltener als Männer im Ingenieurberuf, aber immerhin jede zweite Frau (und 63 Prozent der Männer) übt diesen Beruf aus. Frauen aus Männerfächern sind seltener als Männer im Verarbeitenden Gewerbe beschäftigt, aber immerhin gut jede Vierte arbeitet dort (im Vergleich zu 43 Prozent der Männer).

So zeigt sich auch in der vorliegenden Studie eine „variantenreiche Invarianz der Arbeitsteilung" (Krais 2001: 330) zwischen den Geschlechtern im Sinne von Ungleichheit; ihre Ergebnisse weisen ein Stück weit aber auch darüber hinaus. Weitere, differenziertere Forschung wäre hier nötig.

– Auffällig sind insbesondere die Befunde dieser Studie zur Arbeitslosigkeit *(Kap. 7* und *Kap. 9.4)*: Wie skizziert, zeigen sich hier durchwegs Nachteile der Frauen aus Männerfächern nicht nur gegenüber Männern aus Männerfächern, sondern auch gegenüber Frauen aus anderen Fächern. Selbst im Vergleich zu den Frauen, die Fächer mit hohen Frauenanteilen studiert haben, sind Frauen aus Männerfächern durchaus nicht immer im Vorteil. Ihre Arbeitslosigkeit ist teils sogar höher.

Damit fallen zwei Thesen, die in der öffentlichen Diskussion implizit oder explizit oft vertreten werden. Zum einen verbindet sich mit Empfehlungen an junge Frauen, ein bislang geschlechtsuntypisches Fach zu studieren, häufig die Vorstellung, dieses berge ein geringeres Arbeitslosigkeitsrisiko als ein „traditionell weibliches" Fach. Aber die Wahl „gegengeschlechtlich typisierter" Fächer (Teubner 2001: 303) schützt Frauen bislang mitnichten vor höherer Arbeitslosigkeit.

Deswegen lässt sich zum andern auch die insgesamt höhere Arbeitslosigkeit von Akademikerinnen im Vergleich zu Akademikern *(Kap. 2.1.3)* nicht mehr mit traditioneller Studienfachwahl begründen – und damit implizit das Arbeitslosigkeitsrisiko von Akademikerinnen individualisieren, sind sie in dieser Sichtweise durch „falsche" Fachwahl doch selbst dafür verantwortlich. Denn dieses Risiko wird bislang nicht geringer, wenn sich Frauen für Fächer entscheiden, die traditionell vorwiegend von Männern studiert werden. Die Gründe für Geschlechterungleichheit im Erwerbssystem liegen offensichtlich tiefer und nicht (nur) im Bildungsverhalten.

– Die Bildungs- und Berufsberatung – nicht zuletzt die der Bundesagentur für Arbeit – benötigt für eine Begleitung junger Frauen umfassende Information auch über den Arbeitsmarkt. Um fundierte Entscheidungen treffen zu können, müssen junge Frauen realistisch informiert werden. Sie ernst zu nehmen, bedeutet auch, Probleme und Ungleichheiten zu thematisieren und nicht zu verschweigen. Interessierte Frauen dadurch nicht zu demotivieren – eine gegenüber der Autorin von verschiedenen Seiten immer wieder geäußerte Befürchtung[154] – erfordert ‚Fingerspitzengefühl' und Behutsamkeit seitens der Beratungsfachkräfte, wäre aber durch die Datenlage auch gar nicht gedeckt. Denn bei allen sichtbar werdenden Ungleichheiten darf nie vergessen werden, dass Hochqualifizierte am Arbeitsmarkt privilegiert sind und keine Problemgruppe bilden. Auch wenn Frauen aus Männerfächern zum Beispiel häufiger arbeitslos sind als Männer sowie Frauen aus anderen Fächern – Arbeitslosigkeit ist bei Erwerbspersonen mit Hochschulabschlüssen insgesamt sehr niedrig *(Kap. 2)*.

– Einer der Diskurse, in denen Arbeitsmarkt und Beschäftigung in den letzten Jahren überhaupt thematisiert wurden, waren die Werbekampagnen für mehr Frauen in technisch-naturwissenschaftlichen Studiengängen. Probleme und Ungleichheiten wurden hier – ohne bzw. entgegen zum Teil vorliegender empirischer Basis – gerade negiert und das Berufsfeld idealisiert: „Ein spannender Job, eine Zeit lang ins Ausland, eine alte Wassermühle restaurieren und drei Kinderzimmer einrichten – kein Wunsch ist unmöglich" (BMBF zitiert in Mooraj 2002: 25; *Kap. 1*).

Idealisierende Werberhetorik ist aber nicht geeignet, um junge Frauen auf ihrem Weg in männerdominierte Felder zu unterstützen (Plicht/Schreyer 2002b; Mooraj 2002: 23 ff.). Sie instrumentalisiert sie im Bestreben, mehr weibliches Potenzial für technisch-naturwissenschaftliche Berufe zu gewinnen. Auch verstärkt sie, wohl ungewollt, den Blick auf Frauen als Defizitäre ohne Veränderungswillen, der entsprechenden Diskursen häufig inhärent ist (Teubner 2000: 15): Von „Technikdistanz" geleitete, irrationale junge Frauen meiden das technische Feld, obwohl ihnen dieses doch das Paradies verheißt. Vor allem aber ist idealisierende Werberhetorik politisch kontraproduktiv. Veränderungen der Arbeitswelt zur stärkeren Inklusion von Frauen setzen Problembewusstsein und öffentliche Diskussion voraus, denn Probleme existieren nicht per se, sondern müssen erst als solche definiert werden (Spector/Kitsuse 1977). Werberhetorik leugnet Probleme im Erwerbssystem aber gerade – und negiert damit auch politischen Handlungsbedarf.

---

154 Geäußert wird diese Befürchtung vor allem von (hochschulischen) FachvertreterInnen sowie von Initiativen wie etwa Mentoring-Projekten, die das Ziel verfolgen, mehr Frauen für technisch-naturwissenschaftliche Fächer zu gewinnen.

– In der vorliegenden Studie zu Arbeitsmarkt und Beschäftigung rücken weniger die Frauen, sondern das Erwerbssystem und Veränderungsbedarfe dort in den Fokus der Aufmerksamkeit. Sie trägt damit zu einer Ent-Individualisierung und Politisierung des einschlägigen wissenschaftlichen und öffentlichen Diskurses bei und will diesen „wieder stärker für das politische Handeln (...) öffnen" (Krais 2001: 327). Geschlechterpolitisch impliziert dies einen Perspektivenwechsel weg von der Fokussierung auf die (defizitären) Frauen hin zum Einfordern von strukturellen Veränderungen im Beschäftigungssystem. Damit treten auch neue politische „Akteure" auf die Bühne gesellschaftlicher Auseinandersetzung: Institutionen und Organisationen im Erwerbssystem (ähnlich: Haffner/Könekamp/Krais 2006: 52 f.). Denn nicht nur Sozialisation und Motivation müssen sich ändern, sondern auch die Arbeitswelt.[155]

– In *Kap. 8* wurden Hintergründe der Nachteile von hoch qualifizierten Frauen im technischen Feld beleuchtet. Diese reichen von besonderen Problemen der Integration von Familien- und Erwerbsarbeit über betriebliche Arbeitsbedingungen und Personalpolitiken bis hin zu tief verwurzelten historisch-kulturellen Faktoren. Positiv gewendet deuten diese Dimensionen auf Ansatzpunkte für Veränderungen hin. In Bezug auf Institutionen und Organisationen im Erwerbssystem sei hier exemplarisch insbesondere auf folgende Punkte verwiesen: Erforderlich wären eine stärkere Eingrenzung und Kalkulierbarkeit und keine „Entgrenzung" von Arbeitszeit, eine höhere Akzeptanz von Teilzeitarbeit für Frauen und Männer und Abbau der bisher damit verbundenen mittelbaren Diskriminierung in Hinblick auf Weiterbildung und beruflichen Aufstieg, Maßnahmen zum Abbau von Frauendiskriminierung bei Stellenbesetzungen und Entlohnung, eine an überprüfbaren quantitativen Größen orientierte faire Leistungsbeurteilung etc.

– Würden Veränderungen im Erwerbssystem erfolgen – so etwa beim Arbeitszeitregime – könnten diese mittelfristig zum Abbau des bereits wiederholt angesprochenen „Drehtüreffekts" (Heintz u.a. 1997: 33 f.) beitragen. Ein-

155 Dies wird in jüngerer Zeit selbst auf höheren politischen Ebenen so gesehen: „Therefore, it is important to take action to raise the awareness of girls about science and technical education opportunities, as well as to contribute to changing the sexual stereotypes of some scientific occupations. (...) However, it is important to note that educational segregation is only a part of the problem and it is therefore not sufficient to undertake actions only in this sector. Industry also has a big role to play" (European Commission 2003: 78).
Konturen einer um Fragen von Arbeitsmarkt und Beschäftigung erweiterten Diskussion wurden auch auf der Fachtagung „Innovationen – Technikwelten, Frauenwelten" im Oktober 2004 in Berlin deutlich (Buhr 2006).

schlägig ausgebildete Frauen würden bei veränderten Arbeitsbedingungen und höherer Akzeptanz vermutlich häufiger in die jeweiligen fachspezifischen Kernberufe und Kernbranchen einmünden und dort auch dauerhafter verbleiben. Die von einigen Autorinnen formulierte Hoffnung, bessere berufliche Chancen würden mehr junge Frauen zur Wahl eines männerdominierten Fachs motivieren (vgl. zum Beispiel Könekamp/Haffner 2006), wird zumindest in kurzfristiger Perspektive hier nicht geteilt.

Denn dies würde im Umkehrschluss bedeuten, dass ungleiche berufliche Chancen junge Frauen bisher von einem entsprechenden Studium abgehalten haben. Aufgrund der weitgehenden Ausblendung des Erwerbssystems bzw. seiner idealisierenden Darstellung in Werbekampagnen kann dieses Wissen bei jungen Frauen bislang aber gerade nicht vorausgesetzt werden. Zudem würden differenziertere Forschungsergebnisse über Motive der Studienfachwahl benötigt: Absolventinnen aus Männerfächern scheinen zwar ähnlich wie Männer inhaltlich, aber auch extrinsisch motiviert zu sein *(Kap. 8.4)*[156] – die Frage, welchen Stellenwert weibliche Studienberechtigte mit Offenheit gegenüber Technik und Naturwissenschaften beruflichen Chancen bei ihrer Studienwahl überhaupt zubilligen, ist m. W. aber noch nicht genauer erforscht.

– In *Kap. 3.1.1* wurde das Konzept der geschlechterkonstituierenden Arbeitsteilung beschrieben. Gemeint ist eine Arbeitsteilung, „in deren Zuge nicht nur die ‚Weiblichkeit' und ‚Männlichkeit' bestimmter Arbeitsbereiche hergestellt wird, sondern zugleich die Differenz zwischen Frauen und Männern" (Wetterer 1999b: 233). Die Konstruktion der sozialen Kategorie Geschlecht und die Arbeitsteilung zwischen den Geschlechtern wird als wechselseitige Beziehung gefasst: Einerseits wirkt „Geschlecht als Ressource der Strukturierung und Hierarchisierung arbeitsteiliger Zuständigkeiten und Zugangschancen" (Wetterer 1999a: 27), andererseits bestärkt das Ergebnis der Arbeitsteilung wiederum die binäre Geschlechterkonstruktion mit ihren Zuschreibungen an die Geschlechtscharaktere. Ein vereinfachtes Beispiel zur Veranschaulichung: Weil Frauen fürsorglich sind, werden sie Krankenschwestern; dass Krankenschwestern Frauen sind, bestätigt wiederum, dass Frauen fürsorglich sind (zur frühen „marginalisierenden Integration" von Frauen in den Arztberuf als einem weiteren Beispiel vgl. Wetterer 1999b).

---

156 Materiell-extrinsische Motive der Fach- und Berufswahl beziehen sich auf Aspekte wie Arbeitsplatzsicherheit, Einkommens- und Karrierechancen. Inhaltlich-intrinsische Motive zielen demgegenüber eher auf inhaltliche Aspekte von Fach oder Beruf (Bargel/Ramm 1998: 70).

Würden mehr Frauen dauerhaft und als „Gleiche" (Heintz u.a. 1997) im technischen Feld arbeiten und keine vereinzelten „weißen Raben"[157] mehr sein, würde das Konzept der geschlechterkonstituierenden Arbeitsteilung im Umkehrschluss bedeuten, dass dadurch nicht nur Geschlechtersegregation im Erwerbssystem, sondern auch sozial konstruierte Geschlechterbilder mit ihrer impliziten Hierarchie aufgebrochen bzw. zumindest irritiert werden könnten: Erfolgreich die Technikentwicklung vorantreibende und in deren Zentren arbeitende Maschinenbau- und Elektroingenieurinnen stören tradierte Geschlechterbilder. Eine stärkere Inklusion von hoch qualifizierten Frauen ins technische Feld könnte somit – über die Erosion binär konstruierter Geschlechterbilder – auch über das Erwerbssystem hinaus ausstrahlen. Aus der geschlechterkonstituierenden Arbeitsteilung könnte gewissermaßen eine geschlechter-dekonstituierende werden.

Die in *Kap. 1* genannten „emanzipatorischen" Ziele einer stärkeren Integration von Frauen ins technische Feld (Verbreiterung des Berufswahlspektrums, Partizipation an gesellschaftlich wichtiger Technikentwicklung etc.) sind jedenfalls um den Aspekt der Irritation tradierter Geschlechterbilder zu erweitern – auch wenn die Gefahr besteht, dass Tätigkeiten geschlechtlich umcodiert und damit veränderte geschlechtliche Besetzungen von Berufen wieder mit der binären Geschlechterkonstruktion kompatibel gemacht werden. Denn eine identische Tätigkeit kann „eine unterschiedliche symbolische Bedeutung (erhalten), je nachdem, ob Männer oder Frauen sie verrichten" (Teubner 2000: 10).[158]

---

157 So eine Maschinenbauingenieurin auf einer Sitzung des Beirats des Kompetenzzentrums TanGenS (Technology and Gender in Applied Sciences) an der Fachhochschule Furtwangen am 31.01.2003.

158 Teubner (2001: 299) verweist beispielhaft auf den Beruf ImmobilienmaklerIn in den USA: „Nachdem sich nicht mehr genügend männliche Vertreter für diesen Beruf fanden, stieg der Anteil der Frauen deutlich an. Dies verlangt aus der Sicht der Berufsangehörigen und der Außenstehenden nach einer ‚Erklärung', die wiederum mit den Normen der Geschlechterordnung übereinstimmen muss. Die Differenz der Geschlechter in der Arbeit wird wie folgt symbolisiert: Sind Männer als Makler tätig, dann dominieren Attribute wie Durchsetzungsvermögen und Entscheidungsfähigkeit. Sind Frauen in diesem Beruf tätig, dann erklärt sich ihre Eignung aus ihrer Empathie für Käuferwünsche und ihrer allgemeinen Zuständigkeit für den Bereich Wohnen." Bei steigender Frauenrepräsentanz in hoch qualifizierten technisch-naturwissenschaftlichen Berufen wäre denkbar, dass die eher Frauen zugeschriebenen „soft skills" wie etwa Kommunikations- und Teamfähigkeit stärker betont werden.

11 Ausblick

Die Zukunft vorherzusagen ist in Zeiten der Globalisierung nicht einfacher geworden. Dennoch wurden in *Kap. 2.2* mögliche künftige Entwicklungen des Akademikerarbeitsmarktes allgemein skizziert. Dargelegt wurde, dass in der Bundesrepublik ein Mangel an hoch qualifizierten Fachkräften zumindest immer wahrscheinlicher wird. Dies liegt am steigenden Bedarf an Hochqualifizierten im Zuge des Strukturwandels des Beschäftigungssystems auf der einen Seite und am Rückgang des Erwerbspersonenpotenzials sowie an stagnativen Tendenzen bei der Bildung auf der anderen Seite.

Vieles spricht dafür, dass diese allgemeine Entwicklung auch bzw. gerade für technische Erwerbsbereiche gelten wird. So geht etwa die Bund-Länder-Kommission für Bildungsplanung und Forschungsförderung (2001: 93 f.) in ihren bis zum Jahr 2015 reichenden Modellrechnungen für Westdeutschland davon aus, dass der Bedarf an AkademikerInnen in technischen Berufen steigen wird. Dieser wird kaum befriedigt werden können. Gründe sind unter anderem das fortgeschrittene Alter der Erwerbstätigen aus vielen technischen Fächern und ihr absehbares Ausscheiden aus dem Erwerbsleben (Bundesministerium für Bildung und Forschung 2005: 80) und die in den 90er und jüngeren Jahren teils drastisch gesunkenen Studienanfängerzahlen (Parmentier/Schade/Schreyer 1998b und c; Statistisches Bundesamt 2005c). Auch sind die Studienabbrecherquoten in der Informatik, im Maschinenbau und in der Elektrotechnik überdurchschnittlich hoch (Heublein/Schmelzer/Sommer 2005: 1).

Verschiedene, bereits in *Kap. 2.2* skizzierte Beispiele aus der Geschichte der Frauenerwerbsarbeit deuten darauf hin, dass bei Mangellagen die Arbeitsmarkt- und Beschäftigungschancen von Frauen steigen. So konnten weibliche Arbeitskräfte im Zuge der Industrialisierung unter anderem dann in Branchen und Berufe eindringen, wenn männliche Arbeitskräfte aus diesen heraus in attraktivere Bereiche abgewandert waren (Willms-Herget 1985). Die mit der Maschinisierung der Schriftsetzerarbeit ab 1870 verbundene Arbeitsweise galt zunächst als „lächerlich" und dem Klavierspiel ähnelnd. Da männliche Arbeitskraft für solches nicht ausreichend zur Verfügung stand, konnten vorübergehend „Töchter der gebildeten Stände" in den Beruf eindringen (Robak 1992). Programmierarbeit in den Computerlabors der USA der 40er und frühen 50er Jahre wurde auch von daher überwiegend von Frauen geleistet, weil kriegsbedingt zumindest bis 1945 Mangel an männlichen Arbeitskräften bestand (Hoffmann 1987: 75 ff.). Aus diesem Grund wurden auch im faschistischen Deutschland während des Zweiten Weltkrieges Frauen verstärkt für Erwerbsarbeit rekrutiert (Jurczyk 1978: 52 ff.).

Diese und weitere Beispiele aus der Geschichte der Frauenerwerbsarbeit sprechen für die Annahme, dass auch beim erwarteten Fachkräftemangel die Chancen von Frauen steigen werden. Die Frage, welches Geschlecht technische Fachkräfte haben, wird in Zeiten des Mangels an ebensolchen aufgrund historisch-gesellschaftlicher Verfestigungen *(Kap. 3.1.2)* zwar nicht bedeutungslos werden, an Bedeutung aber zumindest verlieren. Zudem erfordert Technikarbeit im 21. Jahrhundert ein breites Kompetenz- und Interessenbündel, über das technikinteressierte junge Frauen bislang eher verfügen als Männer (Minks 2000). Auch wenn die Diskussion um eine höhere Frauenrepräsentanz nicht ökonomisch verengt, sondern vor allem emanzipatorisch orientiert geführt werden sollte – denn Frauen haben unabhängig von ökonomischen Entwicklungen das Recht, Männerdomänen aufzubrechen – sind so für die Zukunft steigende Chancen für Frauen aus Männerfächern zu erwarten.

Die skizzierten Entwicklungen bergen aber neben Chancen zugleich auch Risiken. Letztere resultieren unter anderem aus der ungleichen Arbeitsteilung in der privaten Reproduktionsarbeit. Auch in jüngeren akademischen Milieus sind in erster Linie Frauen für diese zuständig (Minks 2001: 17 und 71 f.; Abele/Neunzert/Tobies 2004: 75 f.; Abele 2005). Reproduktionsarbeit erstreckt sich keineswegs nur auf Kinder. Die Verantwortung für die Versorgung alternder Eltern oder anderer Angehöriger betrifft (technisch-naturwissenschaftlich ausgebildete) Frauen auch, wenn sie selber keine Kinder haben. Sie kann im Zuge des demografischen Wandels und dem erhöhten Betreuungs- und Pflegebedarf in einer älter werdenden Gesellschaft zu neuen Ungleichheiten der Geschlechter nicht nur im Privat-, sondern, durch begrenzte Verfügbarkeit, auch im Erwerbsleben beitragen (Buhr 2004: 30).[159]

---

159 Überhaupt kann der erhöhte Betreuungs- und Pflegebedarf in einer älter werdenden Gesellschaft die geschlechtshierarchische Spaltung der Erwerbs- und Familienarbeit noch verfestigen – im Sinne einer noch stärkeren Konzentration von bezahlter und unbezahlter Frauenarbeit auf Reproduktionsaufgaben. Dies weist noch einmal darauf hin *(Kap. 3)*, dass sich Versuche, die geschlechtliche Segregation aufzubrechen, keineswegs nur auf das Feld ‚Frauen und Technik' konzentrieren können. Notwendig sind unter anderem ein Abbau ungleicher Arbeitsteilung in der privaten Reproduktionsarbeit und

Wie oben skizziert, dürften die absehbaren künftigen Entwicklungen zu einer stärkeren Nachfrage nach Ingenieurinnen und Naturwissenschaftlerinnen führen. Aber auch bei einer quantitativ höheren Frauenrepräsentanz in technisch-naturwissenschaftlichen Berufen können sich Trennlinien zwischen (höher bewerteter) männlicher und (niedriger bewerteter) weiblicher Arbeit halten oder neue Muster der skizzierten „Integration durch Segmentation" herausbilden. Eine höhere Repräsentanz von Frauen kann sogar mit ihrer verstärkten Ausgrenzung einhergehen: „Konkurrenz, Rivalität und die Wahrnehmung kultureller Differenz sind (...) Schwellengrößen, die erst dann zum Ausbruch kommen, wenn die Minderheit eine gewisse Größe erreicht hat. (...) Grenzziehung – boundary work – ist die Antwort darauf" (Heintz u.a. 1997: 47). Aufgrund bisheriger Entwicklungen der Erwerbsarbeit der Geschlechter kann eben nicht davon ausgegangen werden, dass Geschlechtersegregation in dem Umfang abnimmt, wie die Beteiligung von Frauen an der Erwerbsarbeit zunimmt (Teubner 2001: 297).

Inklusion und Exklusion von Frauen ist jedenfalls nicht nur eine ökonomische Frage des Verhältnisses von Angebot und Nachfrage auf dem Markt und dadurch geprägten Machtverhältnissen zwischen Kapital und Arbeit. Die Geschlechterverhältnisse sind vielmehr tief eingegraben in die historisch gewordene soziale Welt mit ihren verschiedenen Feldern und – im wahrsten Sinne des Wortes – einverleibt in den Habitus der AkteurInnen (*Kap. 3.1.2;* Krais 2005 und 2001). Wie unter Rückgriff auf die Arbeit von Mooraj (2002) dargelegt, ist das technische Feld in westlichen Gesellschaften traditionell männlich besetzt. Die Geschlechtscharaktere wurden beginnend im späten 18. Jahrhundert als bipolar, grundverschieden und in der Natur verankert konzipiert und prägen noch heute den Habitus der Menschen. Weiblichkeit wird mit Technikdistanz konnotiert. Sowohl Feld wie Habitus in ihrem zirkulären Verhältnis sind jedoch nicht statisch, sondern historisch wandelbar. Notwendig sind sowohl Umdeutungen technischer Leitbilder und Umgestaltungen des technischen Feldes mit seinen an der ‚männlichen Normalbiographie' orientierten Arbeitsbedingungen *(Kap. 8)* als auch der hierarchischen Geschlechterverhältnisse mit ihren eingelagerten Geschlechterbildern.

---

in Mischberufen, eine Verbesserung der Arbeitsbedingungen in Frauenberufen etwa im Gesundheits- und Pflegebereich sowie eine stärkere Einmündung von Männern in Frauenberufe (Heintz u.a. 1997: 14). Letzteres erfordert aber nicht nur den Abbau „hegemonialer Männlichkeit" als „rigides Bild idealer Männlichkeit (...), das männliche Außenseiter ebenso ausgrenzt wie Frauen", sondern auch ähnliche Beschäftigungs- und Einkommenschancen in Frauenberufen wie in vergleichbaren Männerberufen (Heintz u.a. 1997: 53 f.).

Historisch langfristig Geronnenes wird aber durch kurzfristige ökonomische Entwicklungen nicht einfach außer Kraft gesetzt, auch wenn Umdeutungen und Umgestaltungen dadurch gefördert werden können. Sie werden längere Zeiträume in Anspruch nehmen und sie werden nicht automatisch und wie von selbst eintreten. Vielmehr bedarf es des aktiven Eingreifens derjenigen, die an einer dauerhaften Inklusion von Frauen ins technische Feld bzw., allgemeiner, an einer grundlegenden Transformation der Geschlechterverhältnisse interessiert sind. Empirische und theoretische Soziologie auf der einen Seite und Geschlechterpolitik auf der anderen Seite[160] bleiben auch in Zukunft notwendig.

160 Dabei sind das wissenschaftliche und das politische Feld nicht völlig getrennt, sondern notwendigerweise miteinander verbunden: „Wenn gesellschaftliche Auseinandersetzungen immer auch symbolische Auseinandersetzungen sind, d. h. Auseinandersetzungen um Sichtweisen und Kategorien und Klassifikationen, an Hand derer wir die Welt wahrnehmen und einteilen, dann ist Soziologie, ob sie es will oder nicht, immer eminent politisch. Es ist nicht beliebig, ob man von Klassen spricht oder nur noch Individuen kennt, ob man die Familie von vornherein als Hort der Freiheit und des persönlichen Glücks thematisiert oder als einen Ort, an dem immer auch Machtbeziehungen zwischen den Geschlechtern ausgelebt und festgezurrt werden. Es ist auch nicht folgenlos, ob Soziologinnen und Soziologen den Alltag beherrschende Denkmuster übernehmen und als Kategorien der wissenschaftlichen Analyse verwenden oder ob sie diese auf ihren ideologischen Kontext hin untersuchen. Unsere Begriffe sind nicht nur dazu da, Duftmarken in der scientific community zu setzen oder ein staunendes Publikum zu beeindrucken, auf dass Forschungsgelder fließen und Reputation sich mehren möge, sie wandern in den Alltag, in das Alltagsverständnis von sozialen Beziehungen und gesellschaftlichen Zusammenhängen und stabilisieren Herrschaftsverhältnisse (...) oder kratzen sie an" (Krais 2001: 334 f.).

Literatur

Abele Andrea E. (2005), Ziele, Selbstkonzept und Work-Life-Balance bei der längerfristigen Lebensgestaltung. Befunde der Erlanger Längsschnittstudie BELA-E mit Akademikerinnen und Akademikern, in: Zeitschrift für Arbeits- und Organisationspsychologie Nr. 4

Abele Andrea E. (2003), Beruf – kein Problem, Karriere – schon schwieriger: Berufslaufbahnen von Akademikerinnen und Akademikern im Vergleich, in: Abele Andrea E./Hoff Ernst-H./Hohner Hans-Uwe (2003), Hg., Frauen und Männer in akademischen Professionen. Berufsverläufe und Berufserfolg, Heidelberg/Kröning

Abele Andrea E. (2002), Geschlechterdifferenz in der beruflichen Karriereentwicklung. Warum sind Frauen weniger erfolgreich als Männer?, in: Keller Barbara/Mischau Anina (2002), Hg., Frauen machen Karriere in Wissenschaft, Wirtschaft und Politik. Chancen nutzen – Barrieren überwinden, Baden-Baden

Abele Andrea E./Andrä Miriam/Schute Manuela (1999), Wer hat nach dem Hochschulexamen schnell eine Stelle? Erste Ergebnisse der Erlanger Längsschnittstudie (BELA-E), in: Zeitschrift für Arbeits- und Organisationspsychologie Nr. 2

Abele Andrea E./Neunzert Helmut/Tobies Renate (2004), Traumjob Mathematik! Berufswege von Frauen und Männern in der Mathematik, Basel/Boston/Berlin

Abele Andrea E./Schute Manuela/Andrä Miriam S. (1999), Ingenieurin versus Pädagoge: Berufliche Werthaltungen nach Beendigung des Studiums, in: Zeitschrift für Pädagogische Psychologie Heft 1/2

Allmendinger Jutta u.a. (1999), Eine Liga für sich? Berufliche Werdegänge von Wissenschaftlerinnen in der Max-Planck-Gesellschaft, in: Neusel Aylâ/Wetterer Angelika (1999), Hg., Vielfältige Verschiedenheiten. Geschlechterverhältnisse in Studium, Hochschule und Beruf, Frankfurt/New York

Allmendinger Jutta/Schreyer Franziska (2005), Trotz allem gut – Zum Arbeitsmarkt von AkademikerInnen heute und morgen, in: Allmendinger Jutta (2005), Hg., Karriere ohne Vorlage. Junge Akademiker zwischen Studium und Beruf, Hamburg

Allmendinger Jutta/Wimbauer Christine (2003), Von der Magd zum Markt. Zwiespalt Beruf und Familie: Trotz unbestreitbarer Fortschritte bleibt Geschlechtergleichheit oft eine bloß diskursive Idee, Frankfurter Rundschau vom 25. Februar 2003

Anker Richard (1998), Gender and jobs. Sex segregation of occupations in the world, Geneva

Autorengemeinschaft (2003), Der Arbeitsmarkt in der Bundesrepublik Deutschland in den Jahren 2003 und 2004, in: Mitteilungen aus der Arbeitsmarkt- und Berufsforschung Heft 1 (http://doku.iab.de/mittab/2003/2003_1_MittAB_Autorengemeinschaft.pdf)

Bargel Tino/Ramm Michael (1998), Ingenieurstudium und Berufsperspektiven. Sichtweisen, Reaktionen und Wünsche der Studierenden, (Hg. Bundesministerium für Bildung, Wissenschaft, Forschung und Technologie), Bonn

Bathke Gustav-Wilhelm/Minks Karl-Heinz (1993), Berufliche Integration und Weiterbildung von Ingenieurinnen aus den neuen Ländern. Ergebnisse einer Befragung, (Hg. Bundesministerium für Bildung und Wissenschaft), Bonn

Becker-Schmidt Regina/Knapp Gudrun-Axeli (1995), Hg., Das Geschlechterverhältnis als Gegenstand der Sozialwissenschaften, Frankfurt/New York

Beck-Gernsheim Elisabeth/Ostner Ilona (1978), Frauen verändern – Berufe nicht? Ein theoretischer Ansatz zur Problematik von ‚Frau und Beruf', in: Soziale Welt Heft 3

Beckmann Petra (1996), Hg., Gender Specific Occupational Segregation, (Beiträge zur Arbeitsmarkt- und Berufsforschung 188), Nürnberg

Benninghaus Hans (1979), Deskriptive Statistik, Stuttgart

Bessenrodt-Weberpals Monika (2003), Physikerinnen in Deutschland: Der große kleine Unterschied, in: Spektrum der Wissenschaft Nr. 9

Boockmann Bernhard/Zwick Thomas (2004), Jugendkultur bei Ingenieuren, in: ZEWnews Nr. 3

Bourdieu Pierre (1983), Ökonomisches Kapital, kulturelles Kapital, soziales Kapital, in: Kreckel Reinhard (1983), Hg., Soziale Ungleichheiten, (Soziale Welt, Sonderband 2), Göttingen

Brinkmann Christian u.a. (2005), SGB II – Neue Herausforderungen an Statistik und Forschung, IAB-Forschungsbericht Nr. 10 (http://doku.iab.de/forschungsbericht/2005/fb1005.pdf)

Breiholz Holger (2003), Ergebnisse des Mikrozensus 2002, in: Wirtschaft und Statistik Nr. 7

Brosius Gerhard (1988), SPSS/PC+Basics und Graphics. Einführung und praktische Beispiele, Hamburg/New York

Budde Gunilla-Friederike (2002), Gelungener Elitenwechsel? Studentinnen in der DDR in den 50er und 60er Jahren, in: Die Hochschule. Journal für Wissenschaft und Bildung Heft 2

Büchel Felix/Weißhuhn Gernot (1998), Ausbildungsinadäquate Beschäftigung der Absolventen des Bildungssystems. Fortsetzung der Berichterstattung zu Struktur und Entwicklung unterwertiger Beschäftigung in West- und Ostdeutschland, Teil II, Berlin

Büchel Felix/Weißhuhn Gernot (1997), Unter Wert verkauft. Ausbildungsinadäquate Beschäftigung von Frauen in West- und Ostdeutschland, Bielefeld

Buhr Regina (2006), Hg., Innovationen – Technikwelten, Frauenwelten. Chancen für einen geschlechtergerechten Wandel des Innovationssystems in Deutschland, Berlin

Buhr Regina (2004), Technikwelten als Frauenwelten. Überlegungen zur nachhaltigen Integration von Mädchen und Frauen in qualifizierter technischer Arbeit, in: Forum Wissenschaft Heft 3

Bundesagentur für Arbeit (2006), Hg., SGB III-Textausgabe. Sozialgesetzbuch III – Arbeitsförderung – mit angrenzenden Gesetzen, Verordnungen und BA-Regelungen, Nürnberg

Bundesagentur für Arbeit (2004), Hg., Weiterqualifizierung: Quereinstieg ins Lehramt, in: uni Magazin Heft 2 (http://www.unimagazin.de/rubrik/weiterqualifizierung200402.jsp) (07.07.2004)

Bundesanstalt für Arbeit (2003), Begriff Arbeitsloser/Anpassungen des Arbeitslosenbegriffs an Gesetzesänderungen bzw. sonstige Definitionsänderungen, (unveröffentlichte Arbeitsunterlage), Nürnberg

Bundesanstalt für Arbeit (2001a), Hg., Statistik über Arbeitslose in der Bundesrepublik Deutschland. Grundlagen, Organisation, Erfassungsmethode, im Intranet der Bundesanstalt für Arbeit unter: http://s9011.vz.ba.de/h3a1/IIIa4/HTML/INTERESSE.HTM (25.05.2001)

Bundesanstalt für Arbeit (2001b), Hg., Erfassung der Erwerbs- bzw. Arbeitslosigkeit. Vergleich der Methoden und Definitionen, im Intranet der Bundesanstalt für Arbeit unter: http://s9011.vz.ba.de/h3a1/IIIa4/HTML/INTERESSE.HTM (25.05.2001)

Bundesanstalt für Arbeit (1988), Hg., Klassifizierung der Berufe. Systematisches und alphabetisches Verzeichnis der Berufsbenennungen, Nürnberg

Bundesministerium für Bildung und Forschung (2005), Hg., Zur technologischen Leistungsfähigkeit Deutschlands 2005, Bonn/Berlin

Bundesministerium für Bildung und Forschung (2002), Zu den Aktionen, im Internet unter http://www.werde-informatikerin.de/index.php3 (21.01.2004)

Bundesministerium für Bildung und Forschung (2001), Hg., Grund- und Strukturdaten 2000/2001, Bonn

Bundesministerium für Bildung und Forschung (2000), Hg., Grund- und Strukturdaten 1999/2000, Bonn

Bundesministerium für Bildung und Forschung (o. J.), Hg., Beruf: Ingenieurin. Be.ing. – In Zukunft mit Frauen, Bonn

Bund-Länder-Kommission für Bildungsplanung und Forschungsförderung BLK (2002), Frauen in den ingenieur- und naturwissenschaftlichen Studiengängen. Bericht der BLK vom 2. Mai 2002 (Heft 100), Bonn

Bund-Länder-Kommission für Bildungsplanung und Forschungsförderung BLK (2001), Zukunft von Bildung und Arbeit. Perspektiven von Arbeitskräftebedarf und -angebot bis 2015, im Internet unter http://www.blk-bonn.de/papers/heft104.pdf (10.03.2003)

Bund-Länder-Kommission für Bildungsplanung und Forschungsförderung BLK/Bundesanstalt für Arbeit (1997), Hg., Studien- und Berufswahl. Informationen und Entscheidungshilfen, Bad Honnef

Butz Marcus (2001), Lohnt sich Bildung noch? Ein Vergleich der bildungsspezifischen Nettoeinkommen 1982 und 1995, in: Berger Peter A./Konietzka Dirk (2001), Hg., Die Erwerbsgesellschaft. Neue Ungleichheiten und Unsicherheiten, Opladen

Chaberny Annelore/Schade Hans-Joachim (1993), Frauen dringen nur langsam in die Berufswelt der Männer vor. In den alten Bundesländern hat der Trend weiblicher Auszubildender in männerdominierte Berufe an Dynamik verloren, IAB-Kurzbericht Nr. 4

Cramer Ulrich (1987), Ganz einfach Statistik – Für mehr Transparenz am Arbeitsmarkt. Bestands- und Bewegungsdaten in der Arbeitslosenstatistik, Materialien aus der Arbeitsmarkt- und Berufsforschung (MatAB) Nr. 1.1

Dostal Werner (2002), IT-Arbeitsmarkt. Chancen am Ende des Booms, IAB-Kurzbericht Nr. 19 (http://doku.iab.de/kurzber/2002/kb1902.pdf)

Dostal Werner (1999), Beschäftigungsgewinne in Informationsberufen, in: Mitteilungen aus der Arbeitsmarkt- und Berufsforschung Heft 4 (http://doku.iab.de/mittab/1999/1999_4_MittAB_Dostal.pdf)

Dostal Werner/Reinberg Alexander (1999), Arbeitslandschaft 2010. Ungebrochener Trend in die Wissensgesellschaft, IAB-Kurzbericht Nr. 10 (http://doku.iab.de/kurzber/1999/kb1099.pdf)

Eichhorst Werner/Thode Eric (2002), Strategien gegen den Fachkräftemangel, Band 1: Internationaler Vergleich, Gütersloh

Emmerling Dieter/Riede Thomas (1997), 40 Jahre Mikrozensus, in: Wirtschaft und Statistik Nr. 3

Emmerling Dieter/Riede Thomas (1994), Zur Freiwilligkeit in der Auskunftserteilung im Mikrozensus, in: Wirtschaft und Statistik Nr. 6

Engelbrech Gerhard (1992), Der Arbeitsmarkt für Frauen in den alten und neuen Bundesländern, in: Engelbrech Gerhard/Schenk Sabine/Wagner Petra (1992), Hg., Bedingungen der Frauenerwerbsarbeit im deutsch-deutschen Einigungsprozess, (Beiträge zur Arbeitsmarkt- und Berufsforschung 167), Nürnberg

Engler Steffani/Faulstich-Wieland Hannelore (1995), Ent-Dramatisierung der Differenzen. Studentinnen und Studenten in den Technikwissenschaften, Bielefeld

European Commission (2003), Hg., Women in Industrial Research. Analysis of statistical data and good practices of companies, Brussels

Fuchs Johann (2002), Erwerbspersonenpotenzial und Stille Reserve – Konzeption und Berechnungsweise, in: Kleinhenz Gerhard (2002), Hg., IAB-Kompendium Arbeitsmarkt- und Berufsforschung, (Beiträge zur Arbeitsmarkt- und Berufsforschung 250), Nürnberg (http://doku.iab.de/beitrab/2002/beitr250_203.pdf)

Fuchs Johann/Dörfler Katrin (2005), Projektion des Arbeitsangebots bis 2050: Demografische Effekte sind nicht mehr zu bremsen, IAB-Kurzbericht Nr. 11 (http://doku.iab.de/kurzber/2005/kb1105.pdf)

Fuchs Johann/Söhnlein Doris (2005), Vorausschätzung der Erwerbsbevölkerung bis 2050, IAB-Forschungsbericht Nr. 16 (http://doku.iab.de/forschungs bericht/2005/fb1605.pdf)

Fuchs Johann/Söhnlein Doris (2003), Lassen sich die Erwerbsquoten des Mikrozensus korrigieren? Erwerbstätigenrevision des Statistischen Bundesamtes: Neue Basis für die IAB-Potenzialschätzung und Stille Reserve, IAB-Werkstattbericht Nr. 12 (http://doku.iab.de/werkber/2003/wb1203.pdf)

Fuchs Johann/Weber Brigitte (2004), Frauen in Ostdeutschland: Erwerbsbeteiligung weiterhin hoch, IAB-Kurzbericht Nr. 4 (http://doku.iab.de/kurzber/2004/kb0404.pdf)

Gisbert Kristin (1995), Frauenuntypische Bildungsbiographien: Diplom-Mathematikerinnen, Frankfurt

Götschel Helene (2001), Naturwissenschaftlerinnen und Technikerinnen in Bewegung. Zur Geschichte des Kongresses Frauen in Naturwissenschaften und Technik 1977 bis 1989, Talheim

Gottschall Karin (1997), Zum Erkenntnispotential sozialkonstruktivistischer Perspektiven für die Analyse von sozialer Ungleichheit und Geschlecht, in: Hradil Stefan (1997), Hg., Differenz und Integration. Die Zukunft moderner Gesellschaften, Frankfurt/New York

Haffner Yvonne/Könekamp Bärbel/Krais Beate (2006), Arbeitswelt in Bewegung. Chancengleichheit in technischen und naturwissenschaftlichen Berufen als Impuls für Unternehmen, (Hg. Bundesministerium für Bildung und Forschung), Bonn

Hakim Catherine (1996), Theoretical and Measurement Issues in the Analysis of Occupational Segregation, in: Beckmann Petra (1996), Ed., Gender Specific Occupational Segregation, (Beiträge zur Arbeitsmarkt- und Berufsforschung 188), Nürnberg

Hartmann Michael (2005), Studiengebühren und Hochschulzugang: Vorbild USA?, in: Leviathan Heft 4

Hausen Karin (1976), Die Polarisierung der „Geschlechtscharaktere" – Eine Spiegelung der Dissoziation von Erwerbs- und Familienleben, in: Conze Wilhelm (1976), Hg., Sozialgeschichte der Familie in der Neuzeit Europas. Neue Forschungen, Stuttgart

Hauser Kornelia (2002), Professions- und Hochschulforschung aus der Geschlechterperspektive, in: Soziologische Revue. Besprechungen neuer Literatur, Heft 4

Heidenreich Hans-Joachim/Herter-Eschweiler Robert (2002), Längsschnittdaten aus dem Mikrozensus: Basis für neue Analysemöglichkeiten, in: Wirtschaft und Statistik Nr. 8

Heine Christoph/Spangenberg Heike/Sommer Dieter (2005), Studienberechtigte 2004: Erste Schritte in Studium und Berufsausbildung. Vorauswertung der Befragung der Studienberechtigten 2004 ein halbes Jahr nach Schulabgang im Zeitvergleich, HIS-Kurzinformation Nr. A10

Heine Christoph u. a. (2006), Bestimmungsgründe für die Wahl von ingenieur- und naturwissenschaftlichen Studiengängen. Ausgewählte Ergebnisse einer Schwerpunktstudie im Rahmen der Berichterstattung zur technologischen Leistungsfähigkeit Deutschlands, HIS-Kurzinformation Nr. A2

Heintz Bettina u. a. (1997), Ungleich unter Gleichen. Studien zur geschlechtsspezifischen Segregation des Arbeitsmarktes, Frankfurt/New York

Hengstenberg Heike (1994), Vereinbaren, was unvereinbar scheint. Optionen innovativer Arbeitsgestaltung und Personalpolitik für Ingenieurinnen und Ingenieure, Berlin

Henninger Annette (2001), Gender-Probleme in der New Economy: Geschlechterverhältnisse in kleinen Softwarefirmen, in: Zeitschrift für Frauenforschung und Geschlechterstudien Heft 3

Heublein Ulrich/Schmelzer Robert/Sommer Dieter (2005), Studienabbruchstudie 2005. Die Studienabbrecherquoten in den Fächergruppen und Studienbereichen der Universitäten und Fachhochschulen, HIS-Kurzinformation Nr. A1

Heublein Ulrich u. a. (2002), Studienabbruchstudie 2002. Die Studienabbrecherquoten in den Fächergruppen und Studienbereichen der Universitäten und Fachhochschulen, HIS-Kurzinformation Nr. A5

Hörner Walter/Brings Stefan (1995), Entwicklung und Aufgaben der amtlichen Hochschulstatistik, in: Wirtschaft und Statistik Nr. 4

Hoffmann Ute (1987), Computerfrauen. Welchen Anteil haben Frauen an Computergeschichte und -arbeit?, München

Holland-Cunz Barbara (2003), Die alte neue Frauenfrage, Frankfurt

Holst Elke (2003), Einkommensunterschiede zwischen Frauen und Männern nehmen in höheren Positionen zu, in: WSI-Mitteilungen Heft 4

Holtkamp Rolf/Koller Petra/Minks Karl-Heinz (2000), Hochschulabsolventen auf dem Weg in den Beruf. Eine Untersuchung des Berufsübergangs der Absolventenkohorten 1989, 1993 und 1997, (Reihe Hochschulplanung der Hochschul-Informations-System GmbH HIS, Band 143), Hannover

Institut der deutschen Wirtschaft (2005), Wissenschaftlerinnen in der EU: Frauen holen auf, in: iwd Nr. 44

Institut der deutschen Wirtschaft (2003), Akademikerinnen: Karriere kontra Kinder, in: iwd Nr. 38

Isserstedt Wolfgang u.a. (2004), Die wirtschaftliche und soziale Lage der Studierenden in der Bundesrepublik Deutschland 2003. 17. Sozialerhebung des Deutschen Studentenwerks durchgeführt durch HIS Hochschul-Informations-System (Hg. Bundesministerium für Bildung und Forschung), Bonn/Berlin

Janshen Doris/Rudolph Hedwig u.a. (1987a), Ingenieurinnen. Frauen für die Zukunft, Berlin/New York

Janshen Doris/Rudolph Hedwig (1987b), Frauen in technischen Berufen. Studien- und Arbeitsbedingungen von Ingenieurinnen, in: Informationen für die Frau Nr. 7-8

Jurczyk Karin (1978), Frauenarbeit und Frauenrolle. Zum Zusammenhang von Familienpolitik und Frauenerwerbstätigkeit in Deutschland von 1918–1975, Frankfurt/New York

Karr Werner (1997), Die Erfassung der Langzeitarbeitslosigkeit – Ein kaum beachtetes Messproblem, IAB-Kurzbericht Nr. 5

Kay Rosemarie (2001), Gewinnung und Auswahl von MitarbeiterInnen, in: Krell Gertraude (2001), Hg., Chancengleichheit durch Personalpolitik. Gleichstellung von Frauen und Männern in Unternehmen und Verwaltungen. Rechtliche Regelungen – Problemanalysen – Lösungen, Wiesbaden

Koch Susanne (2002), Arbeitszeitrealität und Arbeitszeitwünsche von Männern und Frauen, in: Engelbrech Gerhard (2002), Hg., Arbeitsmarktchancen für Frauen, (Beiträge zur Arbeitsmarkt- und Berufsforschung 258), Nürnberg

Köhler Sabine/Schimpl-Neimanns Bernhard/Schwarz Norbert (2000), Pilotprojekt zur Erleichterung der Nutzungsmöglichkeiten von faktisch anonymisierten Mikrodaten. Aktueller Sachstand, Erfahrungen im Mikrozensus und Perspektiven, in: Wirtschaft und Statistik Nr. 1

Könekamp Bärbel/Haffner Yvonne (2006), Zwischen den Stühlen? Ausgewählte Forschungsergebnisse zur beruflichen und privaten Lebenssituation von Absolventinnen und Absolventen technischer und naturwissenschaftlicher Fächer, in: Materialien zur Wissenschaftsstatistik Heft 14

Könekamp Bärbel/Haffner Yvonne (2005a), Ingenieurinnen und Naturwissenschaftlerinnen: Chancengleichheit im Beruf?, in: thema Forschung Nr. 2

Könekamp Bärbel/Haffner Yvonne (2005b), Ein Balanceakt? Dual Career Couples in den Berufsfeldern der Natur- und Ingenieurwissenschaften, in: Solga Heike/Wimbauer Christine (2005), Hg., „Wenn zwei das Gleiche tun ...". Ideal und Realität sozialer (Un-)Gleichheit in Dual Career Couples, Opladen

Könekamp Bärbel/Krais Beate (2001), Physikerinnen und Physiker im Beruf. Eine schriftliche Umfrage zur aktuellen beruflichen Situation von Physikerinnen und Physikern, Darmstadt (http://www.physikerin.de/Umfrage.html) (18.04.2005)

Könekamp Bärbel u.a. (2002), Chancengleichheit für Männer und Frauen in der Physik? Ergebnisse der Physikerinnen- und Physikerumfrage der Deutschen Physikalischen Gesellschaft DPG, in: Physik Journal Nr. 2

Koller Barbara/Bach Hans-Uwe/Brixy Udo (2003), Ältere ab 55 Jahren – Erwerbstätigkeit, Arbeitslosigkeit und Leistungen der Bundesanstalt für Arbeit, IAB-Werkstattbericht Nr. 5 (http://doku.iab.de/werkber/2003/wb0503.pdf)

Kraft Hermine (1985), Mädchen in Männerberufen, Materialien aus der Arbeitsmarkt- und Berufsforschung Heft 3

Krais Beate (2005), Geschlechtsrollen, doing gender und der männliche Habitus, in: thema Forschung Nr. 2

Krais Beate (2001), Die feministische Debatte und die Soziologie Pierre Bourdieus: Eine Wahlverwandtschaft, in: Knapp Gudrun-Axeli/Wetterer Angelika (2001), Hg., Soziale Verortung der Geschlechter. Gesellschaftstheorie und feministische Kritik, Münster

Krell Gertraude (2001), Chancengleichheit und Fairness in der Leistungsbeurteilung, in: Personalführung Heft 11

Krüger Helga (2001), Gesellschaftsanalyse: der Institutionenansatz in der Geschlechterforschung, in: Knapp Gudrun-Axeli/Wetterer Angelika (2001), Hg., Soziale Verortung der Geschlechter. Gesellschaftstheorie und feministische Kritik, Münster

Kuhlmann Ellen (1999), Geschlechterdifferenz und Geschlechterhierarchie – (k)ein symbiotisches Verhältnis. Ergebnisse einer historischen und empirischen Untersuchung zur Bedeutung von Geschlechterdifferenzierungen in der zahnmedizinischen Profession, in: Neusel Aylâ/Wetterer Angelika (1999), Hg., Vielfältige Verschiedenheiten. Geschlechterverhältnisse in Studium, Hochschule und Beruf, Frankfurt/New York

Lewin Karl/Minks Karl-Heinz/Uhde Sönke (1996), Abitur – Berufausbildung – Studium. Zur Strategie der Doppelqualifizierung von Abiturienten, in: Mitteilungen aus der Arbeitmarkt- und Berufsforschung Heft 3 (http://doku.iab.de/mittab/1996/1996_3_MittAB_Lewin_Minks_Uhde.pdf)

Liesering Sabine (1996), Ausbildungsstellenmarkt für junge Frauen und Männer faktisch immer noch gespalten, IAB-Kurzbericht Nr. 17

Lorber Judith (1994), Paradoxes of Gender, New Haven and London

Lüsebrink Karin (1993), Büro via Fabrik. Entstehung und Allokationsbedingungen weiblicher Büroarbeit 1850 bis 1933, Berlin

Minks Karl-Heinz (2001), Ingenieurinnen und Naturwissenschaftlerinnen – neue Chancen zwischen Industrie- und Dienstleistungsgesellschaft. Ergebnisse einer Längsschnittuntersuchung zur beruflichen Integration von Frauen aus technischen und naturwissenschaftlichen Studiengängen, (Reihe Hochschulplanung der Hochschul-Informations-System GmbH HIS, Band 153), Hannover

Minks Karl-Heinz (2000), Studienmotivation und Studienbarrieren, HIS-Kurzinformation Nr. A8

Minks Karl-Heinz (1996), Frauen aus technischen und naturwissenschaftlichen Studiengängen. Ein Vergleich der Berufsübergänge von Absolventinnen und Absolventen, (Reihe Hochschulplanung der Hochschul-Informations-System GmbH HIS, Band 116), Hannover

Minks Karl-Heinz/Bathke Gustav-Wilhelm/Filaretow Bastian (1993), Absolventenreport Informatik. Ergebnisse einer Längsschnittuntersuchung zum Berufsübergang von Absolventen des Studiengangs Informatik, (Hg. Bundesministerium für Bildung und Wissenschaft), Bonn

Minks Karl-Heinz/Briedis Kolja (2005a), Der Bachelor als Sprungbrett? Ergebnisse der ersten bundesweiten Befragung von Bachelorabsolventinnen und Bachelorabsolventen, Teil I: Das Bachelorstudium, HIS-Kurzinformation Nr. A3

Minks Karl-Heinz/Briedis Kolja (2005b), Der Bachelor als Sprungbrett? Ergebnisse der ersten bundesweiten Befragung von Bachelorabsolventinnen und Bachelorabsolventen, Teil II: Der Verbleib nach dem Bachelorstudium, HIS-Kurzinformation Nr. A4

Molvaer Janitha/Stein Kira (1994), Ingenieurin – warum nicht? Berufsbild und Berufsmotivation von zukünftigen Ingenieurinnen und Ingenieuren. Ein interkultureller Vergleich, Frankfurt/New York

Mooraj Margrit (2002), Frauen, Männer und Technik. Ingenieurinnen in einem männlich besetzten Berufsfeld, Frankfurt

Neusel Aylâ (1998), Annäherung an ein Forschungskonzept zur Untersuchung des Zusammenhangs von Geschlecht und Organisation in der Hochschule, in: Teichler Ulrich/Daniel Hans-Dieter/Enders Jürgen (1998), Hg., Brennpunkt Hochschule. Neuere Analysen zu Hochschule, Beruf und Gesellschaft, Frankfurt/New York

Nickel Hildegard-Maria (1992), Frauen und Arbeitsmarktforschung in der ehemaligen DDR, in: Engelbrech Gerhard/Schenk Sabine/Wagner Petra (1992), Hg., Bedingungen der Frauenerwerbsarbeit im deutsch-deutschen Einigungsprozess, (Beiträge zur Arbeitsmarkt- und Berufsforschung 167), Nürnberg

Notz Gisela (1992), Vereinbarkeit von Familie und Beruf – Eine frauenspezifische Problemstellung, in: Engelbrech Gerhard/Schenk Sabine/Wagner Petra (1992), Hg., Bedingungen der Frauenerwerbsarbeit im deutsch-deutschen Einigungsprozess, (Beiträge zur Arbeitsmarkt- und Berufsforschung 167), Nürnberg

OECD (2001), Hg., Education at a Glance. OECD Indicators, Paris

Ostner Ilona (1979), Beruf und Hausarbeit. Die Arbeit der Frau in unserer Gesellschaft, Frankfurt/New York

Parmentier Klaus/Schade Hans-Joachim/Schreyer Franziska (1999), Ingenieurinnen und Ingenieure: Turbulenzen und Zyklen am Arbeitsmarkt, in: IAB-Materialien Nr. 3 (http://doku.iab.de/matab/1999/mat0399.pdf)

Parmentier Klaus/Schade Hans-Joachim/Schreyer Franziska (1998a), Akademiker/innen – Studium und Arbeitsmarkt, Begleitheft zur Serie, Materialien aus der Arbeitsmarkt- und Berufsforschung (MatAB) Nr. 1.0 (http://doku.iab.de/matab/1998/mat0.pdf)

Parmentier Klaus/Schade Hans-Joachim/Schreyer Franziska (1998b), Akademiker/innen – Studium und Arbeitsmarkt, Heft Ingenieurwissenschaften, Materialien aus der Arbeitsmarkt- und Berufsforschung (MatAB) Nr. 1.1 (http://doku.iab.de/matab/1998/mat1.pdf)

Parmentier Klaus/Schade Hans-Joachim/Schreyer Franziska (1998c), Akademiker/innen – Studium und Arbeitsmarkt, Heft Naturwissenschaften, Materialien aus der Arbeitsmarkt- und Berufsforschung (MatAB) Nr. 1.2 (http://doku.iab.de/matab/1998/mat2.pdf)

Parmentier Klaus/Schade Hans-Joachim/Schreyer Franziska (1998d), Akademiker/innen – Studium und Arbeitsmarkt, Heft Recht und Wirtschaft, Materialien aus der Arbeitsmarkt- und Berufsforschung (MatAB) Nr. 1.3 (http://doku.iab.de/matab/1998/mat3.pdf)

Parsch-Haertel Ingrid (1999), Berufsrückkehrerinnen/Berufsrückkehrer, in: Informationen für die Beratungs- und Vermittlungsdienste der Bundesanstalt für Arbeit Nr. 17

Paul-Kohlhoff Angela (1996), Beharrung trotz Wandel – Zur Situation der Frauen in der beruflichen Bildung, in: Berufsbildung Heft 41

Paul-Kohlhoff Angela (1983), Gegen eine weitere Verfestigung der geschlechtsspezifischen Arbeitsteilung! – Kann die Öffnung gewerblich-technischer Berufe für Frauen einen Beitrag dazu leisten?, in: frauen und arbeit Heft 4

Pfeiffer Friedhelm (1999), Tätigkeitsspektrum und Verdienst von Ingenieuren und Naturwissenschaftlern, in: Lüttinger Paul (1999), Hg., Sozialstrukturanalysen mit dem Mikrozensus, ZUMA-Nachrichten Spezial Band 6, Mannheim

Plicht Hannelore/Schober Karen/Schreyer Franziska (1994), Zur Ausbildungsadäquanz der Beschäftigung von Hochschulabsolventinnen und -absolventen. Versuch einer Quantifizierung anhand der Mikrozensen 1985 bis 1991, in: Mitteilungen aus der Arbeitsmarkt- und Berufsforschung Heft 3 (http://doku.iab.de/mittab/1994/1994_3_MittAB_Plicht_Schober_Schreyer.pdf)

Plicht Hannelore/Schreyer Franziska (2002a), Ingenieurinnen und Informatikerinnen – ein Überblick über Studium, Erwerbstätigkeit und Arbeitslosigkeit, in: Engelbrech Gerhard (2002), Hg., Arbeitsmarktchancen für Frauen, (Beiträge zur Arbeitsmarkt- und Berufsforschung 258), Nürnberg

Plicht Hannelore/Schreyer Franziska (2002b), Ingenieurinnen und Informatikerinnen: Schöne neue Arbeitswelt? IAB-Kurzbericht Nr. 11 (http://doku.iab.de/kurzber/2002/kb1102.pdf)

Plicht Hannelore/Schreyer Franziska (2002c), Methodische Probleme der Erfassung von Adäquanz der Akademikerbeschäftigung, in: Kleinhenz Gerhard (2002), Hg., IAB-Kompendium Arbeitsmarkt- und Berufsforschung, (Beiträge zur Arbeitsmarkt- und Berufsforschung 250), Nürnberg (http://doku.iab.de/beitrab/2002/beitr250_806.pdf)

Reich Doris (1992), Der berufliche Werdegang Dortmunder Raumplanerinnen, in: Wetterer Angelika (1992), Hg., Profession und Geschlecht. Über die Marginalität von Frauen in hochqualifizierten Berufen, Frankfurt/New York

Reinberg Alexander (1997), Bildung zahlt sich immer noch aus. Eine Analyse qualifikationsspezifischer Arbeitsmarktentwicklungen in der ersten Hälfte der 90er Jahre für West- und Ostdeutschland, IAB-Werkstattbericht Nr. 15

Reinberg Alexander/Hummel Markus (2005), Höhere Bildung schützt auch in der Krise vor Arbeitslosigkeit, IAB-Kurzbericht Nr. 9 (http://doku.iab.de/kurzber/2005/kb0905.pdf)

Reinberg Alexander/Hummel Markus (2003), Bildungspolitik: Steuert Deutschland langfristig auf einen Fachkräftemangel zu?, IAB-Kurzbericht Nr. 9 (http://doku.iab.de/kurzber/2003/kb0903.pdf)

Reinberg Alexander/Hummel Markus (2002a), Arbeitslosigkeit: Qualifikation bestimmt Position auf dem Arbeitsmarkt, IAB-Kurzbericht Nr. 15 (http://doku.iab.de/kurzber/2002/kb1502.pdf)

Reinberg Alexander/Hummel Markus (2002b), Qualifikationsspezifische Arbeitslosenquoten – reale Entwicklung oder statistisches Artefakt?, IAB-Werkstattbericht Nr. 4 (http://doku.iab.de/werkber/2002/wb0402.pdf)

Reinberg Alexander/Hummel Markus (2002c), Zur langfristigen Entwicklung des qualifikationsspezifischen Arbeitskräfteangebots und -bedarfs in Deutschland. Empirische Befunde und aktuelle Projektionsergebnisse, in: Mitteilungen aus der Arbeitsmarkt- und Berufsforschung Nr. 4 (http://doku.iab.de/mittab/2002/2002_4_MittAB_Reinberg_Hummel.pdf)

Reinberg Alexander/Hummel Markus (2001), Bildungsexpansion in Westdeutschland. Stillstand ist Rückschritt, IAB-Kurzbericht Nr. 8 (http://doku.iab.de/kurzber/2001/kb0801.pdf)

Reinberg Alexander/Schreyer Franziska (2003), Akademikerarbeitsmarkt: Studieren lohnt sich auch in Zukunft, IAB-Kurzbericht Nr. 20 (http://doku.iab.de/kurzber/2003/kb2003.pdf)

Robak Brigitte (1992), Schriftsetzerinnen und Maschineneinführungsstrategien im 19. Jahrhundert, in: Wetterer Angelika (1992), Hg., Profession und Geschlecht. Über die Marginalität von Frauen in hochqualifizierten Berufen, Frankfurt/New York

Rothe Thomas (2003), Dynamik am Arbeitsmarkt: Viel Bewegung trotz Flaute, IAB-Kurzbericht Nr. 18 (http://doku.iab.de/kurzber/2003/kb1803.pdf)

Schenk Herrad (1983), Die feministische Herausforderung. 150 Jahre Frauenbewegung in Deutschland, München

Schenk Sabine (1992), Qualifikationsstruktur und Qualifikationsbedarf erwerbstätiger Frauen in den neuen Bundesländern, in: Engelbrech Gerhard/Schenk Sabine/Wagner Petra (1992), Hg., Bedingungen der Frauenerwerbsarbeit im deutsch-deutschen Einigungsprozess, (Beiträge zur Arbeitsmarkt- und Berufsforschung 167), Nürnberg

Schinzel Britta u.a. (1998), Das Studium der Informatik aus der Sicht der Studentinnen und Studenten. Eine Untersuchung an 15 bundesdeutschen Universitäten, in: Zeitschrift für Frauenforschung, Heft 3

Schlüter Anne (1992), Über den Zusammenhang von sozialer Herkunft, Geschlechtszugehörigkeit und Technikstudium. Eine Annäherung, in: Wetterer Angelika (1992), Hg., Profession und Geschlecht. Über die Marginalität von Frauen in hochqualifizierten Berufen, Frankfurt/New York

Schmitt Bettina (1992), Professionalisierungsprozesse und Frauenbeteiligung in der Informatik, in: Wetterer Angelika (1992), Hg., Profession und Geschlecht. Über die Marginalität von Frauen in hochqualifizierten Berufen, Frankfurt/New York

Schnitzer Klaus u. a. (1998), Das soziale Bild der Studentenschaft in der Bundesrepublik Deutschland. 15. Sozialerhebung des Deutschen Studentenwerks durchgeführt durch HIS Hochschul-Informations-System, (Hg. Bundesministerium für Bildung und Forschung), Bonn

Schomburg Harald (2001), Studieren lohnt sich – Ergebnisse der Europäischen Absolventenstudie, in: Hölzel Jana (2001), Hg., Schule – Studium – Arbeitsmarkt. Dokumentation einer Tagung zur Studierbereitschaft von SchülerInnen und zu Arbeitsmarktperspektiven für AkademikerInnen, (Diskussionspapiere der Kooperationsstelle Halle Band 3), Halle

Schomburg Harald (1992), Berufsverlauf in den ersten vier bis fünf Jahren nach Studienabschluss, in: Teichler Ulrich/Buttgereit Michael (1992), Hg., Hochschulabsolventen im Beruf. Ergebnisse der dritten Befragung bei Absolventen der Kasseler Verlaufsstudie, (Hg. Bundesminister für Bildung und Wissenschaft), Bonn

Schomburg Harald/Teichler Ulrich (2003), Hochschulabsolventen in Japan und Europa – zukunftsfähig und erfolgreich? Ergebnisse einer internationalen Hochschulabsolventenuntersuchung, in: Schwarz Stefanie/Teichler Ulrich (2003), Hg., Universität auf dem Prüfstand. Konzepte und Befunde der Hochschulforschung, Frankfurt

Schreyer Franziska (2006), Hoch qualifizierte Technikfrauen – Studium, Arbeitsmarkt, Zukunft, in: Buhr Regina (2006), Hg., Innovationen – Technikwelten, Frauenwelten. Chancen für einen geschlechtergerechten Wandel des Innovationssystems in Deutschland, Berlin

Schreyer Franziska (2001a), Akademikerinnen am Arbeitsmarkt: Privilegiert und doch benachteiligt, in: IAB-Materialien Nr. 4 (http://doku.iab.de/matab/2001/mat0401.pdf)

Schreyer Franziska (2001b), „Unsichere" Beschäftigung und berufliche Qualifikation – Ein Blick auf Erwerbsarbeit jenseits des Normalarbeitsverhältnisses, in: Dostal Werner u. a. (2001), Hg., Wandel der Erwerbsarbeit: Qualifikationsverwertung in sich verändernden Arbeitsstrukturen, (Beiträge zur Arbeitsmarkt- und Berufsforschung 246), Nürnberg

Schreyer Franziska (2000), Maschinenbau, Elektrotechnik, Informatik: Ein bewegtes Jahrzehnt, in: IAB-Materialien Nr. 4 (http://doku.iab.de/matab/2000/mat0400.pdf)

Schreyer Franziska (1999), Studienfachwahl und Arbeitslosigkeit: Frauen sind häufiger arbeitslos – gerade wenn sie ein „Männerfach" studiert haben, IAB-Kurzbericht Nr. 14 (http://doku.iab.de/kurzber/1999/kb1499.pdf)

Schreyer Franziska (1991), Weibliche familiale Arbeit und männliche Dauererwerbslosigkeit im Arbeitermilieu. „... des werd hart für a Frau, wenn der Mo sei Stell verliert", (Beiträge zur Arbeitsmarkt- und Berufsforschung 149), Nürnberg

Schreyer Franziska/Gebhardt Marion (2003), Green Card, IT-Krise und Arbeitslosigkeit. Mit einer Kündigung verlieren ausländische IT-Fachkräfte oft mehr als nur ihren Job – Eine Fallstudie in München, IAB-Werkstattbericht Nr. 7 (http://doku.iab.de/werkber/2003/wb0703.pdf)

Schreyer Franziska/Ramm Michael/Bargel Tino (2002), Studierende in „Männerfächern". Eine Sonderauswertung der Konstanzer Studierendensurveys zu Aspekten der Sozio- und Bildungsbiografie, IAB-Werkstattbericht Nr. 6 (http://doku.iab.de/werkber/2002/wb0602.pdf)

Schwarze Barbara u. a. (1998), Fachhochschule Bielefeld/Bund-Länder-Modellversuch: Frauen im Ingenieurstudium an Fachhochschulen. Geschlechtsspezifische Aspekte in Lehre und Studium, Bielefeld

Schwarz-Hahn Stefanie/Rehburg Meike (2003), Bachelor und Master in Deutschland. Empirische Befunde zur Studienstrukturreform, im Internet unter http://www.bmbf.de/pub/bachelor_und_master_in_deutschland.pdf (25. 02. 2005)

Sektion Frauen und Geschlechterforschung (2006), Naturalisierung von Geschlecht. Call for Papers für eine Plenarveranstaltung der Sektion Frauen- und Geschlechterforschung – Soziologiekongress, 09.–13. Oktober 2006 in Kassel, im Internet unter http://www.frauen-undgeschlechterforschung.de/Inhalte/pdf/Call_Soziologietag_Plenum_Kassel.pdf (25.04.2006)

Spector Malcolm/Kitsuse John (1977), Constructing Social Problems, London/New York

Statistisches Bundesamt (2006), Was ist der Unterschied zwischen Arbeitslosen und Erwerbslosen?, im Internet unter http://www.destatis.de/dt_erheb/arbeitsmarkt/am_faq.htm#Was (27.03.2006)

Statistisches Bundesamt (2005a), Hochschulstandort Deutschland 2005, Wiesbaden

Statistisches Bundesamt (2005b), Studienanfängerzahlen 2005 erneut leicht rückläufig, Pressemitteilung vom 06.12.2005, Wiesbaden

Statistisches Bundesamt (2005c), Weniger Studienanfänger in Ingenieurwissenschaften, Pressemitteilung vom 06.05.2005, Wiesbaden

Statistisches Bundesamt (2004), Derzeit 3 % weniger Studierende als im vorigen Wintersemester, Pressemitteilung vom 29.11.2004, Wiesbaden

Statistisches Bundesamt (2002a), Hg., Leben und Arbeiten in Deutschland. Ergebnisse des Mikrozensus 2000, Wiesbaden

Statistisches Bundesamt (2002b), Hg., Bildung und Kultur, Fachserie 11, Reihe 2: Berufliche Schulen, Schuljahr 2001/02, Wiesbaden

Statistisches Bundesamt (2001a), Hg., Bildung und Kultur, Fachserie 11, Reihe 4.2: Prüfungen an Hochschulen 2000, Wiesbaden

Statistisches Bundesamt (2001b), Hg., Umsteiger der Systematik der Hauptfachrichtungen im Mikrozensus, (Arbeitsunterlage vom 08.02.2001)

Statistisches Bundesamt (2000), Hg., Bildung und Kultur, Fachserie 11, Reihe 4.1: Studierende an Hochschulen Wintersemester 1999/2000, Wiesbaden

Statistisches Bundesamt (1998), Hg., Bildung und Kultur, Fachserie 11, Reihe 4.1: Studierende an Hochschulen Wintersemester 1997/1998, Wiesbaden

Statistisches Bundesamt (1993), Hg., Klassifikation der Wirtschaftszweige, Ausgabe 1993 (WZ 93), Tiefengliederung für den Mikrozensus, im Internet unter http://www.gesis.org/Dauerbeobachtung/Mikrodaten/documents/doc/wz93.pdf (03.05.2005)

Statistisches Bundesamt (1992), Hg., Klassifizierung der Berufe. Systematisches und alphabetisches Verzeichnis der Berufsbenennungen, Wiesbaden

Statistisches Bundesamt (o. J. a), Hg., Signierschlüssel für das Signieren der Hauptfachrichtung des Abschlusses an einer berufsbildenden Schule oder Hochschule bei der Volks- und Berufszählung 1987, (Arbeitsunterlage)

Statistisches Bundesamt (o. J. b), Hg., Hauptfachrichtungen des Mikrozensus (ab MZ 2000), (Arbeitsunterlage)

von Stebut Nina/Kleinert Corinna/Hornung Marion (2006), Karrierechancen von Frauen und Männern zwischen Wahrnehmung und Wirklichkeit. Empirische Einsichten in einen Versicherungskonzern, Opladen

Stegmann Heinz/Kraft Hermine (1987), Knapp zehn Jahre nach dem Abitur: Ausbildungs- und Berufswege von Studienberechtigten des Entlassjahrgangs 1976 bis Ende 1985, in: Mitteilungen aus der Arbeitsmarkt- und Berufsforschung Nr. 4 (http://doku.iab.de/mittab/1987/1987_4_MittAB_Stegmann_Kraft.pdf)

Stegmann Heinz/Kraft Hermine (1986), Chancen und Risiken von Mädchen mit einer betrieblichen Berufsausbildung für einen „Männerberuf", in: Mitteilungen aus der Arbeitsmarkt- und Berufsforschung Nr. 3 (http://doku.iab.de/mittab/1986/1986_3_MittAB_Stegmann_Kraft.pdf)

Stief Mahena/Abele Andrea E. (2002), Berufsstart. Sozialwissenschaftler und Sozialwissenschaftlerinnen im Vergleich mit anderen Fächern – Befunde aus einer Langzeitstudie, in: Sozialwissenschaften und Berufspraxis Heft 1/2

Teubner Ulrike (2001), Soziale Ungleichheit zwischen den Geschlechtern – kein Thema innerhalb der Systemtheorie?, in: Knapp Gudrun-Axeli/Wetterer Angelika (2001), Hg., Soziale Verortung der Geschlechter. Gesellschaftstheorie und feministische Kritik, Münster

Teubner Ulrike (2000), Das Dilemma der „Frauenförderung" in technischen und techniknahen Bereichen, in: Kosuch Renate u. a. (2000), Hg., Technik im Visier. Perspektiven für Frauen in technischen Studiengängen und Berufen, Bielefeld

Teubner Ulrike (1995), Das Fiktionale der Geschlechterdifferenz. Oder: wie geschlechtsspezifisch ist die Kategorie Geschlecht?, in: Wetterer Angelika (1995), Hg., Die soziale Konstruktion von Geschlecht in Professionalisierungsprozessen, Frankfurt/New York

Teubner Ulrike (1992), Geschlecht und Hierarchie, in: Wetterer Angelika (1992), Hg., Profession und Geschlecht. Über die Marginalität von Frauen in hochqualifizierten Berufen, Frankfurt/New York

Teubner Ulrike (1989), Neue Berufe für Frauen. Modelle zur Überwindung der Geschlechterhierarchie im Erwerbsbereich, Frankfurt/New York

Teubner Ulrike/Hartmann Eva (2001), Geschlechterordnung – Arbeitsordnung: Reorganisation von Arbeit als Chance für Frauen?, in: Zeitschrift für Frauenforschung und Geschlechterstudien Heft 3

Tischer Ute (1999), Der steinige Weg in eine Männerdomäne. Situation und Tendenzen auf dem Arbeitsmarkt für Ingenieurinnen, in: Informationen für die Beratungs- und Vermittlungsdienste der Bundesanstalt für Arbeit Nr. 40

Tobies Renate (2004), Mathematikgeschichte. Emmy Noether. „Meine Herren, eine Universität ist doch keine Badeanstalt!", in: Spektrum der Wissenschaft Nr. 8

Trautwein-Kalms Gudrun (2001), IT-Fachkräftemangel: Der Mensch lebt nicht von Qualifikation allein, in: Gewerkschaftliche Monatshefte Nr. 2

VDI/Fraunhofer Institut Arbeitswirtschaft und Organisation (2002), Beruflicher Status und Image von Ingenieuren ab 45. Die Einstellung von Arbeitgebern zu älteren Ingenieuren. Analyse und Ergebnisse, Düsseldorf

Vogel Ulrike (1995), Fachengagement und Studienerfolg bei Ingenieurstudentinnen und Ingenieurstudenten. Eine Untersuchung zu Kompetenzen und Handlungspotentialen für Studium, Beruf und Familie, Bielefeld

Volprich Elenor (1991), Frauen im Technikstudium, in: Das Hochschulwesen Heft 5

Wanger Susanne (2005), Frauen am Arbeitsmarkt: Beschäftigungsgewinne sind nur die halbe Wahrheit, IAB-Kurzbericht Nr. 22 (http://doku.iab.de/kurzber/2005/kb2205.pdf)

Weißhuhn Gernot/Große Rövekamp Jörn (2004), Bildung und Lebenslagen in Deutschland. Auswertungen und Analysen für den zweiten Armuts- und Reichtumsbericht der Bundesregierung, (Bildungsreform Band 9 des Bundesministeriums für Bildung und Forschung), Berlin

Wetterer Angelika (1999a), Theoretische Entwicklungen der Frauen- und Geschlechterforschung über Studium, Hochschule und Beruf – ein einleitender Rückblick, in: Neusel Aylâ/Wetterer Angelika (1999), Hg., Vielfältige Verschiedenheiten. Geschlechterverhältnisse in Studium, Hochschule und Beruf, Frankfurt/New York

Wetterer Angelika (1999b), Ausschließende Einschließung – marginalisierende Integration. Geschlechterkonstruktionen in Professionalisierungsprozessen, in: Neusel Aylâ/Wetterer Angelika (1999), Hg., Vielfältige Verschiedenheiten. Geschlechterverhältnisse in Studium, Hochschule und Beruf, Frankfurt/New York

Wetterer Angelika (1992), Theoretische Konzepte zur Analyse der Marginalität von Frauen in hochqualifizierten Berufen, in: Wetterer Angelika (1992), Hg., Profession und Geschlecht. Über die Marginalität von Frauen in hochqualifizierten Berufen, Frankfurt/New York

Wilkens Ingrid/Leber Ute (2003), Partizipation an beruflicher Weiterbildung. Empirische Ergebnisse auf Basis des Sozio-Ökonomischen Panels, in: Mitteilungen aus der Arbeitsmarkt- und Berufsforschung Heft 3 (http://doku.iab.de/mittab/2003/2003_3_MittAB_Wilkens_Leber.pdf)

Willich Julia/Minks Karl-Heinz/Schaeper Hildegard (2002), Was fördert, was hemmt die Teilnahme an beruflicher Weiterbildung? Die Rolle von Familie, Betrieb und Beschäftigungssituation für die Weiterbildung von jungen Hochqualifizierten, HIS-Kurzinformation Nr. A4

Willms-Herget Angelika (1985), Frauenarbeit. Zur Integration von Frauen in den Arbeitsmarkt, Frankfurt/New York

Wirth Heike/Dümmler Kerstin (2004), Zunehmende Tendenz zu späteren Geburten und Kinderlosigkeit bei Akademikerinnen. Eine Kohortenanalyse auf der Basis von Mikrozensusdaten, in: Informationsdienst Soziale Indikatoren ISI Ausgabe 32

Wissenschaftsrat (2002), Hg., Eckdaten und Kennzahlen zur Lage der Hochschulen von 1980 bis 2000, Köln

Zentralstelle für Arbeitsvermittlung der Bundesagentur für Arbeit (2004), Der Arbeitsmarkt für hoch qualifizierte Fach- und Führungskräfte. Jahresbericht 2004, in: Informationen für die Beratungs- und Vermittlungsdienste (ibv) Nr. 11 (http://www.arbeitsagentur.de/content/de_DE/hauptstelle/a-04/importierter_inhalt/pdf/Jahresbericht02.pdf)

Zifonun Natalie (1999), Studierende im Wintersemester 1998/99, in: Wirtschaft und Statistik Nr. 6

Anhang 1: Verzeichnis verwendeter Abkürzungen

A.S.:	Anmerkung Schreyer
BA:	Bundesanstalt für Arbeit/Bundesagentur für Arbeit
BLK:	Bund-Länder-Kommission für Bildungsplanung und Forschungsförderung
BMBF:	Bundesministerium für Bildung und Forschung
IAB:	Institut für Arbeitsmarkt- und Berufsforschung der BA
o.a.:	oben angeführt
o.J.:	ohne Jahresangabe
o.S.:	ohne Seitenangabe
m.W.:	meines Wissens

Anhang 2: Systematisches Verzeichnis der Männerfächer

Männerfächer	Zugeordnete Studienfächer nach der Hochschulstatistik*		Zugeordnete Fachrichtungen nach dem Mikrozensus**				Zugeordnete Berufe nach der Arbeitslosenstatistik ***	
			1989–1996		2000			
Bezeichnung	Kennziffer	Bezeichnung	Kennziffer	Bezeichnung	Kennziffer	Bezeichnung	Kennziffer	Bezeichnung
Bauingenieurwesen	017	Bauingenieurwesen/ Ingenieurbau	11	Bauingenieurwesen (Tiefbau)	67	Bauingenieurwesen/Ingenieurbau, Holzbau, Stahlbau, Wasserbau, Wasserwirtschaft, Meliorationswesen, Verkehrsbau	6030	Bauingenieure allgemein
	077	Wasserwirtschaft	12	Bauausstattung			6033	Bauingenieure für konstruktiven Ingenieurbau
	094	Wasserbau	13	Bauwesen allgemein			6034	Hochbauingenieure
	100	Verkehrsbau					6035	Wasser- und Kulturbauingenieure
	429	Stahlbau					6036	Ingenieure für Straßenbau und Verkehrswesen
	197	Holzbau					6038	Statiker
							6039	Andere Bauingenieure
Maschinenbau	057	Luft- und Raumfahrttechnik	17	Maschinenbau allgemein	58	Fertigungs-/ Produktionstechnik, Maschinenbau/ -wesen, Physikalische Technik, Verfahrenstechnik	6010	Maschinen(bau)-ingenieure allgemein
	074	Transport-/ Fördertechnik	18	Fahrzeugbau	60	Versorgungstechnik, Energietechnik, Kerntechnik	6011	Konstruktions-, Schweißfachingenieure
	089	Verkehrsingenieurwesen			63	Verkehrstechnik (Fahrzeugtechnik, Luft- und Raumfahrttechnik, Verkehrsingenieurwesen, Schiffbau/Schiffstechnik)	6012	Produktions-, Fertigungsingenieure
	104	Maschinenbau/ -wesen					6013	Ingenieure für Fahrzeugbautechnik
	108	Metalltechnik					6014	Ingenieure für Schiffbautechnik
	142	Schiffbau/ Schiffstechnik					6015	Ingenieure für Luft- und Raumfahrttechnik
	202	Fertigungs- und Produktionstechnik					6018	Ingenieure für Versorgungstechnik
	211	Energietechnik (ohne Elektrotechnik)					6019	Andere Ingenieure des Maschinen- und Fahrzeugbaues
	213	Versorgungstechnik						
	144	Technische Kybernetik						
	235	Fahrzeugtechnik						

Männerfächer	Zugeordnete Studienfächer nach der Hochschulstatistik*		Zugeordnete Fachrichtungen nach dem Mikrozensus**				Zugeordnete Berufe nach der Arbeitslosenstatistik ***	
			1989–1996		2000			
Bezeichnung	Kennziffer	Bezeichnung	Kennziffer	Bezeichnung	Kennziffer	Bezeichnung	Kennziffer	Bezeichnung
Elektrotechnik	048	Elektrotechnik/Elektronik	19	Elektrotechnik	61	Elektrotechnik	602	Elektroingenieure
	088	Optoelektronik						
	157	Mikroelektronik						
	222	Nachrichten-/Informationstechnik						
	286	Mikrosystemtechnik						
	316	Elektrische Energietechnik						
Wirtschaftsingenieurwesen	179	Wirtschaftsingenieurwesen		wegen Systematikproblemen nicht ausweisbar	38	Wirtschaftsingenieurwesen	6071	Wirtschaftsingenieure, a. n. g.
Informatik	079	Informatik	27	Datenverarbeitung	42	Informatik	774	Datenverarbeitungsfachleute
	121	Medieninformatik						
	123	Ingenieurinformatik						
	247	Medizinische Informatik						
	277	Wirtschaftsinformatik						
	200	Computer- und Kommunikationstechniken						
Physik	014	Astronomie/Astrophysik	30	Physik und physikalische Technik	43	Physik, Astronomie	6121	Physiker
	066	Geophysik					6122	Physikingenieure
	128	Physik					6125	Atom-, Kernphysiker
	224	Physikalische Technik					6129	Andere Physiker und Physikingenieure
	241	Kerntechnik/Kernverfahrenstechnik					8836	Geophysiker, Astronomen

* Quelle: Statistisches Bundesamt 2000.

** Quelle: Statistisches Bundesamt 2001b, o. J. a und o. J. b.

*** Quelle: Bundesanstalt für Arbeit 1988.

orientiert an: Parmentier/Schade/Schreyer 1998a: 17 f.